石油教材出版基金资助项目

石油高等院校特色规划教材

油气田开发地质学

（富媒体）

李爱荣　胡书勇　主编

石油工业出版社

内 容 提 要

本书系统介绍了油气田开发地质研究的基本内容和工作流程：从开发储层评价入手，进行全面的油气藏开发评价，在油气藏开发评价的基础上进行合理的开发方案编制，方案实施过程中分析注水开发油田的地质变化，开发过程中关注油气层的伤害及保护，并及时准确地进行油气藏动态监测与分析。全书以油气藏动态监测和分析为依据，对剩余油分布规律开展研究，采取合理可行的提高采收率技术，并及时对油气田开发进行经济评价。为便于教学，本书以二维码为载体，加入了富媒体资源。

本书可作为高等院校资源勘查工程、地质学专业本科生和研究生教材，也可供地质工程、勘查技术与工程等有关专业教学之用，还可供从事油气田勘探与开发的生产和科研人员参考。

图书在版编目（CIP）数据

油气田开发地质学：富媒体/李爱荣，胡书勇主编. —北京：石油工业出版社，2022.4（2024.8 重印）

石油高等院校特色规划教材

ISBN 978-7-5183-5275-3

Ⅰ. ①油… Ⅱ. ①李…②胡… Ⅲ. ①石油天然气地质—高等学校—教材 Ⅳ. ①P618.130.2

中国版本图书馆 CIP 数据核字（2022）第 043398 号

出版发行：石油工业出版社
（北京市朝阳区安定门外安华里 2 区 1 号楼　100011）
网　　址：www.petropub.com
编辑部：(010) 64523697
图书营销中心：(010) 64523633

经　销：全国新华书店
排　版：三河市燕郊三山科普发展有限公司
印　刷：北京中石油彩色印刷有限责任公司

2022 年 4 月第 1 版　2024 年 8 月第 2 次印刷
787 毫米×1092 毫米　开本：1/16　印张：15.5
字数：396 千字

定价：38.00 元
（如发现印装质量问题，我社图书营销中心负责调换）
版权所有，翻印必究

前 言

2019年6月，西安石油大学"资源勘查工程"专业通过了中国工程教育专业认证，并被纳入《华盛顿协议》互认专业名单。根据专业认证标准，围绕专业课程设置、讲授内容覆盖范围、课程目标对毕业指标点的支撑情况，地球科学与工程学院近两年对资源勘查工程专业培养方案和教学大纲进行了反复的研讨和修订。本书正是根据中国工程教育专业认证标准和西安石油大学本科专业人才培养方案，同时紧紧围绕我校资源勘查工程专业培养目标和办学特色，紧跟时代发展，为更好地开展专业建设而精心组织和编写的特色行业教材。

油气田开发地质学的研究对象是油气藏开发地质特征，研究目的是直接为合理开发油气藏服务，并为编制科学合理的油气田开发方案和开发调整措施提供地质依据。油气田开发地质研究贯穿于油气田开发过程的始终，与油藏工程研究有密切的联系。它既为油藏工程研究提供必要的地质基础，又借助油藏工程研究获得更多的地质信息，以深化对油气藏开发地质特征的认识，并用新的地质研究成果指导油气藏工程设计与开发生产，属油气田开发系统工程领域的基础性板块。油气田开发地质研究在油气田开发生产中越来越显示出它的重要地位和作用。目前我国许多大、中型油气田的开发生产都面临着进入中高含水期、后备储量不足的严峻局面，因此"稳产增产"的任务十分艰巨。如何开发好已发现的油气藏，最大限度地提高采收率，是油气田开发的永恒目标。这就必须依靠更为科学合理的开发生产技术措施和先进的三次采油工艺，而实施相关的开发技术工艺又必须以油气藏地质条件为出发点，建立在深入的开发地质认识基础之上。

本书由西安石油大学李爱荣、西南石油大学胡书勇担任主编，西安石油大学的张娟、尹帅、王铭显和吴颖等老师参与了部分章节的编写。全书共分为八章，编写分工如下：绪论、第一章第一节至第四节和第六节、第五章、第七章、第八章第一节至第三节由李爱荣编写，第二章、第四章由胡书勇编写，第三章、第六章由张娟编写，第一章第五节由尹帅编写，第一章第七节由吴颖编写，第八章第四节由王铭显编写。本书由西北大学张金功教授担任主审。

在教材的编写过程中，得到了西安石油大学谭成仟教授、王宝清教授、徐波教授的关心和指导，以及西南石油大学冯国庆教授的帮助，西安石油大学研究生强倩、戴亚威、陈兵兵、欧明轩在素材整理和图件清绘过程中做了大量工作，研究生熊康、张菡、郭晓娇、黄瑞丽、王俊杰、孙和美、于明航做了大量的校对工作，北京中科鑫宇科技发展有限公司谢红兵、马忠，以及西安石油大学的多位老师、专家学者给予了大量的帮助，在此一并表示衷心的感谢。

由于编者水平有限，书中难免存在不妥之处，欢迎广大读者批评指正，以促使教材得到进一步完善和改进。

编者

2021 年 10 月

目 录

绪论 ··· 1
   第一节　油气田开发地质学概述 ··· 1
   第二节　油气田开发地质学的研究内容和方法 ·· 2
第一章　开发储层评价 ·· 3
   第一节　概述 ··· 3
   第二节　开发储层精细划分与对比 ·· 7
   第三节　开发储层沉积微相与微构造 ··· 14
   第四节　开发储层非均质性研究 ·· 18
   第五节　开发储层裂缝评价 ·· 36
   第六节　开发储层敏感性评价 ··· 46
   第七节　开发储层综合评价 ·· 49
   复习思考题 ··· 54
第二章　油气藏开发评价 ··· 55
   第一节　概述 ·· 55
   第二节　油气藏流体基本特征和分布规律 ··· 57
   第三节　油气藏的压力和温度系统 ·· 72
   第四节　油气藏驱动方式及开采特征 ··· 76
   第五节　油气储量评价 ··· 85
   复习思考题 ·· 94
第三章　油气藏开发方案编制 ·· 95
   第一节　概述 ·· 95
   第二节　开发层系的划分与组合 ··· 99
   第三节　油田开发方式的选择 ·· 102
   第四节　油田开发井网部署 ··· 107
   第五节　油田开发方案调整 ··· 111
   复习思考题 ··· 114
第四章　注水开发油田的地质变化 ·· 115
   第一节　注水过程的地质分析 ·· 115
   第二节　油层的地下动态和地质因素的关系 ·· 126

第三节　水驱油运动规律 ································· 133
　　第四节　注水开发过程中储层的变化 ······················· 140
　　复习思考题 ·· 147

第五章　油气层的伤害及保护 ································ 148
　　第一节　油气层的伤害机理 ································ 148
　　第二节　钻井过程中的保护油气层技术 ····················· 156
　　第三节　完井过程中的保护油气层技术 ····················· 158
　　第四节　油田开发过程中的保护油气层技术 ················· 160
　　第五节　增产措施中的保护油气层技术 ····················· 163
　　复习思考题 ·· 168

第六章　油气藏动态监测与分析 ······························ 169
　　第一节　油气藏动态监测 ·································· 169
　　第二节　油气藏动态分析概述 ······························ 176
　　第三节　油藏动态分析 ···································· 180
　　第四节　气藏动态分析 ···································· 188
　　复习思考题 ·· 192

第七章　剩余油研究及提高采收率技术 ······················· 193
　　第一节　剩余油概述 ······································ 193
　　第二节　剩余油形成机理和分布规律 ······················· 194
　　第三节　剩余油类型及开发措施 ···························· 200
　　第四节　剩余油分布预测方法 ······························ 201
　　第五节　采收率的计算和影响因素分析 ····················· 205
　　第六节　提高采收率技术 ·································· 209
　　复习思考题 ·· 216

第八章　油气田开发经济评价 ································ 217
　　第一节　油气田开发经济评价简介 ·························· 217
　　第二节　油气田开发经济评价方法 ·························· 219
　　第三节　油气田开发项目经济评价参数 ····················· 228
　　第四节　开发规划方案技术经济指标 ······················· 231
　　复习思考题 ·· 237

参考文献 ··· 238

富媒体资源目录

序号	名称	页码
1	彩图 1-5-1　褶皱相关裂缝露头特征	37
2	彩图 1-5-2　断层相关裂缝露头特征	38
3	彩图 1-5-3　致密砂岩裂缝特征岩心观察	39
4	彩图 1-5-5　BT2 井裂缝的常规测井参数响应	42
5	彩图 1-5-7　不同构造部位岩石有效正应力与剪应力关系分析图解	44
6	视频 4-1　注水开发——水窜	133
7	视频 4-2　调剖堵水	145
8	视频 5-1　作业过程	148
9	视频 5-2　酸化	153
10	视频 5-3　井喷及控制	158
11	视频 5-4　砾石充填完井	158
12	彩图 6-1-1　某油田压力恢复曲线图	171
13	彩图 6-2-1　油藏综合采油曲线图	179
14	视频 7-1　井型	209
15	视频 7-2　水平井分类	209
16	视频 7-3　复杂结构井	209
17	彩图 8-2-5　蒙特卡洛模拟法计算内部收益率概率分布图（中国石油基准收益率 8%）	227
18	彩图 8-2-6　蒙特卡洛模拟法计算内部收益率概率分布图（社会折现率 12%）	228

绪论

第一节　油气田开发地质学概述

　　油气田开发地质学是随着油气田开发逐步形成的一门地质学科，属于石油地质学中的一个分支。油气田开发地质学是指在油气田勘探发现后，从评价勘探到油气田开发结束全过程的地质研究工作。

　　在石油工业发展的早期，主要是开发一些高产油田，这时石油地质工作者的主要任务是寻找新油气田。随着油气田的大量开发，油田类型增多，提高油田开发效果和经济效益的研究任务变得更为突出，为了以较少的投资获得较好的经济效益和最高的采收率，开发地质工作者肩负着重要的责任。大量油田开发实践证明，地质因素是决定油田开发效果的关键因素，油田开发方案和调整措施的成败，无不与油田地质特征有关。

　　随着发现的高产油田越来越少，已投入开发的油田大多进入中高含水期。随着油田开发中现代科学技术的应用和经济观念的加强，要求对地下油藏三维空间的微观变化有更精确的描述，而不是传统意义上的平均值；希望从定性到定量，建立三维地质模型；对油层的非均质性、渗透率的各向异性、油层井间的变化、注入流体的推进以及剩余油的分布等作出准确解释和计算；要求这些地质研究成果必须经过油田动态的检验和修正，能够满足现代油藏工程计算预测和油田开发生产的要求。

　　中国石油工业在中华人民共和国成立前基本上处于空白，是中华人民共和国成立后才逐渐发展起来的，大规模的石油开发是在大庆油田发现之后。由于中国油田多为陆相沉积，油层物性变化大，地质条件复杂，油田生产离不开开发地质研究工作。正因为如此，大庆油田从投入开发起，就进行了深入的开发地质研究，如系统的岩心分析、精细的小层对比、沉积微相研究，以及"六分四清"的开发技术等，从而使大庆油田开发达到国际先进水平。20世纪80年代以来，我国东部地区大部分油田先后进入高含水期开发，需要采用各种稳产挖潜措施和三次采油技术，否则油田难以稳产和提高油田最终采收率。在使用这些技术之前，必须搞清各油层的剩余储量、剩余油饱和度的分布以及与各种地质因素的关系。否则，不管采用哪种技术，都难以收到好的效果，如有的油田打加密井的成功率仅70%。进入21世纪以后，随着国内低渗透油藏的大规模开发，为适应精细注采开发的需要，对油藏精细描述提出了更高的要求。部分油田已在单砂体级别的识别划分、接触关系和控油因素等方面开展了诸多卓有成效的工作，为低渗透油藏的精细开发奠定了基础。对于近年来掀起开发热潮的致密油、页岩油等非常规油气藏，大规模压裂改造是实现经济动用开发的主要技术。根据烃源岩特征、油层特征、裂缝发育特征和脆性特征等，优选合理的油藏"甜点"区和工程"甜点"区进行压裂改造至关重要,因而非常规油气藏开发需要开展更"个性化"的地质评价。由此可见,开发地质学是油气田开发系统工程中不可缺少的一门学科。

第二节 油气田开发地质学的研究内容和方法

油气田开发地质学是直接为油气田开发服务的科学,研究的对象是油藏,基本研究内容是详细描述油藏三维空间的变化特征和细微的地质规律,同时还研究油层特征对地下流体运动和油井产能的控制与相互作用,以及改善油田开发效果与提高最终采收率,可概括为三个方面:

(1) 进行精细、定量、模型化的三维空间的油藏研究,为制定合理开发方案和开发措施提供依据。从发现油田起,开发地质的任务就是通过对各种信息(包括油田动态)的综合处理和微观的定量分析,反复加深对油层特征和油气水分布的认识,特别要加深对油层几何形状、孔隙结构、表面特性、沉积微相和油层非均质性的研究。在充分认识地质特征的基础上,建立三维油藏静态地质模型,计算出可靠的地质储量,直接为油田开发决策、制定开发方案和预测油田动态服务。这是油田开发的基础工程,更是油藏经营和提高经济效益的支柱工程。

(2) 研究开发过程中油层特征对油气水动态的影响和相互作用。根据动态反映特点,修正地质模型,确定地质特征对油田动态的影响,指导油水井增产措施和提高单井产能方案调整,达到最好的开发效果。研究内容包括:综合利用各种测试技术,深入研究各小层的生产(或吸水)能力、油层连通和屏障分布情况、油层纵向和平面上的水淹规律,评价开发方案对油层特征的适应性;研究油田产能接替的顺序、加密井的部署,研究剩余油的分布、油层产能和压力变化,及时提出调整意见和措施。

(3) 提供地质资料,优选三次采油方法。三次采油需要注入昂贵的驱油剂,这些驱油剂的驱油效率远比注入水的驱油效率高。选择三次采油方法,不仅需要知道剩余油饱和度的分布,还需要知道不同地质条件下最适宜的注入剂。为此,需要研究层内的细微变化、不稳定泥质薄层的分布、裂缝层间有无窜通和油层非均质性等。

油气田开发地质的研究方法,是一套综合研究方法,大量利用现代计算技术,以研究油层为中心,由粗到细,由定性到定量,由传统的地质图到展示三维空间变化的地质模型,静动结合,充分利用各种地质录井、测井、测试、试井、特殊的岩心分析技术和开发先导性试验等手段,用分析计算和模拟相结合的方法,反复验证和反演地质成果,做到正确、全面、详细,逐渐认识油层固有的特征和细微的地质变化,指导油气田合理开发,促进开发地质的发展。

油气田开发地质学是一门综合性学科,它与沉积岩石学、石油地质学、油藏工程等课程彼此结合,相互渗透,互为补充。为了更好地学习油气田开发地质学,应先修沉积岩石学、石油地质学、地球物理测井等课程,以便全面深入理解有关开发地质知识点。

油气田开发地质学与油气开发生产实际紧密结合,有较强的实践性。该课程内容的学习也为后期的生产实习奠定了理论基础。随着石油工业技术的改进,以及非常规等理论的发展,油气田开发地质学仍处在不断完善和发展之中。

第一章

开发储层评价

储层的空间分布、连通情况、岩石学特征、储集空间特征和渗流物理特征，是储层研究的核心。在研究和描述储层时，首先需要描述展示储层层组划分、沉积相类型及岩石学方面的基本特征，以便建立储层基本的地质概念，为进一步研究储层的储集空间和渗流特征奠定基础。开发储层评价作为油气田开发地质学中的一个重要部分，是指从油气田发现后直到开发结束的整个过程中的储层评价工作。它直接为油气开发工程服务，评价的目的是合理开发油气田、提高采收率。

第一节 概述

一、开发储层评价的主要特点

不同开发阶段的开发任务不同，各阶段储层评价工作的任务和要求也不同，因而开发储层评价工作具有阶段性。开发初期，储层是相对静态的。随着开发进程进入中高及特高含水开发期，由于注水对储层的不断冲洗，储层的岩性、物性及含油性发生了相应变化，储层评价工作从储层宏观特征逐渐深入到小层内部的微观非均质特征，从定性描述向定量表征和预测发展，不断深化对储层的认识，以满足油气田开发步步深入的工作要求。

开发储层评价的目的是为油气田开发方案设计和开发动态分析、调整挖潜提供地质依据，所以开发储层评价的重点内容是影响开发动态的储层地质特征。对注水开发而言，储层评价的重点内容应是控制和影响注水开发效果（水驱油效率和注入水波及系数的大小）的储层地质特征。当然，不同类型油藏的地质特征不同，储层评价工作的侧重点也是不同的。

开发储层评价采取的是静态与动态评价相结合的方法，运用多种动态评价技术手段，进一步验证和深化对储层静态特征的研究，并得出对储层开发（主要是注水开发）动态的认识，多技术、多学科、多途径综合应用于开发储层评价工作，更好地为油气田开发服务。

二、开发储层评价的阶段性及评价内容

作为油气藏表征的核心，储层表征贯穿于勘探评价与开发的全过程。从发现井到油气田枯竭，油田开发是多次滚动进行的，其阶段大体可分为油气藏评价阶段、开发早期阶段和开发中后期阶段。由于不同阶段生产任务的不同和获取资料的差异，储层表征的内容和精度也有所不同。

（一）油气藏评价阶段

油气藏评价阶段是指从圈闭预探获得工业性油气流到提交探明储量的油气勘探评价过程。

1. 阶段任务

该阶段的主要任务是探明油气藏、评价油气藏和开发可行性评价，主要目标是描述油气藏的形态和规模，揭示油气藏内部结构和油气分布状况，指导勘探部署，提高勘探程度，以尽可能少的探井控制和探明更多的油气地质储量，并为开发可行性评价及开发方案设计提供地质依据。

2. 资料基础

油气藏评价阶段的资料主要为少量探井和评价井的岩心、测井和测试以及地震资料。此时，井数较少，井距较大，一般在2000m以上。

3. 表征内容

就整个油气藏而言，表征内容主要包括：（1）地层对比；（2）构造特征及分布；（3）沉积相类型及分布；（4）储层与盖层特征及分布；（5）油气藏类型及流体分布；（6）油气储量计算；（7）油气藏温压系统及其驱动特征。

对于储层表征而言，主要是在地层对比和构造研究的基础上，表征储集体的分布、储层参数及可能的裂缝发育带的分布。

1）沉积相及储集体分布

（1）确定沉积体系及沉积相（大相、亚相）类型，研究沉积相的时空展布规律；

（2）研究储集体的垂向与横向分布（单井解释及横向预测），编制油组或砂组级别的储层厚度分布图。

2）储层质量特征及综合评价

（1）研究储集岩的储集空间、孔隙结构及物性特征，对储集岩进行分类评价；

（2）研究储层参数（孔隙度、渗透率）的单井及平面分布（单井解释及横向预测），编制油组或砂组级别的储层参数等值线图；

（3）分析储层的潜在敏感性；

（4）分区分层段对储层进行综合评价，确定有利的储集层段和储集单元。

对于裂缝性储层，还应研究裂缝成因类型及裂缝参数，预测裂缝发育区带。

（二）开发早期阶段

油藏开发早期阶段是指从开发基础井网完钻至采出50%~60%可采储量的开发阶段。

1. 阶段任务

油气藏开发早期阶段的主要目标是高效地开采油气。由于油藏地质的复杂性，油气藏评价阶段难以精细刻画油藏内部的非均质性，而这一非均质性对地下油水运动、储量动用及水驱油效率有较大的影响，因此，在开发早期阶段具备开发基础井网资料的前提下，有必要也有可能进一步深化油气藏地质的研究。

就开发生产而言，该阶段可进一步分为两个阶段：其一为开发方案实施阶段，主要任务是在开发基础井网完钻后，进一步落实构造、断层、油层分布状况，以及砂体连通性、油气水界面，描述储层层间、平面的变化规律，完善地质模型，为储量复算、射孔、井别调整等提供地质依据；其二为早期开发管理阶段，主要任务是不断认识各类油藏储量动用状况、水驱控制程度、水驱受效及水淹状况、可采储量测算、潜力大小及分布特点等，为井网局部、全部调整或层系调整提供地质依据。

2. 资料基础

该阶段已全部完成了开发基础井网，井距一般在300m左右。在油气藏评价阶段资料基础上，新增了开发井网的测井资料、部分取心井的岩心资料及试产动态资料等。

3. 表征内容

该阶段油气藏表征主要内容包括：（1）小层划分与对比；（2）油层构造；（3）沉积微相及油砂体分布；（4）储层质量差异性；（5）储层流体分布；（6）储量复算；（7）渗滤物理特征（确定储层的相对渗透率、各类储层的驱油效率和残余油饱和度）。

储层表征的主要内容包括以下两个方面：

1）沉积微相及油砂体分布

（1）确定岩石相及沉积微相类型，进行各井沉积微相解释，研究各小层沉积微相的平面分布，并建立相应的三维模型。

（2）储层流动单元：研究不同岩类的储层质量差异，进行流动单元分类，在油砂体分布的基础上划分流动单元。

2）储层质量差异性

该阶段主要落实不同微相及流动单元的储层敏感性，并进行敏感性评价。

（三）开发中后期阶段

油气藏开发中后期阶段是指从采出50%~60%可采储量至油气藏枯竭的开发阶段。

1. 阶段任务

在油田开发中后期，大量的油气已被采出，但仍有相当数量的油气滞留在地下，剩余油以不同规模、不同形式不规则地分布于油藏中。同时，对于水驱油藏而言，由于储层经过长期水驱冲刷，储层性质及流体性质也发生了变化，从而加剧了储层非均质程度和流体非均质程度，造成了更为严重的开发矛盾。早期储层表征的成果已满足不了油气藏精细开发的需要。因此，为了提高油田最终采收率，尚需进一步深化对油气藏的认识程度，再次进行精细的油藏表征，以对老油田进行合理的综合治理。

2. 资料基础

该阶段资料丰富，除前述的开发基础井网资料外，新增了加密井（网）资料、检查井资料（井距可达100m左右），其中十分重要的是大量的动态监测资料，如产液剖面资料、井间示踪剂资料、注采受效资料、产出流体和压力资料等。

3. 表征内容

该阶段油气藏地质研究的主要工作是进一步深化开发早期油气藏地质研究的认识，即充分利用各种静态和动态资料，深入细致地研究油气藏范围内井间油气藏参数的三维分布以及水驱过程中储层参数、流体性质及其分布的动态变化，建立反映油气藏现状的、精细的、定量的油气藏地质模型，并通过水驱油规律、剩余油形成机制及其分布规律的深入研究，建立剩余油分布模型，从而为下一步的调整挖潜及三次采油提供准确的地质依据。

该阶段油气藏表征内容包括：（1）单层划分与对比；（2）精细构造（及微构造）表征；（3）储层内部构型分析与建模；（4）储层质量差异及动态变化分析与建模；（5）流体

性质动态变化；(6) 剩余油分布模型。

储层表征的主要内容包括以下两个方面：

1) 油砂体内部构型单元的分布

在开发早期沉积微相研究的基础上，应用新增的静态和动态资料，进行油砂体内部构型单元深入解剖（如在河道砂体内划分单一点坝与废弃河道，进而在点坝砂体内划分侧积体与侧积层），研究不同级次的储层构型单元的规模、连续性、连通性、界面特征、渗流屏障（内部夹层）的空间分布特征，并建立三维构型分布模型。

2) 储层质量差异

（1）深入研究不同级次构型单元的储层质量分布特征，并基于三维构型模型建立三维储层参数分布模型；

（2）深入研究开发过程中储层性质的动态变化特征及机理，建立不同开发时段的三维储层参数模型（即动态模型，或称四维模型）。

从上可以看出，不同勘探开发阶段的生产任务不同，获取的资料有差别，因而储层表征的内容和研究精度也有差别。总体说来，从油气藏评价阶段到开发中后期阶段，获取的资料越来越多，储层表征的精度也越来越高（表1-1-1），油气田开发生产对储层表征的要求也越来越高。

表1-1-1 不同勘探开发阶段油气藏表征的资料及研究精度比较

精度比较	研究阶段	油气藏评价阶段	开发早期阶段	开发中后期阶段
资料比较	地震	二维/三维	三维	三维/井间/时移
	井	少量探井、评价井	增加开发井网	增加加密井、检查井
	测试	单井测试	增加少量多井测试	增加部分单井测试
研究精度比较	地层对比	油组/砂组	小层	单砂层
	构造分析	油组/砂组顶底；构造幅度≥10m；断距≥10m；断层延伸≥1000m	小层顶层；构造幅度≥5m；断距≥10m；断层延伸≥100m	单层顶底、微构造；构造幅度≥5m；断距≥5m；断层延伸<100m
	沉积相及储集体分布	砂组亚相分布；砂体厚度分布	小层微相分布；油砂体分布；层间隔层分布	小层单一微相分布；微相内部构成单元；层内夹层分布
	储层质量差异	油砂/砂组储层参数分布	小层储层参数分布	层内储层质量差异分布；储层性质动态变化
	储层裂缝	裂缝发育区	裂缝发育带	裂缝网络
	流体分布	原始流体分布	原始流体分布；地下油水运动	剩余油分布；流体性质动态变化
	储量计算	未开发探明储量	已开发探明储量	剩余油储量
	温压系统及驱动特征	原始温压系统；天然能量	目前地层压力；注采关系	目前地层压力；注采关系

三、开发储层研究的主要方法

开发储层研究是油气藏开发地质研究的核心。只有在科学、系统、定量化的开发储层研究基础上,才能有效地提高勘探开发效益,才能准确地评价油气藏,预测最终采收率。

开发储层研究的主要方法介绍如下。

(一)地质分析方法

地质分析方法是根据钻井取心资料、野外地面露头的观察描述、实验室分析化验资料,研究储层的沉积特征、成岩作用、成岩序列、微观孔隙结构、黏土矿物及其敏感性,以及储层的物性、含油性特征。

(二)地球物理测井方法

地球物理测井方法是在关键井地质综合研究的基础上,通过建立测井资料数据库,运用数学地质的方法,研究岩性、物性、含油性与电性(测井信息)之间的关系,建立研究区的最佳测井解释模型,从而实现储层参数从取心井到非取心井的最佳求取。

(三)地震方法

地震方法是把地震资料同测井、地质及油藏工程等资料结合起来,并利用高分辨率地震技术、声阻抗反演技术、井间地震层析成像技术及多波多分量地震技术来圈定储层的横向展布,确定厚度变化,估算孔隙度,预测岩性及含油气性变化,监测热采前缘等。

(四)储层动态测试方法

储层动态测试方法主要包括在注水井测吸水剖面、在自喷井上测产液剖面、在抽油井上进行环空测试,以及示踪剂测试、压力监测等,用以研究储层的生产动态。

上述每种方法都有其独到的特点,但在实际工作中不可只用某一种方法全程研究,而是多种方法相互配合、互补有无,使人们对储层的认识更加全面。

第二节 开发储层精细划分与对比

一、"旋回对比,分级控制"的储层对比方法

20世纪60年代以前,由于国外多数油气田油气产自海相地层,油层厚度大,加之研究手段也有限,油气田地层划分主要是在大层段划分与对比的基础上进行的。大层段内包含几个甚至十几个油气层。然而,在油田开发过程中,这种大层段的对比方法存在诸多问题,如油气藏静态地质与油藏动态变化之间的矛盾,尤其是随着技术的进步与大量陆相油田的发现与开发,大层段的划分远不能适应油气田开发的需要,包括不能合理解释油水关系之间的矛盾。例如,我国大庆油田发现与开发后,通过实践认识到陆相成因的油田油层层数多,单个油层厚度远不如海相成因油层,纵向上一个油田存在多套油层与多套油气水系统,因此要深入认识油田地下地质情况,不但要理清大套地层层系之间的地层对比关系,而且要理清油层组、小层、单砂体油层的横向对比关系。20世纪80年代,以我国大庆油田为代表的"旋回

对比，分级控制"的储层对比方法，在油层组、小层、单砂体的横向对比方面取得了非常好的效果，为油田开发地质研究积累了丰富的实践经验。

（一）沉积旋回概念

沉积旋回是指在地层剖面上，若干相似的岩性在纵向上有规律地重复出现的现象。这种有规律地重复出现，可以在岩石的颜色、岩性、结构、构造等各方面表现出来，最明显的是表现在岩石粒度上有规律地重复出现，称为韵律性。

实际应用过程中，在比较大的区域对比或局部区带对比工作中，应用沉积旋回对比法开展地层对比比较普遍。沉积旋回的形成取决于两个因素：一是地壳周期性的升降运动导致区域湖平面或海平面的上升或下降，即内营力的作用；二是地区气候阶段性、季节性的冷热和水流大小强弱，即外营力的作用。前者是控制沉积旋回的基本因素，后者在前者的背景上起作用。地壳下降，发生水进，使水体变深变大，在岩层剖面上形成自下而上岩性由粗变细的水进序列，叫正旋回沉积层序；地壳上升，发生水退，水体变浅变小，在岩层剖面上形成自下而上岩性由细变粗的水退序列，叫反旋回沉积层序；地壳下降又上升，水体由浅变深，再由深变浅，在岩层剖面形成自下而上岩性由粗变细再由细变粗的连续沉积序列，叫复合旋回，它反映了地壳升降的一个完整过程。这种旋回性是沉积岩普遍具有的基本特性。地壳升降运动是不均衡的，范围有大有小，时间有长有短，幅度有强有弱，而且在大的升降运动中，常有不同规模的升降运动，从而在岩层剖面上的沉积旋回就表现出级次性，即可以分出若干级别的沉积旋回。每级沉积旋回的稳定程度是不同的，大旋回稳定范围大，小旋回稳定范围小。所以大旋回可以在大范围内进行对比，小旋回只能在大旋回控制下的小范围内进行对比，因此要注意各级旋回的应用范围。不同时期和不同地区，受不同级别构造运动所控制，沉积旋回特征各不相同，因此在划分与对比沉积旋回时，应区别对待。另外还要注意研究沉积旋回在平面上的变化规律。一般来说，由盆地边缘向中央，沉积旋回数目逐渐减少。盆地边缘，构造运动频繁，沉积条件变化大，故形成旋回多，界线清楚；盆地中央，沉积条件稳定，平面上和纵向上岩性变化不大，旋回界线不清。

（二）沉积旋回分级

在油田范围内，沉积旋回一般从大到小按五级划分。

1. 一级旋回

一级旋回指一套包含若干油层组在内的旋回性沉积，相当于生油层和储油层的组合，或储油层与盖层的组合。每套含油层系一般都有古生物或微体古生物标志层来控制旋回界线。一级旋回是在地壳升降运动背景下，反映了一个完整的水进—水退的沉积过程，其分布范围受盆地内一级构造单元控制。它包含整个含油气层系，在盆地内可进行对比，与同级沉积旋回以假整合或不整合接触，其分界线一般划在剥蚀面上或沉积环境发生明显变化的分界面上。

2. 二级旋回

二级旋回指由不同沉积的岩相段组成的旋回性沉积。它包含若干砂岩组所组成的几个油层组，油层分布状况与油层特征基本相近，是一套可以组成开发单元的油层组合，上下有适当厚度（10m左右）的泥岩与相邻油层完全隔开，一般都有标志层或辅助标志层用来控制旋回界线。二级旋回是一级旋回中所包含的次一级旋回，它反映了一次水进（正旋回）或一次水退（反旋回）的沉积过程。二级旋回由不同岩相段组成，可包括几个油层组。它可以在二级构造单元内进行对比，其界线一般划在明显水退与水进沉积的分界处。

3. 三级旋回

三级旋回指同一岩相段内由几种不同类型的单层或者四级旋回组成的旋回性沉积。它与砂岩组大体相当。集中发育的含油砂岩有一定的连通性，上下泥岩隔层分布比较稳定。根据岩性组合类型、演变规律、厚度变化及电测曲线的形态组合特征，可将上下泥岩层作为对比时确定旋回界线的依据。

三级旋回划分依据有：

（1）以二级旋回中不同沉积环境的转变作为三级旋回划分的界线。如湖盆水退沉积旋回中，深湖（湖底扇）—浅湖（三角洲）—冲积平原（河流）—山麓平原（冲积扇）环境的连续沉积，可以分别划为4个三级旋回。

（2）在同一环境连续沉积较大厚度的储层层系时，则以沉积条件的转变或明显的沉积事件作为划分三级旋回的界线。如大港地区新近系发育一套连续的巨厚河流沉积储油层系，则以河流的河型、规模、能量大小、碎屑的供应量等的变化作为划分三级旋回的界线。

（3）三级旋回是划分油组的基础，从开发生产实用的观点考虑，三级旋回厚度一般不宜过大（<200m）。但是三级旋回是油田范围开发阶段油层对比的出发点，旋回界线必须是明确的沉积事件界线，或必须有标志层控制，以利于进一步细分层组的等时对比。

4. 四级旋回（或称韵律）

四级旋回是包含单油层在内的不同粒度序列岩石的一个组合。在这个组合中，单油层粒度最粗，它的厚度、结构及层理随沉积相带的变化而有所不同。在三角洲砂岩最发育的部位，单砂层厚度可达20~30m，砂岩以中砂岩和细砂岩为主，高角度交错层理发育，具冲刷面和泥砾、钙砾和火成岩砾石，以正韵律为主。在三角洲前缘相带，单砂层厚度可达10m左右，砂岩以中细砂岩和粉砂岩为主，分选较好，低角度交错层理、波状层理、水平层理发育，韵律复杂。在半深湖和深湖相的外缘带，单砂层的厚度一般小于3m，以粉砂岩为主，水平层理及页状层理发育，韵律不明显。四级旋回是受水流强度控制、由不同岩性单层组成的最低级次的沉积旋回，可在油气田一定范围内进行对比。

对于湖相沉积，一般尽可能以局部湖侵事件作为划分四级旋回的界线。具体界线定在湖侵泥岩底部，即湖侵开始处。如湖盆三角洲沉积，以每一个三角洲建设期，即每一次前三角洲—三角洲前缘—三角洲平原的连续沉积，或相应于每个三角洲朵叶体，因局部湖侵而转移前的连续沉积，作为一个四级旋回。如湖底扇沉积则可以一个外扇—中扇—内扇的连续沉积作为一个四级旋回，也可以局部湖侵一个湖底扇的转移或加积作为四级旋回的划分界线。

对于冲积沉积，应以较大的洪泛事件或较长的洪泛间歇期作为划分四级旋回的界线。具体界线定在河流砂体底部，即洪泛事件开始处，一个完整的河流沉积的正层序可以确定为一个四级旋回，或以河流规模与能量等周期性变化、古土壤成熟度演化的周期性作为划分旋回的依据。

四级旋回是划分亚组的基础，厚度以50m左右为宜，适应于油田开发实际应用。

5. 五级旋回

五级旋回以微相单元为划分依据，一般一个微相单元即可划分为一个五级旋回，如三角洲沉积中一期河口坝或分流河道沉积，河流沉积中每一次河流的冲裂、废弃、改道，湖底扇每一期水道的沉积，冲积扇每一次洪泛事件的沉积等。五级旋回是划分单层的依据，尽可能只包含一个砂体或一个主力砂体。

油层对比中的旋回级次划分，是区域地层对比基础上的发展与深化。区域地层对比与油层对比旋回级次存在如表1-2-1所示的对应关系。

表1-2-1 沉积旋回级次对照表

区域地层对比		油层对比	
一级	系	一级	含油层系
二级	组	二级	若干油层组
三级	段	三级	砂层组
四级	砂层组	四级	若干单油层
五级	单砂层	五级	单砂层或单油层

必须指出的是，沉积旋回级次的划分，应根据具体地区的沉积特征及所需解决的问题而定。例如，大庆油田从北部的地质情况出发，在划分沉积旋回的级次后总结出的规律是：沉积旋回是各类岩层在垂向上按照粒级顺序的组合，不同岩石类型的各类单层是构成沉积旋回的基本单元；包含一个砂质岩层的各类单层的岩性组合是最低一级的旋回，而包含整套油层在内的沉积旋回是最高级次的沉积旋回。

在油层对比中，划分沉积旋回的方法是以岩心资料为基础，从研究单井取心剖面的岩性和组合规律入手，包括砂岩的粒度、砂岩与泥岩组合规律、泥岩颜色、岩石结构与构造、古生物化石、砾石大小及磨圆、泥砾分布、冲刷面特点、特殊岩性等，初步划分各井的沉积旋回，进而追溯对比全区沉积旋回的演变规律，统一沉积旋回的划分与油层的分层。划分单井的旋回，首先应根据单层的岩性组合划分最低级次的沉积旋回，而后根据低级沉积旋回的组合规律，再划分较高级次的沉积旋回，依此顺序逐级划分，直到最高级次。

（三）单井沉积旋回划分

油气田范围内沉积旋回的细分是建立在区域地层对比、构造、沉积等研究的基础上，根据沉积旋回的特点进行分级，从油田的角度出发，一般情况下，根据资料及研究的需要划分二级、三级、四级旋回即可。

沉积旋回最明显的表现是：在岩石颗粒的变化上，自下而上岩石颗粒由粗变细的正旋回沉积层序，岩性由砂岩、粉砂岩、泥质粉砂岩、粉砂质泥岩、泥岩重复出现，或者自下而上岩石颗粒由细变粗的反旋回沉积层序，岩性由泥岩、粉砂质泥岩、泥质粉砂岩、粉砂岩、砂岩重复出现，但不是简单重复，而是呈螺旋形发展，造成沉积旋回在空间上和时间上既有同一性又有差异性。这些旋回差异性主要表现在测井曲线形态相应出现的旋回性高低变化，研究对象主要是单井的测井曲线，常用的电测曲线有深浅电阻率曲线、自然伽马曲线、自然电位曲线。

沉积旋回特性是碎屑岩油气层对比中进行"旋回对比，分级控制"方法的地质依据。沉积旋回划分应从单井分析出发，首先选择钻遇地层比较齐全、最好不钻遇断层、取心较多、电测曲线反映岩性比较典型的一口井或多口井作为骨干井，开展沉积相、微相研究，建立沉积相综合柱状图，然后在此基础上对这些骨干井进行单井沉积旋回划分，进而通过

"岩电关系"研究，扩大到非取心井按测井曲线划分沉积旋回。沉积旋回划分应自大而小逐级进行，在大一级旋回划分的基础上控制次一级旋回的划分（图1-2-1）。

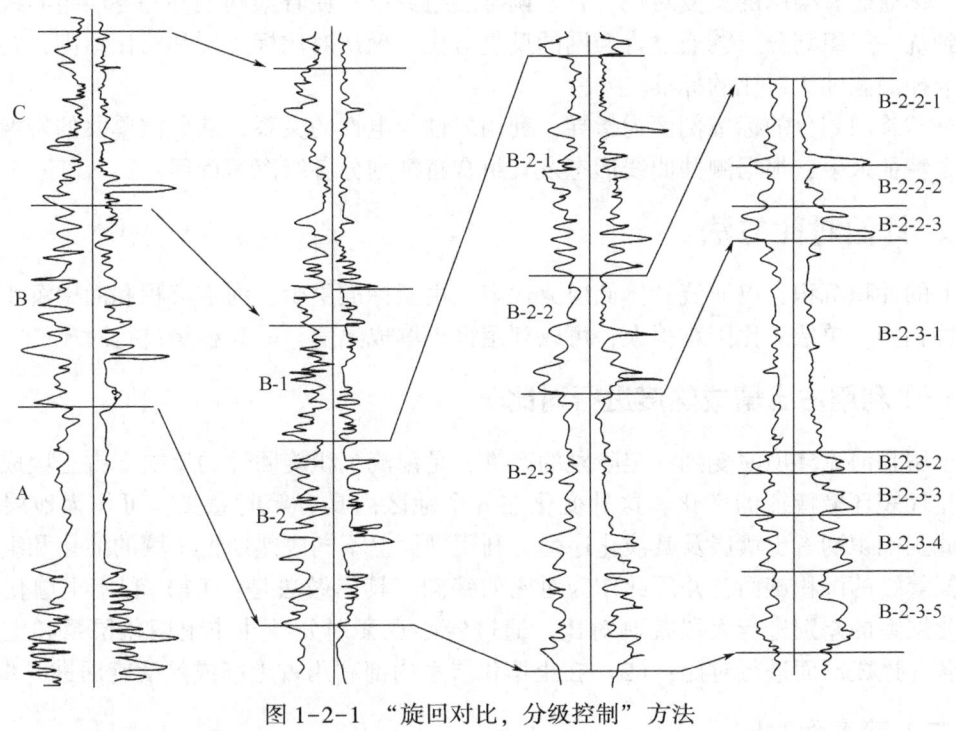

图1-2-1 "旋回对比，分级控制"方法

（四）陆相沉积盆地沉积旋回划分

陆相盆地储层发育的共同特点是岩性及厚度变化大，断陷盆地尤为突出。一个油气田范围内的储层往往跨越不同断块和不同沉积相带，因而不同区块沉积相类型、剖面特征（厚度及岩性组合）差异极大，要采用统一的层组划分对比方案是难以做到的，因此必须根据实际情况建立不同类型的标准剖面，进行层组划分及对比。

（1）要在油气田范围内各个不同部位分别选择位置适当、取心收获率高且各种资料（录井、岩心、测井）比较齐全的井，运用岩性、岩性组合特征、古生物、矿物、岩层接触关系、测井曲线形态特征等资料，编制单井旋回曲线，分析旋回曲线所表明的水进、水退的变化，认识各级沉积旋回特征；在单井相分析基础上，划分旋回和层组作为全油田对比和统一划分层组的出发井，即单井标准剖面。

（2）当油田跨越储集体的不同沉积相类型和不同相带（亚相带）时，需按不同相带、不同沉积相类型分别建立标准剖面：①在沉积相研究的基础上，分析不同沉积相类型或同一类型的不同相带（亚相带）剖面在纵向上的厚度及岩性组合（旋回）特征；②根据各相带特征分别建立不同相带代表性的剖面，划分旋回和层组，作为各相带的标准剖面。

（3）按不同沉积断块建立标准剖面：①确定受同生断层控制的地层层段，并划分断层两侧的断块，按断层上下盘的剖面特征即沉积厚度、旋回特征等分别建立标准剖面，划分层组；②不受断层影响的井，按各断块标准剖面的层组划分结果进行对比；③搞清不同断块层组对应关系。

(4) 建立层组划分及对比的骨架网：①根据油田大小、储层相变程度，选择一定数量的标准井比较均匀地分布于油田的各个部位或不同相区或不同断块，作为层组划分和对比的骨架网；②通过骨架网的反复对比，合理调整层组界线，使骨架网上各井各层组界线完全闭合，直到统一层组划分；③通过骨架网的反复对比，确认对比标志层和对比原则，则骨架网就可作为控制全油田对比的标准。

以沉积旋回划分的标准剖面为指导，利用岩性与电性的关系，从研究单井的岩性特征和岩性组合特征入手，根据测井曲线形态及其组合特征划分各级沉积旋回。

二、其他对比方法

岸上的冲积沉积，以河流砂体储层为代表，由于标准层少，河道沉积和溢岸沉积的侧向频繁交替相变，单层对比困难很大，可以利用古土壤成熟度、等高程等进行对比。

（一）利用古土壤成熟度进行对比

古土壤是河流环境演变到一定阶段的产物，是河流沉积旋回性的反映。古土壤成熟度的高低变化代表环境特征的变化，这种变化在一个地区内具有等时意义，可作为地层对比标志。因此正确识别古土壤层及其演化序列，利用剖面上不同成熟期古土壤的演化和组合可以划分不同等级的沉积旋回，并用此作为对比的基础。具体做法是：（1）利用土壤化层系与非土壤化层系的差别进行大段控制对比，通过岩心观察划分各井非土壤化层系和土壤化层系，将各井连成剖面进行对比；（2）在土壤化层系内部利用古土壤成熟度旋回进一步对比。

（二）等高程对比

河道内的沉积层序厚度反映了古河流的满岸深度，其顶界反映满岸泛滥时的泛溢面，同一河流内的河道沉积物其顶面应是等时面，而等时面应与标准层大体平行。也就是说，同一河道沉积，其顶面距标准层（或某一等时面）应有基本相等的"高程"（图1-2-2和图1-2-3）；反之，不同时期沉积的河道砂体，其顶面高程应不相同。具体做法是：（1）寻找标准层；（2）通过岩心观察识别河道沉积层序特征，与泛滥沉积加以区别，分析"岩电"关系，认识它们在各种测井曲线上的响应，利用测井曲线找出河道沉积层序顶界作为"等高程"对比界线；（3）以冲刷面划分河道砂体的底面；（4）尽量结合地层倾角测井资料，应用倾角测井解释的层理产状判断砂体延伸和加厚方向，以提高单砂层对比精度。

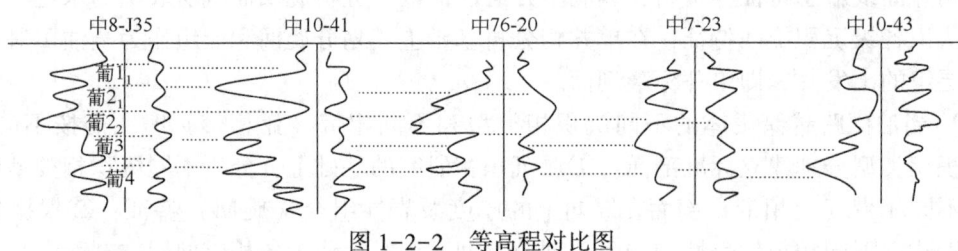

图1-2-2 等高程对比图

（三）叠置砂体对比

在多期沉积相互叠置形成复合沉积体的情况下，则采用叠置砂体对比模式进行地层精细对比。地层沉积过程中，因沉积环境的改变，常出现不同时期的砂体相互叠置而形成较厚的

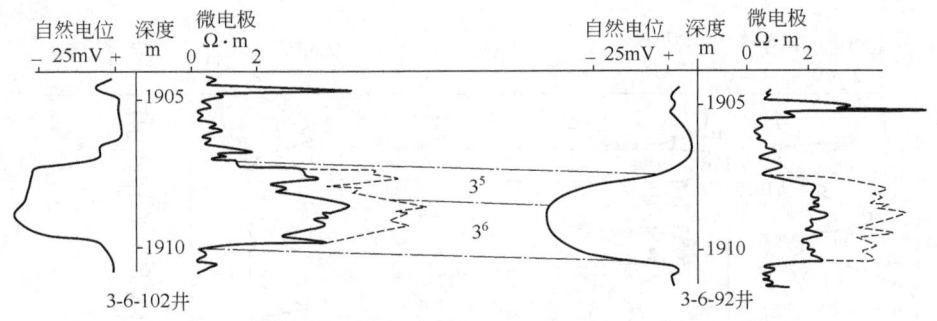

图 1-2-3 胜坨油田沙二段河流相储集体等高程对比模式

砂体，在地层划分与对比中应首先进行成因研究，分析叠置原因，然后进行对比。研究认为，叠置砂体主要有叠加、下切两种类型。叠加砂体可在河流及三角洲沉积体系中形成。在多期河流发育的地区，晚期的河流冲刷使得早期河流沉积单元上部的部分或全部被冲蚀，并沉积新的河道砂岩，形成相互叠加的厚层河道砂岩，可依据叠加砂岩体内部泥岩残留、测井曲线回返及邻井地层特征进行对比。图 1-2-4 为胜利油区孤岛油田馆陶组上段馆 5^3 小层 2 个时间单元的划分对比图，可以看出叠加砂体整体呈正韵律，但在砂体叠加部位自然电位曲线回返，微电极曲线存在明显变化，是两期砂体的分界面。三角洲前缘砂体的前积作用可形成侧向和垂向叠加的、砂体界面呈倾斜的厚层三角洲叠加复合砂岩体，在胜利油区胜坨油田沙二段 8 砂组地层划分对比中经常碰到此类情况。由于晚期河流在不同部位的冲刷不均衡，在某些部位，如河道主流线附近，特别是在曲流河的外弯带，河底强烈冲蚀，河道沉积物直接覆盖在前期河道砂之上，形成厚层下切砂体。此种情况在自然电位上好像是同一期河道沉积，但在微电极等曲线上存在差异，应综合考虑进行地层对比。

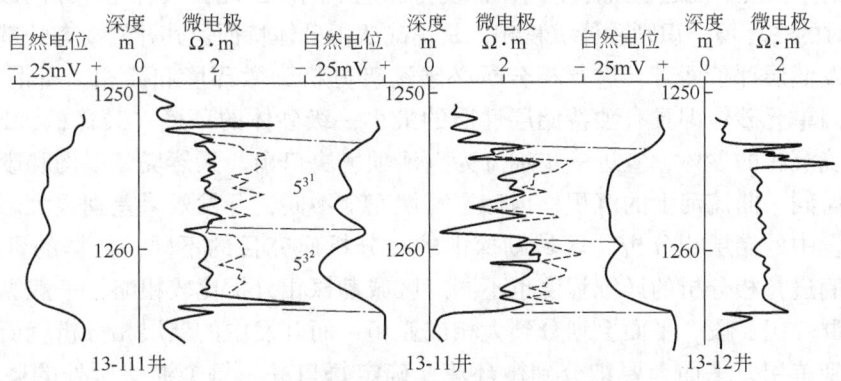

图 1-2-4 河流相储集体叠置砂体对比模式

（四）相变对比模式

陆相碎屑岩沉积环境变化大、相变快、砂岩厚度变化大，因此在陆相地层精细对比时应充分考虑沉积相带变化对地层分布的影响。以河流相地层为例，在同一沉积时间单元内，即使是相邻的区域也可能分属不同沉积微相，如由河道沉积逐渐变化为河漫沉积，因此岩性特征及测井曲线特征均出现较大差异。相变对比模式要求在地层精细对比中充分运用沃尔索相律，并考虑沉积体系空间组合的合理性。图 1-2-5 为胜坨油田沙二段 3 砂层组河流相储集体相变对比模式。

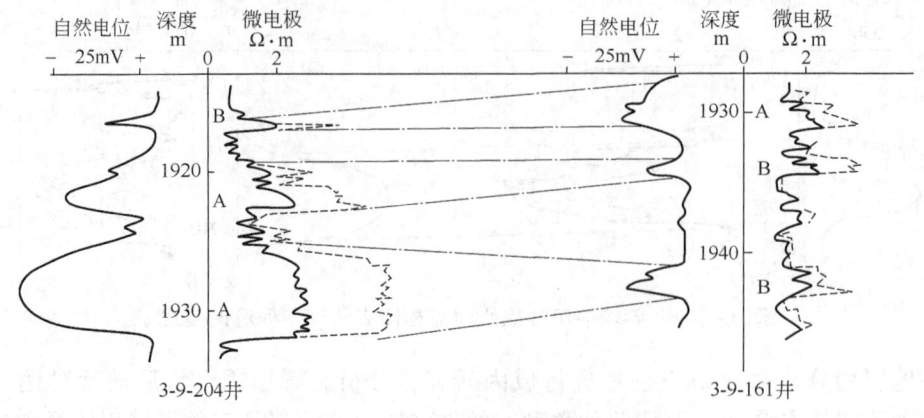

图 1-2-5 河流相储集体相变对比模式
A—河道砂；B—河漫砂

第三节 开发储层沉积微相与微构造

一、油田开发中的沉积微相分析概念

储层沉积学理论指出，沉积环境是沉积物形成的条件，而沉积相是沉积环境的产物，是沉积环境的物质表现。沉积相可细分为亚相、微相。砂体的沉积环境和沉积条件控制着砂体的分布状况和内部结构特征。大量的实验、模拟和生产动态研究表明，不同环境成因的砂体，储层性质不同，流体在其中的运动规律不同，开发特征也不同。因此，从研究砂体的成因入手，重建砂体沉积时的古环境，识别砂体沉积相，是正确认识砂体特征及其开发动态的基础。

对于开发储层评价而言，进行相分析必须逐级分析到微环境和微相。所谓"微环境"，是指控制成因单元砂体即具有独特储层性质的最小一级砂体的环境（裘怿楠，1990）。如研究曲流河环境沉积的砂体，应进一步细分为点沙坝、决口扇、天然堤、串沟和废弃河道等微相，它们虽属同一曲流河上的沉积，但储层特性完全不同，开发效果差别很大。

油田开发中的储层相分析与区域勘探中的相分析研究目的不同，依据的资料和手段不同，所以它们进行相分析的详细程度也不同。区域勘探相分析比较粗略，一般纵向上划分到地层系统的群、组、段，平面上划分到大相或亚相；而开发中的储层相分析就要细得多，垂向上要细分到单层，平面上要细分到微环境，确定每口井、每个油层所处的微相类型。因此，人们往往把油田内的油层沉积相研究称为"细分沉积相"。

二、砂体沉积相分析方法

开发储层沉积相分析一般的程序为：分析区域沉积背景，划分大相和亚相，确定油田所处的相带位置；划分沉积时间单元；进行各沉积时间单元微相分析。

（一）划分大相和亚相

油田开发中储层沉积相分析总是在一个油田范围内进行的，研究范围比较局限，若脱离大相的控制，直接进行微相分析，就容易发生"窜相"。因此，识别微相必须在识别大相、亚相的前提下逐级进行。

一般利用区域岩相古地理研究成果，分析区域沉积背景，结合岩心观察和分析化验资料以及测井相分析和地震相分析，划分大相和亚相。

（二）划分沉积时间单元

所谓沉积时间单元，是指在相同沉积环境背景下的物理化学作用、生物作用所形成的同时沉积。同一单砂层就是同一沉积时间单元的沉积产物。进行单砂体沉积微相分析时，划分的沉积单元应当是一个一次连续沉积的单砂层。

不同的沉积环境下形成的沉积，稳定性不同，划分沉积时间单元的方法也不同。

（1）对于湖相和三角洲前缘相比较稳定的环境下沉积的砂层，因其大多具有明显的多级次沉积旋回和清晰的多个标准层，岩性和厚度的变化均有一定的规律可循，所以常用"旋回对比，分级控制"的旋回—厚度对比油层的方法，即在标准层控制下，按照沉积旋回的级次和厚度比例关系，从大到小逐级对比，直到每个单层。

（2）对于河流沉积环境下的不稳定沉积而言，由于沉积环境变化快，河流侧向摆动与下切剧烈，导致砂层厚度与岩性变化大，就不能采用前述的旋回—厚度对比法来划分沉积时间单元，一般采用"等高程"对比法。该方法的基本原理是：同一河流内的同期沉积物，特别是河道末期因淤塞而形成的以悬浮物为主的泛滥平原沉积物，其顶面就是等时面，高程十分接近，而且其顶面与标志层的距离也大体相当，所以可以选标准层作为"高程"对比的基准，分井统计砂岩组内的主要砂层的顶面到该标准层的距离，将与标准层距离大体相近的砂层划为同一沉积时间单元。

（3）对河流沉积而言，各井内旋回界线往往是不一致的，常用所谓的"切片"对比法划分沉积单元，即把两个标准层间控制的大套河流沉积，带有一定任意性地等分或不等分地按总厚度变化趋势切成若干个片（即小层段砂组），切片界线就是对比的等时界线，再按此等时界线进行地层划分和对比。

近年来，层序地层学的产生和发展对地层的准确划分和对比起到了很大的推动作用。应用层序地层学的理论和方法，可以深刻认识层序形成、层序的类型、层序地层单元（准层序、准层序组和体系域）和地层分布模式，有效地进行地层划分并实现地层等时对比。目前，国内外都正在致力于发展陆相高分辨率层序地层学，并且已经取得了某些进展，其研究成果在一些油田已见到成效。实际研究表明，应用层序地层学进行沉积时间单元的划分和对比有很大的优越性。

（三）进行各沉积时间单元微相分析

进行砂层沉积微相分析，首先必须依靠单井岩心资料，对取心井作出岩相柱状图，并依此定出各类微相的测井典型曲线，即所谓的电相—测井相特征，进而由测井相分析来确定砂体的微相类型和平面展布规律。

1. 单井相分析

取心井的单井相分析是识别微相必不可少和最关键的一步。单井相分析就是对取心井的岩心进行细致的观察描述、分析鉴定，提取各种指相信息，如岩性和岩性组合特征、原生沉积结构和构造、生物化石特征、粒度分析结果、相序特征等，进行综合分析，建立起单井相分析柱状图。单井相分析柱状图主要反映砂层的定相标志，确定相类型和在纵向上的相序以及选定指相测井曲线。单井相分析的可靠程度直接影响着相分析的最终结果。

2. 测井相分析

取心井总是有限的。要详细研究储层微相的纵横向和平面展布规律，必须借助测井相分析。进行测井相分析，首要的前提是必须通过取心井的岩相测井相对比分析，建立合理的微相测井响应关系，解决测井信息的多解性问题，即建立本油田或区块的标准测井相。

测井相主要是依据测井曲线的形态来确定的。目前广泛利用自然电位、自然伽马、电阻率、微电极、密度等电测曲线及其组合系列曲线和地层倾角测量特征进行测井相解释，并把建立的标准测井相进一步解释为沉积相。

在单井测井相分析的基础上，根据密井网的测井相解释成果，可以得出砂体沉积微相平面分布状况，进而可以建立全区的沉积模式。

三、砂体沉积特征与开发动态

注水开发过程中，控制和影响油水运动的油砂体特征是多方面的。从微观的孔隙结构、砂粒排列的各向异性，到以各种层理构造形式存在的纹层、不稳定的层内薄夹层、粒度韵律性，以及宏观的空间变化导致的渗透率及孔隙度非均质性、渗透率方向性、油砂体的几何形态，甚至一个开采层系内部油砂体之间的差异性等，都直接影响每个油砂体内的油水运动特点。这些油砂体的地质特征，主要决定于各自的沉积环境，对于成岩后生作用不强的砂体更是如此。一定沉积成因的油砂体必然有一定的结构、构造特征，注水开发时也必然有一定的油水运动特点。油井在不同油砂体或同一油砂体不同部位的生产特征也是不同的。如大庆油田研究河道砂岩体中的注入水水淹规律为"局部指进，条带水淹"，处于河道砂体主体部位的油井多为"高产短命井"；而注入水在河口坝砂体中的水淹要比在河道砂体中均匀，且多形成"高产稳产井"。

从砂体的成因入手，总结不同相类型砂体的沉积特征与注水开发动态的关系，对指导油田合理开发有着十分重要的意义。

四、储层构造特征研究

从指导油气田开发的角度讲，研究储层的构造特征主要是指弄清储层的构造形态和断层分布、断层封闭性、构造裂缝的发育程度与分布规律。这些研究成果是油气田开发设计和动态分析的地质基础，也是指导油气田开发中后期调整挖潜的重要依据。

（一）储层的构造形态和断层分布

研究地下储层的构造形态和断层分布主要依靠储层的钻遇深度资料、地层倾角资料和地震解释结果。为了精查储层的构造特征，目前广泛使用三维地震资料。利用三维地震解释结果，可以得出储层较为详细的形态特征和复杂断块区的断层分布特征。以钻遇深度资料为基本控制点，结合地震解释成果，具体给出储层的构造平面图和构造剖面图，是研究储层三维构造特征的基本技术方法。

需要注意的是，依靠评价井和地震资料得出的构造解释成果，往往需要随着开发井网的部署而进一步修正。

（二）断层封闭性

受构造活动的影响，储层往往会被断层所切割。切割后断层两侧的岩层是否具有水动力学联系，这就是断层的封闭性问题。断层的封闭性不仅直接控制着油气开发前的分布，而且影响开发设计和开采动态。封闭性断层可形成流体渗流的屏障，而开启性断层则为渗流通道。详细研究储层中断层的封闭性，对断块油气田的开发尤为重要。

断层封闭机理主要有三种：一是断层面的黏土涂堵，即在断层形成过程中，塑性泥页岩被拖进断层面形成断层泥，封闭两侧砂层，或形成砂层与黏土层并置（图1-3-1）；二是断层活动过程中对岩石颗粒产生的挤压破碎作用，会大大降低断层带的渗透性而形成封闭；三是断层带内产生新的成岩作用而使原来渗透的断层发生封闭。对断层封闭性的研究，可以从断层封闭成因机理上分析，并将静态分析与动态验证方法相结合来确定断层的封闭性。

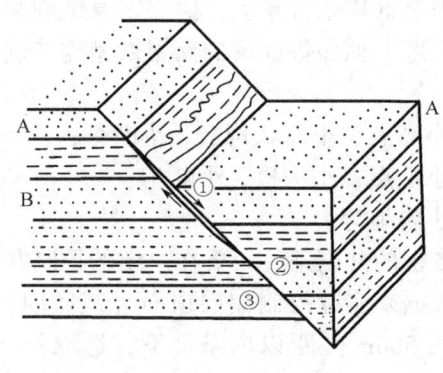

图 1-3-1 断层封闭性形成示意图

①—断裂期间塑性黏土拖进断层面在两层砂岩（A和B）之间形成黏土密封；②—储层与不渗透黏土层并置；③—砂岩到砂岩窗口，或运移的油气在断层面产生的可能的溢出点上泄漏

1. 静态分析方法

从分析可能造成断层封闭的成因机理入手，详细研究断层两侧岩石岩性物性配置关系和排驱压差，以及断层的力学性质与产状等多种因素。

一般认为，若断层两侧为砂岩与泥岩或膏盐接触，断层封闭性好；若断层两侧为砂岩与砂岩接触，但沿断层面有不渗透岩石充填，则断层封闭性较好；若断层两侧虽为两砂层相接触，但两砂层的排驱压力如果相差较大，则可能使断层封闭；压性和压扭性断层中多发育压性构造岩，胶结致密，孔渗小，对流体起封闭作用；张性和张扭性断层中多发育张性构造岩，胶结松散，裂缝发育，对油气起通道作用。另外，我国油藏中大多发育正断层，而正断层面上所承受的压力是由断层下降盘上覆地层引起的，断层面的倾角越小，则作用于断层面上的压应力就越大，其结果是断层封闭性越好。

另外，断层两侧储层内流体性质是否相差较大，两侧储层内油水界面是否一致等，也是识别断层封闭性的重要特征。

许多人为了综合分析多种影响因素，运用模糊数学原理判别断层的封闭性。也有研究指出，可以利用声波测井信息来鉴别断层的封闭性。但这些方法的研究结论还需动态方法来验证。

2. 动态验证方法

判断断层的封闭性，动态验证方法要可靠得多。这些方法主要包括干扰试井法、测压分析法、示踪剂法及油水井生产动态分析法等。

（三）构造裂缝的发育程度与分布规律

构造裂缝的发育程度与分布规律不仅直接控制油水运动规律，而且在很大程度上影响着储层产能和采收率。

五、储层微型构造及其研究意义

（一）储层微型构造及其研究方法

储层微型构造系指在油田总的构造背景上，储层本身微细起伏变化的局部小构造，也可称为微幅度构造。李兴国对胜坨、孤岛等油田的储层微型构造进行了大量深入的研究，并将储层微型构造分为三种类型：

(1) 正向微型构造，如小高点、小鼻状构造、小断鼻；
(2) 负向微型构造，如小低点、小沟槽、小断沟；
(3) 斜面微型构造，如小阶地等。

研究储层微型构造需要较密的井网条件，要在一定的控制井点密度下，用经过地面海拔和井斜校正的井点油层海拔数据来实际绘制储层顶面（或底面）等深（或等高）间距构造图。按李兴国的研究结果，在500m井距以内条件下，选取等间距1～5m来绘制油层构造图，则面积在$0.2km^2$、相对高差在10m以内的微型构造特征都能反映出来，能有效地指导油田制定调整方案，挖潜增产。

（二）储层微型构造与剩余油分布

油田开发进入中后期，掌握储层中油水的运动规律，弄清剩余油的分布，是开发地质工作者面临的重要课题。许多研究表明，储层微型构造对油水运动与剩余油分布有重要的控制作用。这集中表现在：位于正向微型构造的油井生产好，负向微型构造上的油井相对生产要差些；注水开发中后期，正向微型构造多形成剩余油富集区，负向微型构造常为水淹严重的高含水区。

在油田开发的中高含水期，利用已有的密井网条件，实际绘制储层微型构造图，为编制调整方案、确定加密井位提供重要的地质依据。应尽可能把井钻在正向微型构造，负向微型构造区只能考虑钻注水井，而斜面微型构造油井生产受井网条件影响较大，需具体分析。

第四节　开发储层非均质性研究

一、储层非均质性的概念

（一）储层非均质性的基本内涵

储层非均质性是指表征储层特征的参数在空间上的不均匀性。储层的非均质性是储层的普遍特性，完全、绝对的均质储层是不存在的。在开发储层评价中，储层具有双重的非均质性，即赋存流体的岩石的非均质性、岩石空间中赋存流体的性质和产状的非均质性。在岩石非均质性中，无论是岩性变化还是物性变化，通常都是极其复杂的，并且是直接影响开采效果的主要地质因素。而流体的非均质性，虽然在一个油田、一个油藏或一个开发单元，其性质变化不大，但产状分布却异常复杂，而且还随其生产过程而发生变化，这就更加剧了储层的非均质性。

岩石非均质性和流体非均质性，往往是相互关联又相互制约的。但岩石的非均质性又往往是首要的主导因素。岩石的非均质性主要是在原始沉积过程中形成的，也可能是后来的成岩作用、构造变动造成的。可以说沉积环境主要控制着储层岩石非均质性，而岩石的非均质性又进而控制着储层孔隙空间中流体的非均质分布和流动。虽然岩石的许多性质都是非均质的，但影响流体在其中分布和流动的那些性质及其变化，却是油田开发中储层描述和评价的重点内容。图 1-4-1 大致上反映出了碎屑岩储层非均质性的基本内涵。

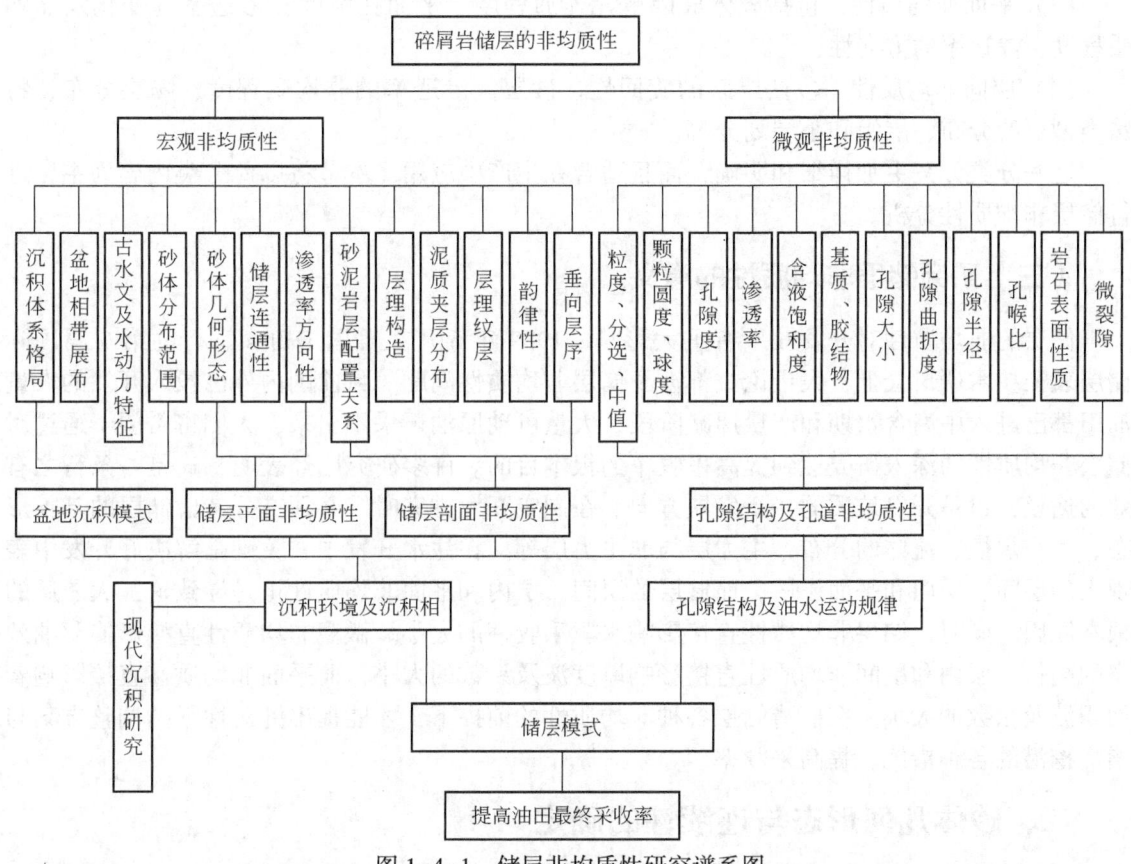

图 1-4-1　储层非均质性研究谱系图

虽然储层的许多性质（如厚度、孔隙度、渗透率、孔隙结构等）都是非均质的，但是在油田开发地质研究中，通常把渗透率视为非均质性的集中表现。这是因为，渗透率的各向异性和空间位置组合是决定储层采收率的主要因素（Weber，1986），这是对储层非均质性本质的揭示。

（二）储层非均质性的分类

储层的非均质性可以根据非均质规模大小、成因和对流体的影响程度来进行分类，目前较为流行的多种分类方法基本上都是按规模大小来分的，如 Pettijohn 等（1973）提出了五种类型；Haldorsen（1983）提出了四个级别，即微观非均质性（孔隙和砂粒规模）、宏观非均质性（通常的岩心规模）、大型非均质性（模拟网格规模）和巨型非均质性（地层或区域规模）；1989年召开的第二届国际储层表征技术研讨会上又分为微观（孔隙规模）、宏观（井间规模）、中观（层规模）和宇观（油田规模）四级标准。

我国学者裘怿楠根据我国陆相储层特征及生产实践，把碎屑岩储层的非均质性由小到大分成四级，即：

（1）微观非均质性，包括孔喉分布、孔隙类型、黏土基质等；

（2）层内非均质性，包括粒度韵律性、层理构造序列、渗透率差异程度及高渗段位置、层内不连续泥质夹层分布频率和大小，以及其他不渗透隔层特征、全层规模的垂直渗透率与水平渗透率比值等；

（3）平面非均质性，包括砂体成因单元连通程度、平面孔隙度和渗透率的变化及非均质程度、渗透率的方向性；

（4）层间非均质性，包括层系的旋回性、砂层间渗透率的非均质程度、隔层分布、特殊类型层的分布、层组和小层划分等。

这一分类方案更加详细和明确，而且适合在生产中应用。本节将以此分类内容为主，进行储层非均质性分析。

（三）研究储层非均质性的意义

储层的非均质性对开发效果有重大影响。1989年6月在美国Dallas举行的第二届国际储层表征技术研讨会上，大量论文都涉及储层非均质性问题。目前国内外已投入开发的大量油田都已进入中高含水期和产量递减阶段，大量可动原油还采不出来，人们寄希望于通过对储层非均质性的深入研究达到提高采收率的根本目的。许多研究已经表明，这是一条行之有效的途径，也是开发地质的一个发展方向。在制定开发方案时，必须充分考虑储层的基本形态、大小规模、流体的分布、主力层与非主力层等。在注水开发中，关键是解决好开发中表现出的层间、层内和平面矛盾，而储层的层间、层内和平面非均质性正是导致这三大矛盾的根本原因。同时，储层非均质性直接影响水驱采收率的大小。微观非均质性直接影响驱油效率的高低，层内和层间非均质性直接影响厚度波及系数的大小，而平面非均质性直接影响着面积波及系数的大小。在搞清储层各种非均质性的前提下，才能提出针对性强的调整方案与增产挖潜的各种措施，提高采收率。

二、砂体几何形态与连续性的确定

（一）砂体几何形态分类

砂体几何形态是砂体各向大小的相对反映。砂体几何形态的地质描述一般以砂体的长宽比分为四类（图1-4-2）：

（1）席状砂体：长宽比近于1，平面上呈等轴状。

（2）土豆状砂体：长宽比小于或等于3，形状似"土豆"。

（3）条带状砂体：呈带状分布，若长宽比为3~20，称为条带状砂体；若长宽比大于20，则可称为鞋带状砂体。

（4）不规则状砂体：形态不规则，一般有一个主要延伸方向，但在其他方向也有一定的延伸。

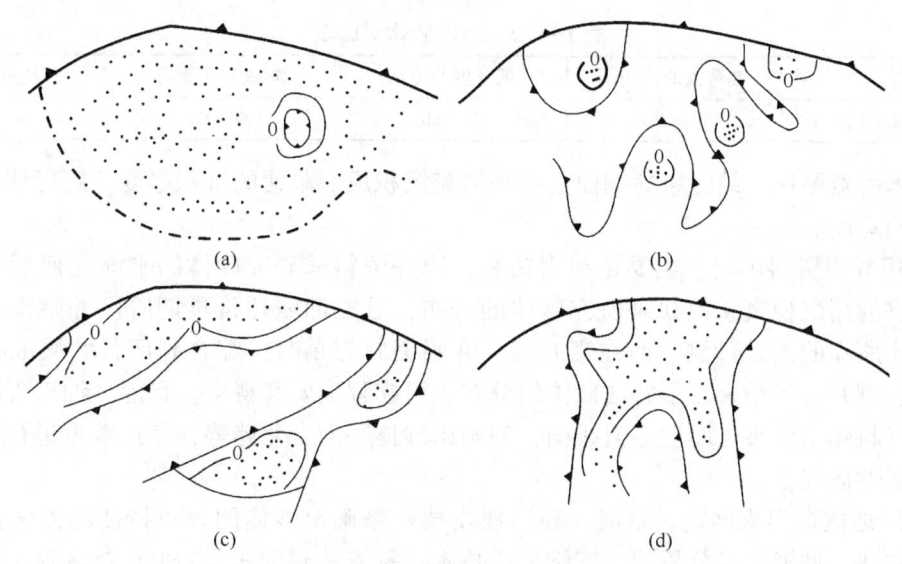

图 1-4-2 常见的砂体平面形态示意图
(a) 席状砂体；(b) 土豆状砂体；(c) 条带状砂体；(d) 不规则状砂体

（二）砂体连续性的概念

砂体连续性指砂体在各向上的规模大小，重点是研究它的长度和宽度，反映砂体的侧向连续性。

表述砂体连续性，通常用砂体实际延伸的长度和宽度、砂体的宽厚比、砂体宽度与井距之比、钻遇率（钻遇砂层的井数与总井数之比）来表示。砂体连续性按延伸的长度或宽度可分为五级（表1-4-1）。

表 1-4-1 砂体连续性分级

级别	延伸长度，m	连续性
一级	>2000	极好
二级	1200~2000	好
三级	600~1200	中等
四级	300~600	差
五级	<300	极差

（三）砂体形态与连续性的判断和确定方法

（1）用沉积概念模式来判断。在油田开发中，必须以单砂层为单元来研究其形态特征和连续性。在储层沉积学理论中，已建立了较完整的沉积模式，并指出了相同成因的砂体有大致相近或相同的几何形态和连续性。那么，反过来可以用已知砂体的相类型来预测砂体的展布状况，如三角洲前缘砂岩体、海滩砂岩体通常为席状，河道砂体往往是条带状。事实上，砂体的形态也可作为划相的标志之一。

在砂体的侧向连续性研究方面，裘怿楠等人通过对我国各类河道砂体的对比研究，得出的结论见表1-4-2。

表 1-4-2 河道砂体对比表

河型	高弯度曲流河	低弯度曲流河	短流程曲流河	长流程辫状河
砂体的宽厚比	130~170	30~60	40~80	约100

用砂体的宽厚比，结合单井剖面上一个河流沉积成因单元的沉积厚度，就可估算出单河流带砂体的宽度。

（2）用井眼资料确定，主要是利用钻井、测井资料来研究砂体的平面几何形态和连续性。前面讲的用沉积概念模式来研究砂体的分布，是在油藏评价早期阶段井眼很少的情况下，对砂体所作的大致预测。而在密井网、井眼资料充足时，综合利用各井眼的钻井、地质、录井和测井解释结果，了解油砂体的分布，可靠程度要高得多。目前，油田现场主要是利用井眼资料作出单砂层厚度等值线图，勾画出砂体平面变化趋势，然后着重进行砂体几何形态和连续性研究。

（3）用地震资料来确定。目前，利用地震技术来确定砂体的分布特征的方法主要有合成声波测井法、波形振幅分析法、三维地震技术、垂直地震剖面（VSP）技术等。如可根据地震剖面上拾取的时差和振幅值换算出储层厚度后作出砂体等厚图，定量描述储集体的形态、厚度情况。

（4）用数理统计方法定量预测。例如，Philip Lowry 等人利用数理统计方法研究表明，在河控三角洲前缘砂体中：

① 90%的分支河口坝砂体的长度小于 9km，50%小于 6.5km，20%小于 3.5km；
② 90%的分支河口坝砂体的宽度小于 6.5km，50%小于 3.25km，20%小于 1.2km；
③ 90%的分支河道砂体的宽度小于 850m，50%小于 325m，20%小于 75m；
④ 90%的分支河道砂体的厚度小于 18m，50%小于 9m，20%小于 3.5m。

确定砂体的几何形态和侧向连续性，对开发中采取的布井方式和井网密度有实际的指导意义。大面积稳定规则分布的油层，一般适合用切割排状注水，且较稀井网就可对油层有较好控制。小面积分散不规则分布的不稳定油层，则往往需要采取面积注水和较密井网来开发。研究表明，大面积稳定规则分布的油层，注入水波及系数大，剩余油量少；反之，注水效果要差。

三、砂体的连通性分析

砂体的连通性一般是指各成因单元砂体在垂向上和侧向上相互接触连通的方式和程度。如果砂体的连通性好，就必然扩大了储层的连续性。砂体的连通性与前述砂体几何形态及连续性同为储层平面非均质性的研究内容。

（一）砂体间的连通方式和连通程度

1. 砂体之间的连通方式分类

（1）多边式：砂体间在侧向上连通为主；
（2）多层式：或称叠加式，砂体间在垂向上相互连通为主；
（3）孤立式：砂体间彼此互不相连，孤立存在。

实际上，有些砂体之间既有侧向上的连通，又有垂向上的连通，形成复杂的复合连通形式。单个砂体连通后形成的复合砂体，称为连通体。连通体的大小就体现了砂体的连续性大小。

2. 研究砂体连通性的重点内容

（1）砂体配位数：与某一个砂体连通接触的砂体数。

（2）连通程度：指砂体连通面积部分占砂体总面积的百分数，或以连通井数占砂体控制井数的百分数表示。

（3）连通体大小：指一个连通体内包括多少个成因单元砂体，或指连通体的总面积或总宽度。

（4）砂体接触处渗透能力：研究发现，砂体间相互接触处常常有泥砾或钙砾的富集，或有泥质披覆层的存在，可能形成不渗透或低渗透界面，导致砂体间并不一定为水动力学连通。于是，具体研究砂体间接触面的渗透能力是十分必要的。除了应用静态地质分析法外，还应采用干扰试井等动态方法加以验证。

（二）孔隙连通单元

在油田开发地质研究中，研究砂体的连通性有两重含义：一是砂体间的相互接触连通关系，二是储集砂体内的孔隙连通单元的分布情况。油气分布在储层的孔隙中，而且只有分布在连通的孔隙中，才可以被开采出来。特别是在注水开发中，注入井和采油井必须在同一个孔隙连通单元中才存在有驱替油气的作用。可见研究后者的意义对指导油田开发更直接、更重要。

孔隙连通单元是开采过程中油气水具有同一连续运动的范围。有些储层虽然是连续分布的，但也不一定就是一个孔隙连通单元。一般地，原生孔隙和储层的岩性变化往往是一致的，一个砂体往往就是一个孔隙连通单元。但次生孔隙和构造裂隙与储层岩性变化并不一致。次生充填胶结致密的砂岩中，有裂隙存在时，孔隙连通单元就不一定相当于砂体的分布。由于胶结物的充填，一个砂体中也可能存在若干个互不相通的孔隙连通单元。而裂缝也有可能使若干个砂体或孔隙层相连通而成为一个孔隙连通单元。在断层分割的情况下，一个砂体也可能被分成几个孔隙连通单元。当然，多个砂体的相互接触连通所形成的连通体也不一定就是一个孔隙连通单元。

孔隙连通单元是油气开采的基本单元。不弄清孔隙连通单元的具体分布，要确定科学的注采井网是不可能的。孔隙连通单元多而复杂，就必须用较密的井网，而且开发过程中的调整和管理也更为困难些。

（三）砂体连通性的研究方法

1. 静态分析法

根据钻遇砂层实际数据，统计砂体连通性参数，或用钻井资料结合测井解释资料，实际绘制出储层连通图（图1-4-3），来具体表示出储层各方向上的岩性、物性及连通情况。在纵向上有多个储层，其间有泥页岩隔（夹）层且被断层切割的情况下（图1-4-4），要确定储层间的连通关系和井间连通性，则必须综合分析泥页岩隔（夹）层的连续性和实际遮挡能力、断层的存在及封闭性。

艾伦（J. R. L. Allen）等人提出了用垂向上砂体密度界限来推测河道砂体侧向连通情况的统计方法。当河道砂体密度大于50%时，砂体之间连通性好，反之则连通性差。我国专

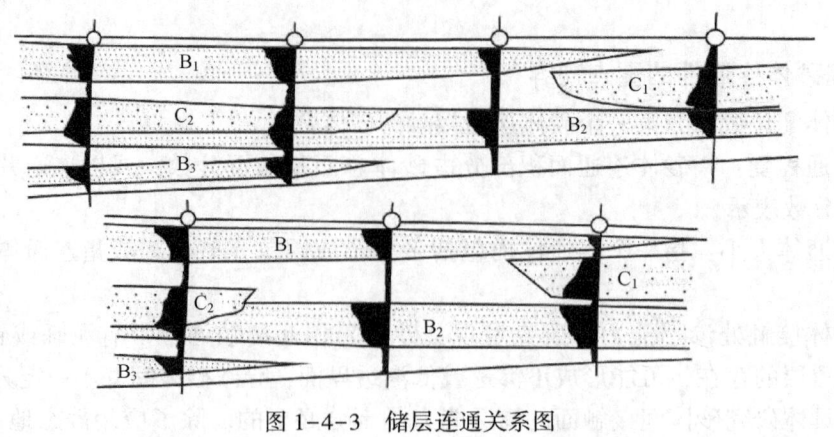

图 1-4-3 储层连通关系图

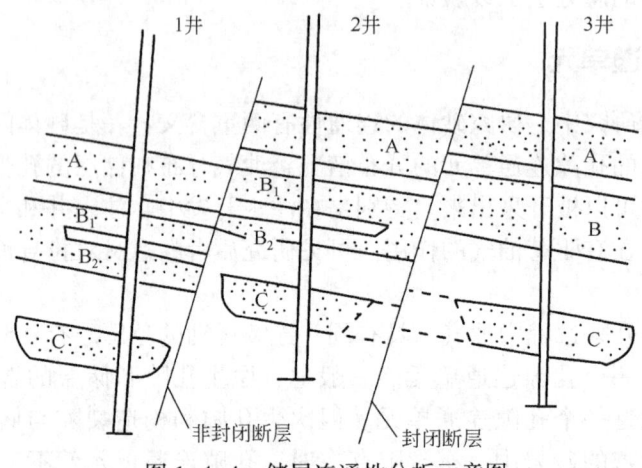

图 1-4-4 储层连通性分析示意图

家通过对河道砂体实例解剖，认为当河道砂体密度在50%以上，则砂体大面积连通，扩大后的砂体宽度超过数千米；而当砂体密度小于30%，属孤立河道砂体，单河道砂宽度就是最终砂体宽度，如陆相湖盆发育小型河道砂体，宽度只有数十米至百米级；砂体密度为30%~50%时，要具体分析，可能会有局部连通（图1-4-5）。

对储层连通性的认识程度往往随着井网加密而不断深化。在开发之前，靠少量的详探井资料，要对储层的连通性作出正确的判断是很困难的，需要在开发井网钻完之后进一步修正原有的判断。

2. 动态分析法

仍以图1-4-4为例，加钻2井后，证实（或发现）了断层的存在，而且对1井和3井之间储层连通性有了新的认识，A砂层和C砂层在1井和3井之间的连续分布和连通性受到怀疑。新的认识也需要动态方法来验证，干扰试井等方法是研究断层封闭性和泥页岩隔（夹）层隔挡能力的有效方法。

有人通过实际研究，统计某储层在不同区块中，连通储层体积、半透镜体积、透镜体积各占渗透储层总体积的百分数，来反映储层在不同区块范围内的连通程度及其与注水波及系数的大小关系，结论为连通储层体积百分数越大，波及系数也大；而透镜体和半透镜体体积百分数越大，则波及系数越小，水驱剩余油越多。

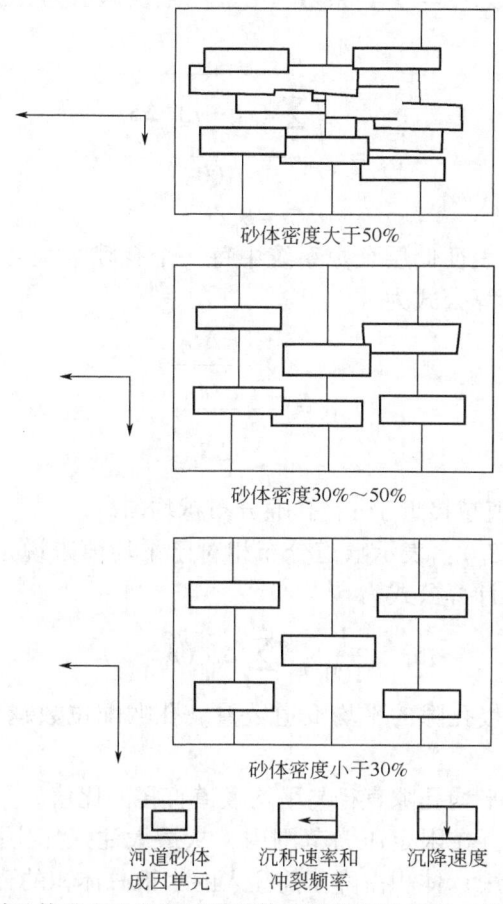

图1-4-5 河道砂体密度法判断河道砂体连通程度示意图（据裴怿楠，1987）

四、砂体微观孔隙结构特征分析

砂体微观孔隙结构特征分析的重点是微观孔道内影响流体流动和驱油效率的地质因素，属于微观非均质性的研究范畴，主要内容如下。

（一）孔喉大小及分布特征分析

孔喉大小及分布特征分析通常以毛细管压力曲线为基础，多配合铸体薄片、扫描电镜等分析技术，通过测定下列基本参数来表征：

（1）最大连通孔喉半径（r_d）和排驱压力（p_d）：指孔隙系统中最大的连通孔隙半径和所对应的毛细管压力。最大连通孔喉半径越大，则相应的排驱压力越小。

（2）孔喉中值（r_{50}）：指累积频率分布图上相应于50%处的孔喉半径值。

（3）孔喉均值（$\bar{r}$）：是孔隙喉道大小的平均量度，计算公式为

$$\bar{r} = \sum_{i=1}^{n} \Delta S_i r_i / 100 \tag{1-4-1}$$

式中　r_i——某一区间孔喉半径，μm；

　　　ΔS_i——对应 r_i 的某一区间水银饱和度，%。

(4)孔喉分选系数（S_p）与变异系数（C_s）：是反映孔喉大小分布均匀程度的参数，计算公式为

$$S_p = \sqrt{\frac{\sum_{i=1}^{n}(r_i - \bar{r})^2 \Delta S_i}{100}} \tag{1-4-2}$$

$$C_s = S_p/\bar{r} \tag{1-4-3}$$

(5)均质系数（α）：表征储层孔隙系统中每一个孔隙半径（r_i）与最大连通孔喉半径（r_d）偏离程度的总和，计算公式为

$$\alpha = \frac{\sum_{i=1}^{n}\dfrac{r_i \Delta S_i}{r_d}}{\sum_{i=1}^{n}\Delta S_i} \tag{1-4-4}$$

α 值在 0~1 之间变化，α 值越接近于 1，孔喉分布越均匀。

(6)喉道分布偏态（S_k）：表示喉道分布相对于平均值来说是偏于大喉还是偏于小喉，其值一般在+2~-2之间，计算公式为

$$S_k = \frac{1}{100} S_p^{-3} \sum_{i=1}^{n} \Delta S_i (r_i - \bar{r})^3 \tag{1-4-5}$$

(7)孔喉配位数：连接孔隙的平均喉道数量。孔喉配位数越大，说明孔隙系统的连通性越好。

(8)孔喉比：样品中平均孔隙直径与平均喉道直径的比值。

(9)退出效率（W_e）：在限定压力范围内，从最大注入压力降至最小注入压力时，从岩样内退出的水银（压汞法）体积占降压前注入的水银总体积的百分数，计算公式为

$$W_e = \frac{S_{max} - S_R}{S_{max}} \times 100\% \tag{1-4-6}$$

式中　W_e——退出效率，%；

　　　S_{max}——注入水银的最大饱和度，%；

　　　S_R——退汞结束时残留在孔隙中的水银饱和度，%。

（二）孔喉大小及其分布特征对水驱油效率的影响

作为储渗空间的孔喉大小及其分布特征对水驱油效率起着决定性的作用。不同孔隙结构中的油水具有不同的渗流特征，不同的渗流特征必然导致水驱油效果的不同。形成微观残余油的机理一般认为是"润湿性捕集"和"毛细管捕集"，并认为后者形成的残余油数量大于前者，而孔隙结构特征是控制毛细管压力的主要因素。因此，孔隙结构对水驱油效率有很大的影响。

(1)排驱压力和孔喉均值与水驱油效率。排驱压力越低，说明储层中最大喉道半径越大，越有利于水驱油。孔喉均值大，其中的原油越易被排驱出来，残余油量少，水驱油效率高。

(2)孔喉分选系数和均质系数与水驱油效率。孔喉分选系数表示了孔喉的均匀程度，分选系数越小，孔喉大小分布越均匀，注水前缘推进也要均匀些，无水驱油效率和最终驱油效率也要高些。

涂富华等人对砂岩储层的研究结果表明,均质系数（α）越大,孔喉分布越均匀,大孔道所占的比例也大些,因此水驱油效率也高。昝立声通过对扶余油田研究得出的均质系数（α）与地下残余油饱和度（S_{or}）和水驱油效率（R_{ew}）的关系为

$$S_{or} = 82.7 - 80.7\alpha \quad (r = -0.555)$$

$$R_{ew} = -34.2 + 167.2\alpha \quad (r = 0.56)$$

（3）退出效率（W_e）与水驱油效率。退出效率既反映了储层孔隙结构分布特征,也反映了流体在储层中的渗流特征。退出效率的大小与孔喉比有很大关系。在其他条件一定的情况下,退出效率随孔喉比的增大而降低。当孔喉比大时,非润湿相首先从喉道中退出,孔隙中的非润湿相尚未退出,故而退出效率低；当孔喉比小时,喉道和孔隙中非润湿相都退出,故而退出效率高。

祁庆祥用萨尔图油田和葡萄花油田的实验资料,研究了水银退出效率（W_e）与水驱油效率（R_{ew}）的关系,其结果为

$$R_{ew无水} = 7.26 + 0.41 W_e \quad (r = 0.887)$$

$$R_{ew最终} = 42.82 + 0.38 W_e \quad (r = 0.873)$$

这个结果表明,退出效率越大,无水期和最终驱油效率也越大。

（4）孔喉比及孔喉配位数与水驱油效率。孔喉比、孔喉配位数对驱油效率的影响见图1-4-6。孔喉比增高时,增加了非润湿相的毛细管捕集作用,驱油效率会降低。根据随机非均质孔隙介质中的残余相渗滤理论,已证实随着孔喉配位数的减小,非润湿相的残余饱和度相应增加,原油采收率降低。

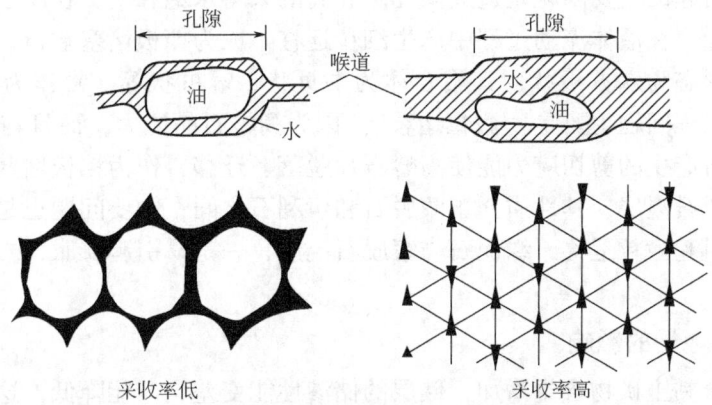

图1-4-6　孔喉比和孔喉配位数与非润湿相采收率的关系

（三）黏土基质特征的描述

对于作为基质充填于碎屑岩储层孔隙内的自生黏土矿物,研究的主要内容有：

（1）黏土矿物的成分与含量。碎屑岩储层中常见的黏土矿物有高岭石、伊利石、蒙脱石、绿泥石、伊利石与蒙脱石混层、绿泥石与蒙脱石混层等。这些黏土矿物由于其物理化学性质的不同,对储层的储集性和产能的影响也不同。所以,在储层评价中需要具体确定储层孔隙中所含的黏土矿物的成分、总含量及各类黏土矿物相对含量的大小。

（2）黏土矿物的产状。有研究认为,黏土矿物产状对储层性能的影响,超出了黏土矿物含量的影响。因此在研究中必须用扫描电镜直接观察样品中孔隙内黏土矿物的赋存形式,

确定其产状。

（3）黏土矿物对流体的敏感性。在钻井、完井、酸化、压裂和注水开发过程中，往往会因为储层中所含黏土矿物与进入储层的工作液的相互作用，而引起储层渗透率的伤害。储层的敏感性研究就是要通过对储层进行岩石学分析，了解储层潜在的地层伤害因素，选择有代表性的样品进行岩心流动敏感性试验，确定储层敏感性的类型和程度，为钻井、完井、酸化、压裂和注水开发的设计，提供合理的工程技术参数，防止和减少各项施工对油气层的伤害，保护油气层的产能。

（四）黏土基质对储层储渗性能和产能的影响

砂岩储油层孔隙中的基质主要是黏土矿物。这些黏土矿物的成分、含量和产状对砂岩储层，特别是对低渗透性砂岩储层的储渗性能和产能有明显的影响。

1. 黏土矿物成分的影响

蒙脱石在扫描电镜下常呈蜂窝状、网状和絮状，包围在颗粒表面，构成孔隙内衬层。富含蒙脱石的储层常见的问题是：（1）遇淡水膨胀，如钠蒙脱石可膨胀至原体积的10倍（Davies，1980），吸水膨胀极易产生孔喉的堵塞，从而导致储层的渗透性降低甚至丧失，即储层具有强的水敏性；（2）作为孔隙里的蒙脱石，在膨胀过程中易于破碎、松散和迁移，并堵塞喉道，从而引起微粒运移而对储层带来更大的伤害；（3）具有很高的比表面和蜂窝状、网状形态，可以吸附大量表面活性剂，给三次采油造成一定困难。

伊利石在扫描电镜下常见的形态有片状和丝状，通常作为孔隙内衬层或孔隙桥塞存在。伊利石在砂岩中引起的主要问题是造成微孔隙和高的束缚水饱和度，在淡水作用下丛生在一起，使渗透率降低，在液体流动过程中产生细粒迁移，成为挡板堵塞喉道。

高岭石晶体形态为六方板状，其集合体为书页状、蠕虫状等，常作为粒间孔隙的充填物。它所产生的工程问题主要是"微粒运移"。因为高岭石晶体大，而且与骨架颗粒附着力差，由高速流体所产生的剪切应力能使高岭石片脱落、迁移，作为挡板堵塞喉道。

伊利石与蒙脱石混层，其性质介于蒙脱石和伊利石之间，主要问题也是遇淡水膨胀，且混层膨胀后也会引起微粒运移。绿泥石与蒙脱石混层，一是易引起膨胀，二是易产生氢氧化铁沉淀。

2. 黏土矿物含量的影响

砂岩储层随着黏土矿物含量增加，储层的储渗性能变差，产能降低，这是普遍存在的规律。另有文献报道，黏土含量达4%~5%时就会对砂岩性质产生影响。含有8%的自生黏土时，孔隙空间就有明显的体积被堵塞，如果黏土发生膨胀的话，差不多有2%的孔隙空间被占据。有人试验发现，蒙脱石含量为10%的砂岩，在蒙脱石膨胀后其渗透率降低90%以上，甚至使渗透能力完全丧失。国外有人提出以黏土矿物含量的多少对储层进行分类，黏土含量小于5%为低黏土含量储层，黏土含量为10%~15%为中等黏土含量储层，而黏土含量大于15%为高黏土含量的储层。也有人提出将黏土含量小于5%的砂岩称为"清洁砂"，黏土含量大于5%的砂岩称为"污脏砂"。可见，砂岩中的黏土矿物含量对砂岩储层的性能有直接的控制作用。还有研究表明，泥质含量增大时，油层水相渗透率会降低，影响油层的吸水能力，从而影响注水驱油效果。

黏土矿物的类型及各类黏土矿物的相对含量，通常由能谱、X射线衍射分析等来确定。

3. 黏土矿物产状的影响

根据自生黏土矿物在砂岩中的分布特征及其与砂岩骨架颗粒的相互关系,可将自生黏土矿物在砂岩孔隙中的产状分为分散质点式、薄膜式和搭桥式(图1-4-7)三种基本类型,它们对油层产能有不同的影响。

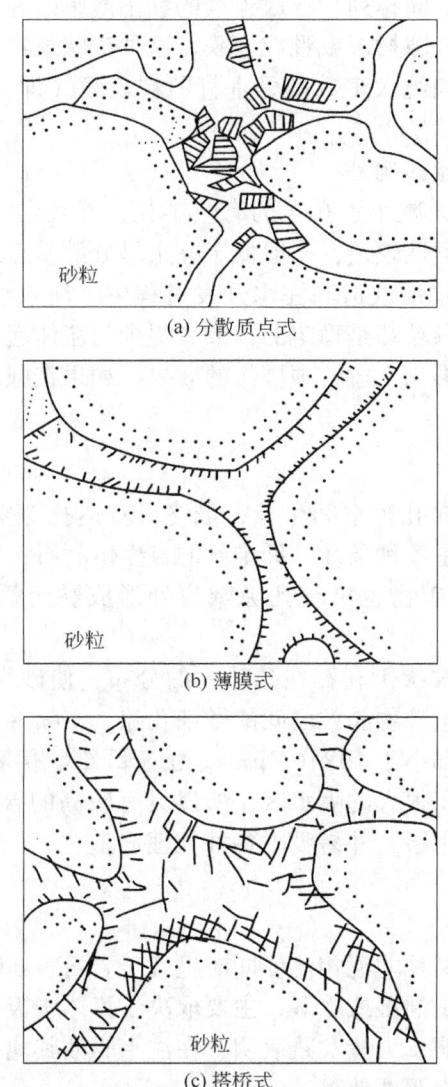

图1-4-7 孔隙内自生黏土矿物的三种基本产状类型示意图(据王行信,1992)

1) 分散质点式

黏土矿物以分散质点的形式充填在砂岩的粒间孔隙中,以自生高岭石最典型。高岭石呈完整的假六边形自形晶体,或者由这些自形晶体组成书页状、蠕虫状等各种形态的集合体,充填于砂岩的粒间孔隙中。

分散的黏土质点在砂岩粒间孔隙的充填,对油层可能带来两个方面的影响:

(1) 黏土质点在粒间孔隙的充填,不仅减小了砂岩的孔隙度,而且使原始粒间孔隙变成被许多松散黏土质点分割的微细孔隙,从而降低了岩石的渗透性;

(2) 由于充填在孔隙中的黏土质点是松散的,它与碎屑颗粒的附着力很差,因此,在油层改造和开发过程中,这些质点可能随注入流体的流动在孔隙中运移,并可能堵塞孔隙喉道。

2) 薄膜式

黏土矿物在颗粒表面呈定向排列,构成连续的黏土薄膜贴附在孔隙壁上或颗粒表面,因此,也有人把这种产状称为孔隙衬层或颗粒套膜。这种产状最常见的是蒙脱石、绿泥石、伊利石和混合层黏土矿物。它们绝大多数都是垂直颗粒表面(即孔壁)平行排列,厚度一般小于 $5\mu m$。

薄膜式黏土对油层的可能影响是:

(1) 黏土薄膜的存在大大减小了孔隙的有效半径,并且常常造成孔隙喉道的堵塞,因此,这类黏土产状的砂层渗透性较差,一般低于黏土呈分散质点式充填的砂岩;

(2) 在钻井、完井以及油层改造和注水开发过程中,注入油层的流体首先与黏土薄膜起反应,而这时砂岩中碎屑颗粒却是稳定的,或者很少与流体起反应,因此黏土矿物薄膜的化学组成和物理性质将直接影响上述各项操作的效果,如果在施工前未加考虑,就可能对油层造成伤害。

3) 搭桥式

黏土矿物晶体自孔隙壁向孔隙空间生长,最终可直达孔隙空间另一侧,形成搭桥式黏土,称为黏土桥。最常见的是各种条片、纤维状的自生伊利石,它们在孔隙中形成网络状的分布。蒙脱石和混合层黏土矿物也可于孔隙喉道处形成黏土桥,而高岭石的黏土桥比较少见。

搭桥式黏土,特别是纤维状伊利石在孔隙中的分布,使砂岩原来的粒间孔隙被肢解切割,变得迂回曲折,成为黏土矿物晶粒之间的微细孔隙。实际上,这些孔隙大多数为束缚孔隙,多数样品的空气渗透率都小于 $10\times 10^{-3}\mu m^2$。由于纤维状伊利石具有很大的比表面,在砂岩孔隙中形成一个比表面积很大的吸水区,所以具有较高的含水饱和度和较低的电阻率,在电测解释时易将油层认为水层,并易吸附各种处理剂。

(五)润湿性分析

储层岩石的润湿性,指两种非混相流体同时呈现于岩石表面时,某一种流体优先沿岩石表面流散的现象。储层岩石是油湿或水湿,主要取决于流体中极性组分和岩石表面性质。润湿性对水驱油效率有较大影响。大量实践表明,在注水驱油其他条件一定时,水湿油层的水驱油效率要高于油湿油层的水驱油效率。

近年来有人又提出了混合润湿的概念,研究认为,混合润湿的油层水驱油效率也很高,甚至比亲水油层还要高。其原因是,混合润湿油层中大孔道的表面为强油湿,而小孔道表面或颗粒接触面为优先水湿。在大孔道油湿的情况下,孔隙的连通性对油来说是畅通无阻的,水易于将油从大孔道中驱出,而在小孔道或颗粒接触面,由于水湿作用,被毛细管压力所吸附的油很少,甚至没有油被吸附。这也就是东得克萨斯油田水驱油后残余油饱和度可低于10%的一个重要原因。

五、储层层内非均质性

层内非均质性指一个单砂层规模内部垂向上的储层性质变化。它是直接影响和控制单砂层层内水淹厚度波及系数的关键地质因素。层内非均质性是生产中引起层内矛盾的内在原因。

层内非均质性重点分析的内容介绍如下。

（一）垂向粒度分布的韵律性

单砂层内碎屑颗粒的粒度大小在垂向上的变化特征常表现为具有一定的韵律性。常见的韵律模式有：

（1）正韵律：颗粒粒度自下而上由粗变细。

（2）反韵律：颗粒粒度自下而上由细变粗。

（3）复合韵律：正、反韵律的上下组合。由正韵律组合者称复合正韵律；由反韵律组合者为复合反韵律；上为正韵律下为反韵律组合者称为反正复合韵律；上为反韵律下为正韵律组合者称为正反复合韵律。

（4）均质韵律：颗粒粗细上下变化不大，接近均匀分布。

（5）无韵律：颗粒粒度在纵向上变化无规律可循。

粒度的韵律性分布，对储层渗透率的垂向分布规律有很大的影响，在成岩变化较弱的储层中，粒度分布的韵律性直接决定储层的渗透率韵律性，进而影响水驱油特征。

（二）层理构造

碎屑岩储层中常发育有水平层理、斜层理、交错层理等。层理的存在会引起渗透率的各向异性，从而影响注水及三次采油开发动态。

水平层理发育时，会影响流体的垂向渗流，注入水易顺层理面推进，也很可能因注水压力高使层理面开启，导致注入水沿层理面严重水窜，使驱油效果变差。

对于斜层理而言，渗透率的各向异性也很明显。顺层理、逆层理、垂直于层理方向的渗透率的差异，严重影响不同方向注水时的采收率的大小。大庆油田对斜层理砂岩储层进行了不同方向注水驱油模拟实验，其结果表明，垂直于层理方向渗透率低，采收率最高；而顺层理方向的渗透率高，水淹快，无水采收率低，且易形成较多的残余油，故驱油效率低，最终采收率也低。

交错层理的渗透率各向异性最强，且交错纹层组合越复杂，各向异性程度越高。

Weber（1982）曾提出了一套计算槽状交错层理中不同方向上渗透率的方法，并得出结论，平行于交错纹层方向的渗透率是垂直于纹层方向的数倍。

Korkass（1983）通过研究指出，对于交错层储层来说，垂直于前积纹层方向的驱替特性比主流体流动平行于前积纹层更有利。事实上，渗透率的方向性控制着驱替特性的各向异性。

（三）层内夹层

层内夹层是指位于单砂层内部的相对低渗透层或非渗透性岩层。在注水开采过程中，层内夹层对地下流体具有隔绝能力或遮挡作用，因而对水驱油过程有很大影响。

层内夹层常见的有泥（页）岩、粉砂质泥岩、钙质泥岩、含砂泥岩等，此外还包括成岩过程中形成的硅质、钙质条带，石油运移过程中产生的沥青或重质油充填条带等。

常见的泥（页）岩夹层一般厚度较薄，仅有数厘米至数十厘米，延伸的长度一般也不大,但在不同相带砂体中的延伸范围明显不同,如在三角洲前缘相中的延伸范围大于在分流河道中的延伸范围,而在分流河道中的延伸范围又大于在点坝砂体中的延伸范围,总体来说其侧向连续性较差。有人分析认为,这种泥(页)岩夹层代表了在弱紊流地区非均匀地形中沉积的细粒部分。因此,夹层的厚度仅与沉积过程中的局部地形有关,与夹层的延伸长度无关。这样就导致井与井之间夹层的不可对比性,故这类夹层常称为不连续夹层。

层内泥(页)岩夹层的分布状况除可在单井岩心剖面上观察和露头调查外,也可用自然伽马—中子测井曲线来识别(但对太薄的夹层,测井信息反映不出来),通过统计井剖面中的夹层频率(单位厚度岩层中夹层的层数,单位为层/m)和夹层密度(夹层总厚度占所统计的砂岩剖面总厚度的百分数)来表示,也可绘成夹层等密度图来直观反映。泥(页)岩夹层的产状决定了砂与泥之间的配置方式,进而对油水运动的空间轨迹、速度和采出状况有密切影响。平行于砂层面分布的夹层对垂向渗透率有很大影响,而上下夹层的合并或与层面方向斜交分布,或由于不规则的黏土层和砂层的相互交织,则会阻碍流体的水平流动,并使流体运动更加复杂化。

层内夹层在有些情况下对注水开发有一定的利用价值。如图1-4-8所示,一正韵律厚油层中上部在油井和注水井端都存在泥质夹层,但井间不连续,开有"天窗"。如果不利用夹层开采,注入水会沿底部突进,油井提早水淹,无水采收率很低。当利用夹层并控制下部高渗透层段射孔高度时,水淹状况可明显改善。

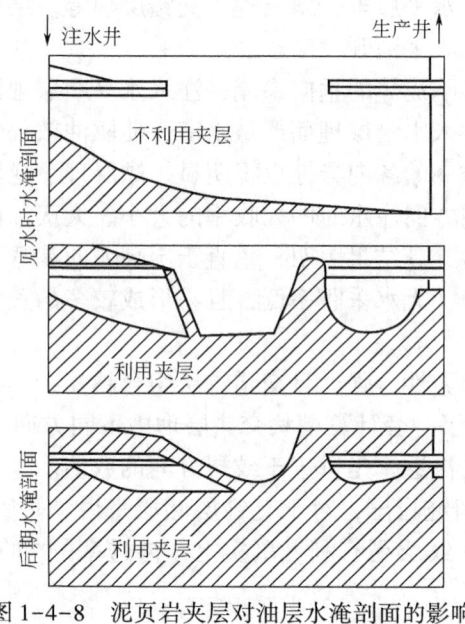

图1-4-8 泥页岩夹层对油层水淹剖面的影响

(四)层内渗透率非均质性

描述层内渗透率的分布特征,一是要确定层内最高渗透率段所处的位置,二是确定单砂层规模的垂直渗透率与水平渗透率的比值,三是确定层内渗透率的分布模式和差异程度。

理论研究和数值模拟实验以及密闭取心分析实际油层水淹规律,均表明在其他条件一定时,单砂层最高渗透率段越靠近顶、上部,水淹厚度波及系数越大;越接近底部,水淹厚度波及系数越小。油层厚度越大，重力作用越明显，底部突进现象越严重。这正是正韵律厚油层在注水开发中面临的最大问题，即严重的层内矛盾。

单砂层规模的垂直渗透率与水平渗透率的比值，反映了流体在垂直和水平方向流动能力的相对大小。它取决于砂粒、片状矿物的排列，层内夹层的存在，各种层理构造中的泥质纹层，薄泥质层中的垂直生物钻孔被砂粒充填等因素。垂直渗透率与水平渗透率的比值越大，越有利于提高水淹厚度波及系数。实际研究工作中，除分析上述各个因素外，还应具体建立各砂层的垂直渗透率与水平渗透率的数量关系，用于对比分析，预测各砂层中的油水运动规律。

单层渗透率的垂向分布模式可对应粒度的分布特征，也可分为正韵律、反韵律、复合韵律（包括各种组合）、均质韵律和无韵律等。

上述不同的渗透率分布模式，对注水开发效果有很大的影响。理论分析、实验与数值模拟研究以及水淹层密闭取心检查分析等均得出一致的结论：渗透率正韵律油层厚度波及系数小，油井见水早，含水上升快，水淹特征为底部水淹型，开发效果差；反韵律油层水淹厚度大，水驱要比正韵律均匀得多，开发效果较好；复合韵律总的开发效果介于正韵律和反韵律之间；均质韵律层与层厚有很大关系，薄层水淹效果较好，厚层水淹效果要差些。层内渗透率的非均质性差异程度，通常用下列定量统计参数来表示。

（1）渗透率变异系数：

$$K_v = \frac{\sqrt{\sum_{i=1}^{n}(K_i - \bar{K})^2/(n-1)}}{\bar{K}} \tag{1-4-7}$$

（2）渗透率级差：

$$K_{级差} = K_{max}/K_{min} \tag{1-4-8}$$

（3）突进系数（非均质系数）：

$$K_{突进} = K_{max}/\bar{K} \tag{1-4-9}$$

式中　　K_{max}——最大渗透率值；
　　　　K_{min}——最小渗透率值；
　　　　$\bar{K}$——平均渗透率值；
　　　　K_i——单个样品渗透率值；
　　　　n——统计样品的个数。

$K_v>0$，其值越小，反映储层越均质；$K_{突进}>1$，其值越大，说明渗透率变化大，注入剂易沿最高渗透率段突进，驱油效果差；$K_{级差}$反映渗透率变化的绝对幅度大小，其值越大，非均质性越强。渗透率是引起层内非均质性的根本原因。

碎屑岩储层的层内非均质特性对注水开采效果有大影响，然而，要对其进行正确的地质描述或预测，就要用沉积学分析方法，从识别不同沉积环境可能出现的沉积方式入手，研究每一沉积方式下所产生的层内非均质性特征。裘怿楠等按侧积、垂积、前积、填积、选积、浊积、漫积和筛积八种沉积方式，详细研究了每种沉积特点及其对应形成的层内非均质特征。如侧积和填积形成正韵律的渗透率分布，最高渗透率段在底部，且前者级差大于后者；

前积和选积形成反韵律的渗透率分布，最高渗透率顶部；浊积则形成最高渗透率段在中下部的砂体；垂积形成不规则的渗透率剖面分布，等等。研究表明，砂体的沉积方式是引起层内非均质性的根本原因，控制了层内非均质的基本面貌。当然，在成岩作用改造强烈的情况下，不可忽视成岩作用的影响。

六、储层层间非均质性

层间非均质性是指垂向上各种环境的砂体交互出现的规律性，以及作为隔层的泥质岩类在剖面上的发育和分布情况，是对一套砂泥岩间互的含油层系的总体研究，属于层系规模的储层描述。

层间非均质性研究既是油田开发初期划分开发层系、确定开发方案的地质基础，也是在多油层合采时分析层间矛盾、研究剖面水淹规律及剩余油分布特征的地质依据。

层间非均质性重点研究的内容有：

（一）砂层的发育与分布

分析沉积旋回性，认识砂体在剖面上的发育与分布，划分储层单元，了解特殊类型层的分布等；统计分层系数、垂向砂岩密度等参数，研究砂体的发育与分布。

分层系数指一定层段内砂层的层数，常以平均单井钻遇砂层层数表示。一般分层系数越大，则层间非均质性越严重。

垂向砂岩密度又称砂岩系数，指剖面上砂岩总厚度占地层总厚度的百分数。该数值越大，砂体越发育，连续性越好。

（二）各砂层间渗透率非均质程度

研究各砂层之间渗透率的差异，通常也是统计分析各砂层的渗透率分布形式，并通过统计分析层间渗透率级差、突进系数、变异系数等参数来反映。层间渗透率的非均质程度，在很大程度上决定着各层的产油和吸水状况，是引起层间干扰的主要原因，所以它也是划分开发层系必须考虑的一个重要因素。

（三）主力储油层在剖面中的位置

厚度大、分布广、渗透性好、产能大的主力储油层，一般是开发初期井网控制的主要对象。开采方案、井下工艺措施的制定，必须充分考虑主力油层的具体分布以及与非主力油层在剖面上的配置关系，最大限度地发挥主力油层的作用，同时应尽可能地减小层间干扰，顺利实现非主力油层的产量接替，使各类油层都能得到较好的动用，既保证油田稳产，又提高采收率。

高渗层一般也是高吸水层。高吸水层中易形成注入水的单层突进，会使油井见水早、含水上升快，并干扰其他层的生产。所以，注水开发前搞清高吸水层（段）的具体位置，对预测油井含水动态、落实注水井合理的注水工艺措施，是很有必要的。

（四）层间隔层的岩性、物性、分布状况

层间隔层是指位于单砂层之间特低渗与不渗透岩层，以泥（页）岩为主，也包括少量蒸发岩和其他岩类。这种层间泥（页）岩的分布稳定性较层内夹层的稳定性要大，一般井

间可对比追踪，有人也将其称为确定型泥页岩。分布广、厚度大的层间泥（页）岩隔层具有将相邻两砂层分隔成相互独立的储层的作用，而其实际的隔开能力需要具体研究作为层间隔层的岩性、物性、厚度与分布等。作出隔层的平面等厚图是研究隔层的基本手段，取样测定隔层的孔渗性和利用动态资料来检验隔层的隔开能力也是必要的。

井间地震技术可以用于确定隔层的位置和连续性，如采用地震层析成像技术，可以得到地震速度图像，高速的砂岩中存在低速的泥（页）岩条带可以显示出来。根据低速泥（页）岩层产生的槽波分析技术，可以估计泥（页）岩的连续性。

（五）构造裂缝的发育程度、产状和分布规律

构造作用产生的构造裂缝，会改变流体在储层中的渗流特征和隔层的隔挡能力，裂缝在不同的岩层中的密度、产状会对层间非均质性产生影响。对裂缝（包括潜在裂缝）的特点和分布规律的认识，有助于分析、预测注水开发动态，如穿层裂缝引起的层间窜流、注入水的单层单向突进、潜在裂缝在注水过程中引起注入水的不明渗漏等。所以必须对储层中的裂缝作出正确评价。

七、储层平面非均质性

砂体内的孔隙度、渗透率的平面变化与砂体的几何形态、连通性等内容同属储层平面非均质性的研究范畴，直接关系到注入剂的平面波及效率。

渗透率的方向性对流体的平面运动影响极大，是研究的重要问题。

（一）岩性变化引起的渗透率方向性

沉积能量大小决定了沉积岩的岩性，而岩性直接控制物性。一般的沉积规律是：高能带沉积体中的岩性粗，物性好。如在平面上，随着沉积环境由高能向低能的转变，相应也会出现砂岩→细砂岩→粉砂岩→泥质砂岩→砂质泥岩→泥页岩这样的沉积序列，与之相伴随的是渗透率逐渐降低的序列。分析沉积的能量带，有助于认识沉积物岩性带的分布，进而掌握渗透率等物性的平面分布。在河流三角洲沉积体系中，许多砂体的几何长轴延伸方向，也就是渗透率最大方向。沉积体主体带的渗透率大于边缘带的渗透率。

（二）砂体内沉积构造和结构因素引起的渗透率方向性

除了层理等构造可引起砂体中具有方向性渗透率外，伸长砂粒、片状矿物的定向排列也会引起渗透率的方向性。砂粒沉积时的排列方式受沉积时水流方向影响很大。一般都是砂粒长轴平行于古流向，且大头一端指向来水方向。顺古水流方向，由沉积颗粒所形成的孔道相对于其垂直方向来说较直，弯曲较少，孔径变化也较小，故沿此方向渗透率一般都大于其垂直方向渗透率，且向下游方向渗透率高于向上游方向渗透率。所以注水驱油开发时，如果使注水运动与古水流方向一致，注入水向下游流动阻力小，推进快，在此方向油井易早见水，且易水淹，而在其他方向的油井受效差，使总的水驱效果变差。

砂体沉积时形成的渗透率方向性，是导致注入水平面舌进的主要原因。注入水总是优先沿渗流阻力最小、渗透率最大的方向和部位快速推进，而在低渗方向和部位推进较慢，造成水线前缘的严重非均匀分布（图1-4-9），影响平面波及效率。如果能够预先认识到砂体自身存在的这种平面非均质性，就可有效地指导我们采用合理的注采方案，以期达到最佳开发效果。

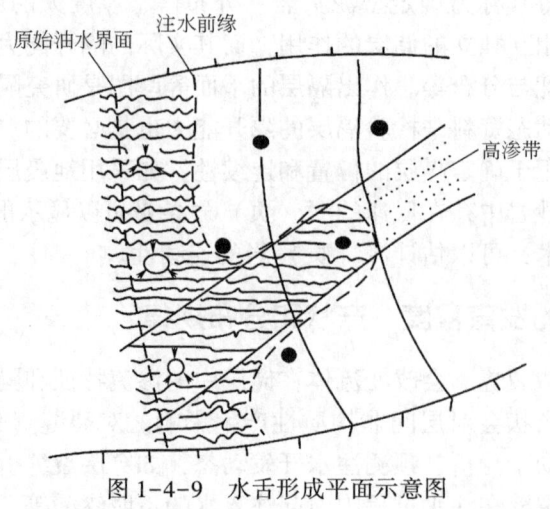

图 1-4-9 水舌形成平面示意图

（三）裂缝引起的渗透率方向性

当储层中发育裂缝时，往往会导致储层渗透率的严重非均质性。沿裂缝的延伸走向，储层有很高的导流能力，所以，它很大程度地控制着注入水的运动轨迹。对裂缝的研究还必须注意在通常情况下处于闭合状态的潜在裂缝，因为在注水开采过程中，原来的闭合裂缝可能会张开而影响注入水的运动。

对裂缝分布规律的认识，可通过定向全岩心分析、构造力学分析、地层倾角测井、脉冲试井、注示踪剂分析和注水开发动态等方法来进行，确定出裂缝的主要走向方位。我国有不少裂缝性砂岩油藏。在鄯善、火烧山等油田的低渗砂岩储层中都有天然裂缝存在。如何选择合理的注采井位，开发好裂缝性砂岩油藏，有重要的实际意义。一般认为，注水井应沿裂缝延伸走向部署，使注水流线垂直裂缝走向，有利于驱替裂缝壁两侧孔隙介质中的石油，注水水控面积大，波及系数大，采收率高。

扶余油田的生产实践，同样也说明了上述结论。在调整为沿裂缝线状注水前，沿裂缝水窜和暴性水淹严重，而裂缝两侧地层能量得不到补充，压力不断下降，油井产能很低。调整为沿裂缝注水后，注水波及系数增大，地层压力很快回升，产量明显提高，较好地实现了注入水向裂缝两侧基质岩块的驱油过程，改善了注水开发效果。

第五节　开发储层裂缝评价

一、露头裂缝类型

致密砂岩裂缝可以按照规模大小（或称不同尺度）划分为三类：宏观野外露头大尺度裂缝、中等或小尺度裂缝及微观尺度裂缝。宏观野外露头大尺度裂缝的延伸长度或高度往往在米级以上；中等或小尺度裂缝又称为岩心尺度裂缝，延伸长度或高度均较小，一般在米级以下，其参数可通过岩心观察方法获取；微观尺度裂缝又称为"微裂缝"，肉眼无法观察到，只有在显微镜下才能被识别，其长度通常小于 0.05mm，而其开度则一般小于 40μm。

除此之外，对于致密砂岩储层裂缝的分类，也有根据成因类型、裂缝产状、裂缝形态、充填性质等不同角度进行的划分方案。其中，根据裂缝成因类型进行裂缝分类的方法及评价、应用最为广泛。根据裂缝成因类型可将致密砂岩裂缝划分为构造裂缝和非构造裂缝两种。

致密砂岩储层中的构造裂缝是指受盆地构造作用影响而形成的一类裂缝。这类裂缝通常为致密砂岩储层中最为重要的裂缝类型，对油气的聚集及运移起到最为重要的作用。构造裂缝与盆地内部多期次构造演化密切相关，其形成期次及演化历程与重力（埋深）、水平方向构造应力、断裂（或断裂带分布）、褶皱等方面构造因素密切相关。致密砂岩构造裂缝的形成受不同性质构造应力的综合影响，可细分为剪切裂缝、张性裂缝及张剪性裂缝三种基本类型。

致密砂岩储层中的非构造裂缝主要包括成岩裂缝、异常压力裂缝、差异压实裂缝、缝合线及风化裂缝等。这些非构造裂缝的形成主要受成岩作用、异常地层压力、沉积压实及风化作用影响，形态一般不规则，方向较为杂乱，延伸范围较小，且主要分布在层内，对油气的富集及运移具有一定的影响作用。

致密砂岩露头裂缝的类型主要包括以下几类：

（一）区域构造裂缝

对于致密砂岩储层，在早期构造运动或弱挤压应力的影响下，受水平挤压及走滑剪切等作用力的影响而产生区域构造裂缝［图1-5-1(a)(b)］。

彩图1-5-1

图1-5-1 褶皱相关裂缝露头特征

(a) 低幅背斜；(b) 断层相关褶皱，褶皱内部层间发育张性裂缝；
(c) 褶皱核部裂缝发育；(d) 地层发生倾斜，表明发生了构造运动

对于形成于较强挤压应力环境下的储层，区域构造裂缝通常较为发育。这类裂缝通常具有较强的方向性，同时呈组系产出，多为水平裂缝及垂直裂缝［图1-5-1(c)(d)］。水平裂缝多为未充填及半充填裂缝，有效性好，可作为流体储集及渗流的有效通道；垂直裂缝多为半充填及全充填裂缝，表明这些裂缝的形成时期要早于水平裂缝。野外露头中可见共轭剪节理，这

些特征也是区域构造裂缝的典型特征。垂直裂缝面的充填物多为石英，其次为方解石等矿物。

（二）褶皱相关裂缝

鄂尔多斯盆地及其周边盆地都具有地垒和地堑相间发育的地质背景，这些地区从野外露头上也可以识别出一些具有古隆起形态的背斜构造［图1-5-1(a)］及断层相关褶皱［图1-5-1(b)］。

图1-5-1(b)中褶皱顶部附近张性裂缝较为发育，图1-5-1(c)中核部及与核部相邻近的翼部附近剪切裂缝较为发育。这些裂缝是褶皱和断裂形成过程中，受地层局部的剪切或伸展作用而派生出的一些裂缝。图1-5-1(d)中地层具有较大倾角，也表明该地区曾发生了较为强烈的构造运动。在构造运动过程中，该类裂缝易于沿着地层倾覆方向或垂直于地层分布，形成不同类型或形态的构造裂缝，剪切裂缝和张性裂缝通常相伴而生。

（三）断层相关裂缝

彩图1-5-2

在强构造运动条件下，伴随着断裂的产生，局部地层受剪切及张扭作用力的影响，当达到岩石的抗剪或抗张强度极限时，岩石就有发生破裂并产生断层相关裂缝（图1-5-2）。其中，受局部张扭作用力而形成的张性裂缝多分布于断层面附近或断裂带相交叉的部位，该区域又称"破碎带"［图1-5-2(a)(b)］。这种类型的裂缝有时方向性较差［图1-5-2(c)］，但也有大量张性裂缝具有较好的方向性，通常与断面大角度相交或垂直相交，具有开度大、延伸短的特点。

图1-5-2 断层相关裂缝露头特征
(a)"Y"字形垂直断裂附近裂缝发育；(b)垂直断裂带，断裂带附近为破碎带（或裂缝发育带）；
(c)断裂附近的裂缝发育带，裂缝发育且较为杂乱；(d)发育一组雁列式高角度断裂，断裂间裂缝发育

地层中受局部剪切作用而形成的剪切裂缝则通常集中分布在断层两侧附近区域［图1-5-2(d)］。该类型裂缝的开度较小或呈闭合态，其发育程度与断裂规模具有一定正相关关系。

二、岩心裂缝类型

致密砂岩的裂缝类型包含构造裂缝及多种非构造裂缝。其中，致密砂岩中以构造裂缝为主，主要包括张性裂缝 [图1-5-3(a)~(d)]、剪切裂缝及一定数量的挤压裂缝 [图1-5-3(e)~(i)]。张性裂缝是在拉张应力环境下形成的一类构造裂缝，通常具有较大的开度，岩心观察结果表明，该类裂缝的产状包含水平、低角度、高角度及垂直等多种类型；其充填方式也存在多样性，包含未充填、半充填及全充填三种充填方式。这些特征表明，不同张性裂缝的形成期次存在一定差异。

彩图1-5-3

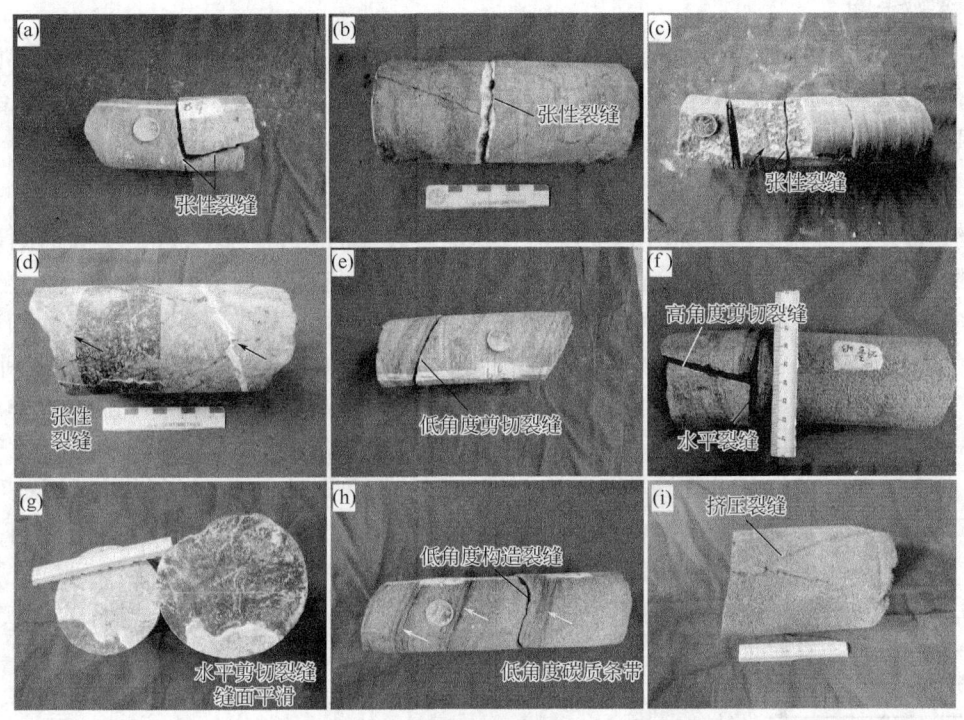

图1-5-3 致密砂岩裂缝特征岩心观察

(a) 砂岩中发育张性裂缝，未充填，HG31-2井，670.0m；(b) 砂岩中发育1条近水平张性裂缝，方解石半充填，开度较大，HG31-1井，737.7m；(c) 砂岩中发育张性裂缝，半充填，HG31-2井，675.0m；(d) 砂岩中发育中—高角度张性裂缝，全充填，华浦27-3井，620.0m；(e) 砂岩中发育1条低角度剪切裂缝，未充填，ZS69井，668.0m；(f) 砂岩中发育1条高角度剪切裂缝，并与1条水平裂缝相交，未充填，ZS69井，1153.6m；(g) 砂岩中发育1条近水平剪切裂缝，全充填，ZS72井，1089.4m；(h) 砂岩中发育1条低角度构造裂缝，未充填，同时发育一系列低角度碳质条带，HG31-2井，672.0m；(i) 砂岩中发育挤压裂缝，未充填，ZS72井，1109.0m

从图1-5-3(d) 所示的全充填张性裂缝可以看出，第1期张性裂缝呈低角度裂缝形态，该期裂缝具有较大的开度，同时全充填，表明这一期裂缝的形成时期较早。而第2期张性裂缝是在第1期的基础上形成的，将第1期裂缝拉断并发生位移；第2期张性裂缝的形态为高角度裂缝。致密砂岩中还可能会发育挤压裂缝 [图1-5-3(i)]，该类裂缝形成于挤压构造作用下，同时兼具有剪切及张性裂缝的特征，开度整体较小。从裂缝形态上看，部分区域裂缝较为平直，具有剪切裂缝特征；也有部分区域的裂缝较为分散，无固定取向，具有张性裂缝的特征。这种类型裂缝的充填程度多为半充填及未充填，为有效裂缝。

三、裂缝参数表征

直接观察、测量并统计致密砂岩岩心裂缝的产状、发育情况、充填情况，计算岩心裂缝密度，是研究致密砂岩裂缝参数的重要方法，能提供第一手基础地质资料。裂缝参数表征的具体研究内容如下。

（一）裂缝产状

1. 裂缝长度

利用标准刻度尺沿着岩心裂缝延伸的方向测量裂缝的长度，裂缝长度主要受岩心的直径及裂缝的倾斜方向所控制。根据研究区各井位（所研究钻井均为垂直井）岩心直径情况，将岩心裂缝长度 L 划分为3类：$L<6.5cm$、$6.5cm≤L<10cm$、$L≥10cm$。

2. 裂缝开度

裂缝开度（b）指裂缝的张开程度，是裂缝定量表征的一个重要参数。不同的测量手段具有不同的测算结果，对于未充填裂缝，地面岩心的裂缝开度测量结果要大于地下应力环境下的真实开度；而对于全充填裂缝及半充填裂缝，地面及地下岩心的裂缝开度大体相当。根据岩心观察结果，本书将岩心裂缝开度划分为以下4种情况：$b≤0.2mm$、$0.2mm<b<0.5mm$、$0.5mm≤b<1mm$ 及 $b≥1mm$。

一般来说，所观察描述的岩心均为地面样品，处于应力卸载的状态，因而裂缝开度较大，且只提供了局部地层的裂缝信息。处于地层条件下的岩石，受围岩应力的影响，裂缝的开度通常较小，且实际上为三维实体，延伸远。地层压力与围岩应力的作用相反，能一定程度减小岩石的压实程度，提高储层物性。

岩石中裂缝具有不同级别的开度，肉眼可以识别 $b>0.5mm$ 的裂缝，利用比较仪可以识别 b 介于 $0.05\sim1mm$ 区间的裂缝（图1-5-4）；当裂缝开度小于 $0.05mm$ 时，只能通过显微镜对裂缝进行观察统计。

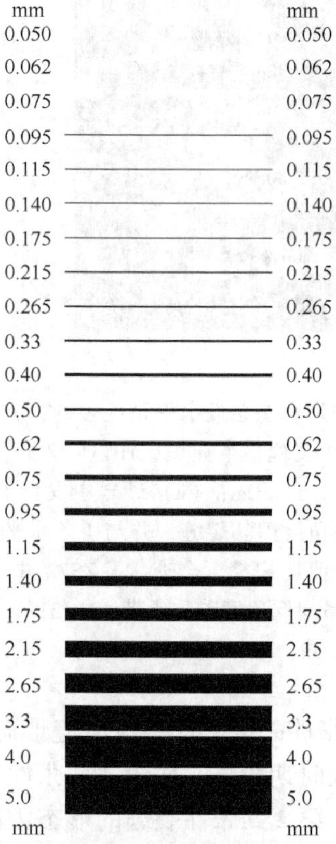

3. 裂缝倾角

裂缝倾角（α）为裂缝面与岩心轴法线平面方向之间的夹角，根据岩心裂缝倾角变化情况将岩心裂缝划分为4种类型：（1）水平裂缝（$0°≤\alpha≤5°$）；（2）低角度斜交裂缝（$5°<\alpha≤45°$）；（3）高角度切割裂缝（$45°<\alpha≤85°$）；（4）垂直裂缝（$85°<\alpha≤90°$）。

（二）裂缝发育情况

1. 裂缝线密度

岩心裂缝密度的定量表征方法有多种，前人对于致密碎

图1-5-4 裂缝开度测量比较仪（标准尺寸）

屑岩储层中的裂缝发育程度有多种分类方案，这些方案主要采用裂缝强度、裂缝开度、裂缝长度及裂缝线密度中的一种。当岩心尺度裂缝贯穿整个岩心，则一般采用裂缝线密度来标定地层中裂缝发育程度。

裂缝线密度是表征岩心中裂缝发育程度或出现频率的重要指标，与岩心长度和裂缝条数相关，通过下式计算获得：

$$D_{lf} = n/l \quad (1-5-1)$$

式中　l——所观察岩心段长度，m；

　　　D_{lf}——裂缝线密度，条/m；

　　　n——所观察岩心段的裂缝总条数。

前人根据裂缝线密度划分裂缝发育程度的识别标准为：（1）当裂缝线密度大于2条/m时，认为地层中裂缝极为发育；（2）当裂缝线密度介于0.2~2条/m时，认为地层中裂缝次发育；（3）当裂缝线密度小于0.2条/m时，认为地层中裂缝欠发育。

2. 裂缝孔隙度

通过裂缝的双向测井正演计算，李善军等（1996）建立了不同产状裂缝孔隙度计算公式：0°~50°裂缝用式(1-5-2)计算，50°~74°裂缝用式(1-5-3)计算，74°~90°裂缝用式(1-5-4)计算。

$$\phi_1 = (1.97247C_{LLD} - 0.99242C_{LLS} + 0.000318291)R_{mf} \quad (1-5-2)$$

$$\phi_d = (20.36451C_{LLD} - 17.6332C_{LLS} + 0.0009318)R_{mf} \quad (1-5-3)$$

$$\phi_h = (8.52253C_{LLD} - 8.24279C_{LLS} + 0.00071236)R_{mf} \quad (1-5-4)$$

式中　ϕ_1、ϕ_d、ϕ_h——不同角度裂缝的裂缝孔隙度，%；

　　　C_{LLD}——深侧向电导率，S/m；

　　　C_{LLS}——浅侧向电导率，S/m；

　　　R_{mf}——钻井液滤液电阻率，Ω·m。

3. 裂缝渗透率

致密砂岩储层的基质孔隙度及渗透率均很低，其渗透率主要由裂缝提供。当钻井液沿裂缝侵入时，地层渗透率主要与裂缝孔隙度、钻井液侵入后的裂缝电阻率和裂缝充满地层水时的电阻率的改变有关，此时，地层岩石的裂缝渗透率计算公式可以表示为

$$K_f = \frac{R_m}{K'R_w} \times A \times \frac{(10\phi)^2}{10} \quad (1-5-5)$$

式中　A——与裂缝位置特征相关的经验参数；

　　　K'——裂缝地层电阻率变化率；

　　　R_m、R_w——钻井液电阻率和地层水电阻率，Ω·m；

　　　ϕ——孔隙度，%。

（三）裂缝充填情况

裂缝充填情况包括裂缝充填物成分及充填物的充填程度，反映了裂缝的发育环境、形成期次及裂缝的有效性。其中，全充填裂缝通常认为是无效裂缝，而半充填及未充填裂缝则认为是有效裂缝。

四、地下裂缝的评价方法

（一）岩心观察法

用定向取心技术，对所取的岩心进行全岩心直接观察和测量，或通过岩心薄片观测，或用 CT 扫描技术，求出有关的裂缝参数，可对地下裂缝进行分析。

该方法可观测的内容有裂缝组系、裂缝宽度、裂缝密度、裂缝产状、裂缝性质（如充填情况、溶蚀情况）、裂缝的连续性等。通过用全岩心实验测试或求取的裂缝参数可求取裂缝孔隙度、裂缝渗透率等。

（二）测井识别法

1. 电阻率测井的裂缝响应

钻井过程中，钻井液会沿地层中的裂缝侵入，改变电阻率值，这成为利用电阻率测井资料识别裂缝的基础（图 1-5-5）。

彩图 1-5-5

鄂尔多斯盆地延长油区，由于中生界钻井中常规测井系列电阻率测井限于双感应测井—八侧向、微电极（微电位、微梯度）以及普通电阻率测井，因此，可以通过对比分析以井轴为中心不同深度的电阻率变化来推测是否存在裂缝。其中，双感应—八侧向测井深、中、浅三个不同探测范围参数变化与裂缝发育程度、开度、长度、裂缝产状、裂缝中的充填物、钻井液的侵入深度等密切相关。一般在开启裂缝、水平裂缝或低角度裂缝发育部位，八侧向测井电阻率表现为明显低值。

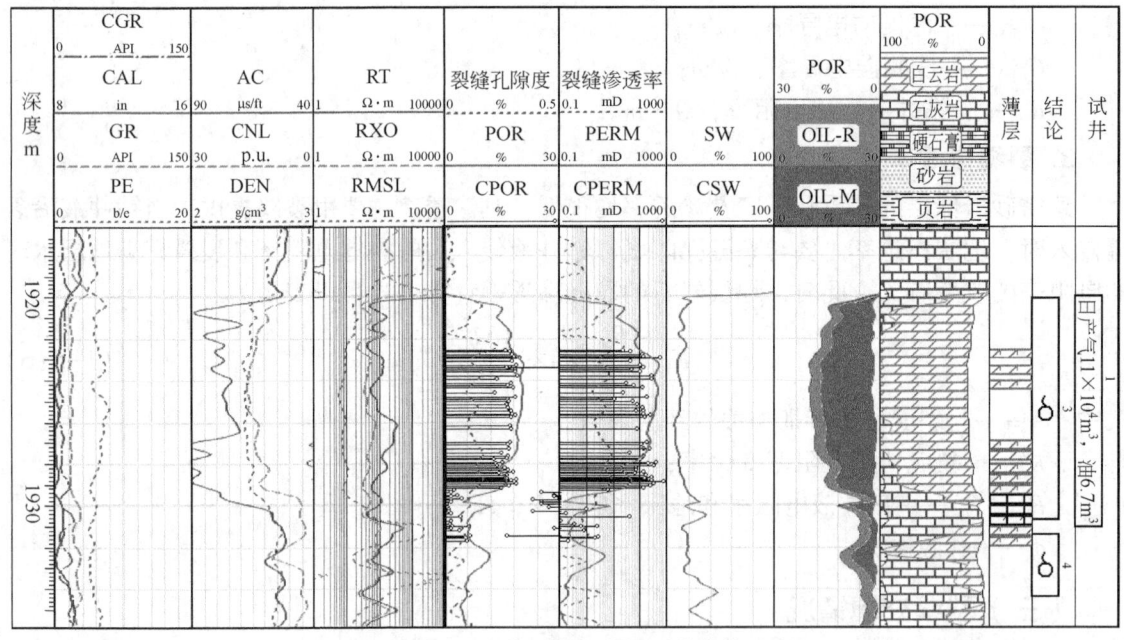

图 1-5-5 BT2 井裂缝的常规测井参数响应

微电极电阻率曲线探测范围小，纵向分辨率高。在利用水基钻井液钻探的井中，微电极的微电位、微梯度曲线数值均有明显降低，对裂缝有一定响应，所以可以利用微电极曲线结合双感应测井—八侧向预测裂缝发育层段。

但是，在泥质含量较高的地层中，由于电阻率背景值太低，将会减弱电阻率降低的相对幅度。另外，黄铁矿、菱铁矿等高电导物质的存在也会造成裂缝定性判别的多解性。

2. 声波测井的裂缝响应

裂缝改变了储层岩石的连续性和力学性质，在岩石中会形成明显的声阻抗界面，该特性成为应用声波探测裂缝技术的理论基础。

水平裂缝或低角度裂缝存在时，声波时差曲线常表现为声波时差增大或出现周期性波动状态跳跃（简称周波跳跃）现象，裂缝越发育，声波时差增大的幅度越大，并且不同产状的裂缝有不同变化趋势；裂缝倾角越小，声波时差增大幅度越大；由于纵波的传导特性，纵波时差特征不能反映高角度和垂直裂缝，更确切地说，不能反映出与井轴近平行或平行的裂缝。

3. 井径测井的裂缝响应

致密砂岩地层孔隙度较小且脆性强，在钻井扭矩力的作用下容易破碎，在裂缝发育区尤为突出，易造成井径扩张。因此，可以利用井径测井的变化来预测裂缝的发育段。然而，对于倾角较小的裂缝，裂缝发育段井径测井响应特征易与薄层泥岩扩径特征相混淆，需要双井径等特征加以约束。一般地层高角度裂缝发育时，井径扩径方向与地层最小水平主应力一致，指示着裂缝发育方向。

另外，造成井径变化的因素有很多，岩性变化及其组合特征等因素也会造成井径变化，因此，该方法识别裂缝存在可能性的多解性问题较为突出。

4. 自然伽马测井的裂缝响应

裂缝常成为流体运移通道和聚集场所，流体的运聚可能导致放射性物质的沉淀，进而导致放射性增强，表现为自然伽马曲线相对低值背景上的相对增高，但是一般自然伽马数值增大现象表现较微弱。由此，依据自然伽马曲线相对低值背景上的相对增高特征推测可能存在裂缝部位。

5. 自然电位测井的裂缝响应

裂缝发育层段渗滤性较好，自然电位曲线一般表现为负异常明显。

（三）地应力分析法

根据地质力学原理，从构造与裂缝的生成关系、主应力的方向等，可以预测主要裂缝的分布方向。例如，一般来说，呈伸长穹隆构造的储层所受的最大水平应力方向呈放射状，裂缝分布及其导致的渗透率分布同样呈放射状。这一研究结果对选择注水方式和进行压裂设计有很大的指导意义。

物体内部各质点间的相互作用力发生改变产生了附加内力，附加内力的分布密度称为应力。地层岩石单元上复杂的应力状态可以简化为三个方向的主应力，即垂直方向主应力（σ_z），和两个水平方向主应力（σ_x 和 σ_y）。在不考虑有关层面及层理面和早期破裂面（天然裂缝）等力学结构面的条件下，可归结为图1-5-6所示的4种应力状态。

图1-5-6中前两类属于一类，该类型最大主应力取垂直方向（即 $\sigma_z>\sigma_y>\sigma_x$），包括 I_a 和 I_b 两个亚类。对于 I_a 类，σ_y 和 σ_x 均为正值，一般有共轭的两组破裂，但通常只有一组比较发育；对于 I_b 类，最小主应力 σ_x 为负值，也就是为张应力，此时产生垂直破裂。对于第Ⅱ类地应

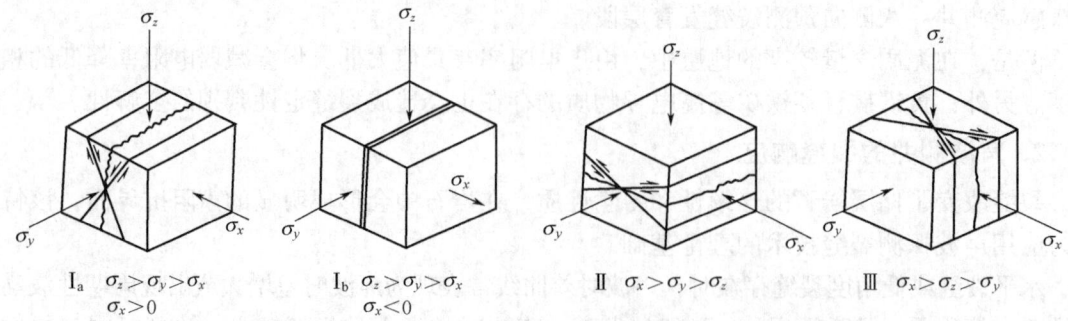

图 1-5-6 地应力状态类型与裂缝耦合关系图

力状态，垂直主应力为最小主应力（即 $\sigma_x>\sigma_y>\sigma_z$），此时产生水平破裂，一般有共轭的两组破裂，但一般只有一组占优势。对于第Ⅲ类地应力状态，垂直主应力为中间应力（即 $\sigma_x>\sigma_z>\sigma_y$），这种应力状态下产生的破裂也为垂直破裂，并可产生两组共轭的破裂。

受局部强挤压应力环境的影响，局部地层会形成破碎带，破碎带就是裂缝异常发育带。与结构完整的岩石应力—应变曲线相比，对于破碎带，随着有效正应力 σ_n 的增加，剪应力 τ 急剧降低，地层岩石抗剪切破裂的能力非常低，此时岩石破碎带的倾角 θ_2 较低（图 1-5-7）。这些破碎带受局部复杂构造应力的影响而形成。

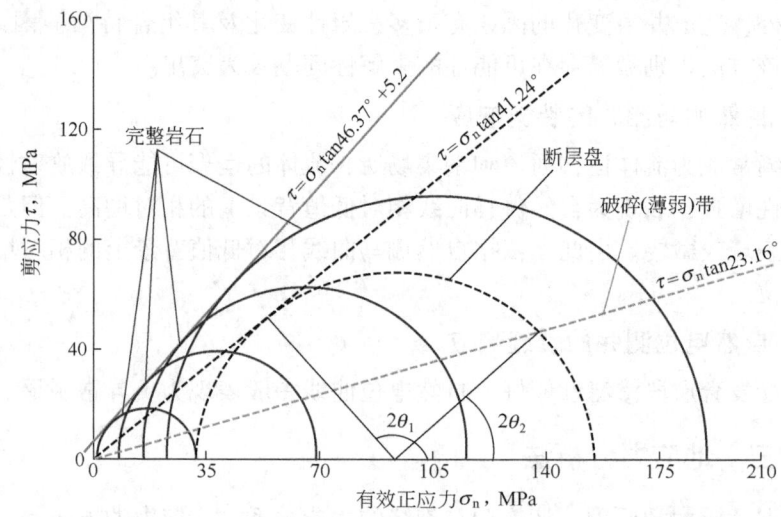

彩图 1-5-7　　图 1-5-7　不同构造部位岩石有效正应力与剪应力关系分析图解

图中 4 级测试围压分别为 5MPa、10MPa、15MPa 及 20MPa；该井处于构造平缓部位；
θ_1 为断层盘倾角，θ_2 为破碎带的倾角

（四）现代试井法

裂缝储层流体分布的非均质性、活跃性及产出状况的不确定性是对油气藏开发的挑战；必须从单井裂缝特征出发，进而搞清裂缝的空间展布，以掌握地层流体目前的赋存状态并预测今后的变化趋势，从而制定合理的采油措施及开发方案。

现代试井法是研究裂缝—孔隙型双重介质储层常用的方法之一。压力导数曲线在过渡阶段驼峰之后出现一个下凹，然后又表现为水平直线段的形态变化特征是这类储层的典型显

示。可通过对压力恢复数据的进一步处理解释，求得裂缝部分参数。也可根据脉冲试井中产生脉冲（激动）的井与观察接收井的方位及反应信号，确定裂缝的方向性及其发育程度。

（五）生产动态分析法

根据钻井过程中钻具放空长度、钻井液漏失量可定性判断缝洞大小和发育情况。同时，通过考察油井的来水方向和水淹特征可判断裂缝的方向性和发育程度，且加示踪剂可以检测地下流体到达时间。

生产动态分析法认为地层的初始破裂发生在井壁切向应力最小的位置，若地层存在天然裂缝或节理等弱面，则初始破裂位置很可能出现在弱面处，而不一定发生在井壁切向应力最小的位置。因此，在压裂施工曲线中能明显识别出破裂点的压裂井中通常发育裂缝（图1-5-8）。

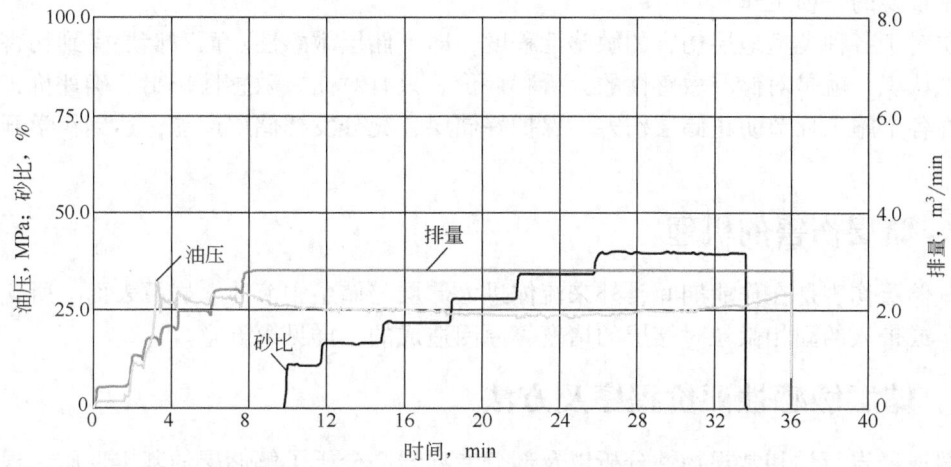

图 1-5-8　14-108 井长 8 段致密砂岩储层压裂施工曲线

如图 1-5-9 所示，油井在压裂后获得了较高的产液量，但主要产水，说明压裂形成了较好的人工裂缝。由于产油很少，绝大部分为产水量，含水率达到 98%，说明该储层为含油水层。在进行裂缝评价过程中，应该加强测井解释对储层油水性质的判定研究，提高裂缝性储层压裂的针对性。

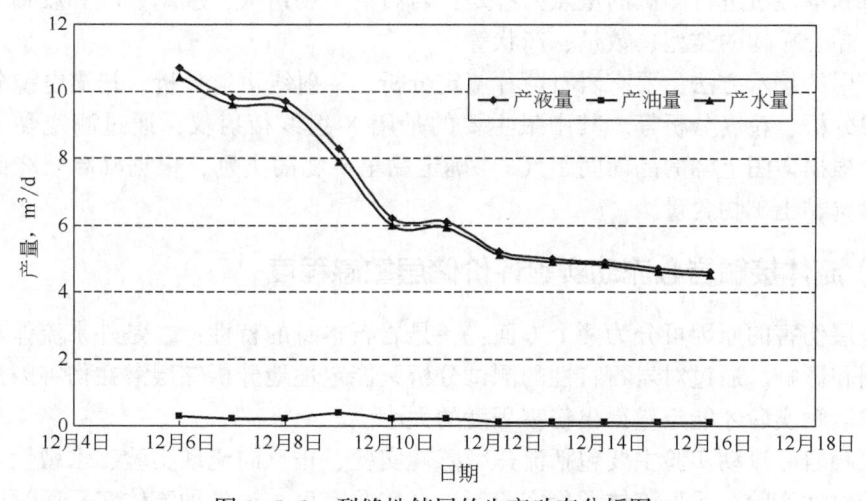

图 1-5-9　裂缝性储层的生产动态分析图

第六节 开发储层敏感性评价

一、储层敏感性评价的意义

在油气储层中普遍存在着黏土、碳酸盐及含铁矿物，在油气勘探开发过程中的每个施工环节（钻井、固井、完井、射孔、开采、注水、修井、增产措施）中，储层都会与外来液体及其固体微粒接触。由于这些液体与地层流体不配伍而产生沉淀，或造成储层中黏土矿物的膨胀，或产生微粒运移等等，都会堵塞孔隙通道使得储层渗透率降低，从而在不同程度上伤害储层的生产能力，甚至不能发现或产出油气，因此保护好油气储层是提高油气产量及采收率非常重要的一项工作。

储层对于各种类型地层伤害的敏感性程度，即为储层敏感性。而对储层受到伤害的程度和规律的认识，就是对储层敏感性的分析和评价。只有对储层敏感性作出正确评价，才能指导我们在各个施工环节防止储层伤害，保护好储层，充分发挥储层产能，达到科学开发油田的目的。

二、储层伤害的机理

油气储层伤害是在作业期间，外来流体进入储层与储层中液体、岩石表面、所含矿物相互作用，或带入的固相微粒对储层的堵塞等原因造成的，详见第五章。

三、储层敏感性评价程序及方法

一般通过岩石学和常规物性分析以及部分专项岩心分析了解储层的基本性质，根据储层所含矿物以及孔隙结构特性等对储层的潜在伤害因素进行分析，预测其可能产生的危害，并决定进一步的流体接触实验研究内容。然后通过具体的流体接触实验，得出对储层敏感性的全面评价，并提出生产工作建议。

（一）岩石基本性质的测试研究与潜在的敏感性分析

对岩石基本性质进行测试的重点内容是：岩石的矿物组成，胶结状况和胶结物，孔隙的几何形状，黏土矿物的类型、数量、产状等。

测试采用的技术方法主要有岩石薄片鉴定分析、X 射线衍射分析、扫描电镜分析、毛细管压力曲线分析、粒度分析等。其中最主要的是用 X 射线衍射仪，通过测定黏土矿物的 X 射线谱图，根据谱图上峰的晶面间距（d）确定黏土矿物的类别，根据峰高、峰面积计算衍射强度，确定黏土矿物含量。

（二）流体接触岩心流动实验评价储层敏感程度

造成地层伤害的原因可分为两个方面：一是岩石本身的特性；二是外来流体对储层岩石的相互作用和影响。通过对岩石特性的测试分析只能定性地分析储层潜在伤害因素，而只有外来流体的接触实验才能定量得出伤害程度的大小。

流体接触岩心流动实验主要包括流速敏感性实验、正反向流动实验、水敏性实验、盐敏性实验、酸敏性实验、系列流体评价实验等。在实验室里，让各种流体实际通过所研究目的储层岩心塞，记录实验过程中渗透率值的变化，具体评价储层敏感性程度。

通过实验，据流速敏感性为采油和注水作业提供合理的临界流速，据水敏性选择合理的水质，据盐敏的临界盐度数值确定合理的盐水浓度，据酸敏性确定酸化用液，据系列流体评价为现场选择最佳的钻井液、完井液、修井液提供依据。

1. 流速敏感性评价

流速敏感性是指储层中各种微粒因流体流动速度增加发生运移并堵塞孔道而造成储层渗透率下降的现象。

该评价的目的是找出代表性岩样的临界流速（或临界流量），以评价储层的流速敏感性，并为后续其他实验寻找合适的流体注入速度，为采油、注水确定合理的工作制度。

临界流速 v_c（或临界流量 Q_c）：当注入流体的流速逐渐变大到某一值时，引起岩样渗透率明显下降（一般认为下降5%以上），则该值称为该岩样的临界流速 v_c（或临界流量 Q_c）。

临界流速所标志的并非微粒运移的开始，而是"桥堵"的急骤增加。所以临界流速不只与可运移的微粒大小和数量有关，还与储层的喉道大小有关。

随着流速的增加，一部分微粒可能从岩样出口被流体带出，因而岩样的渗透率随后逐步上升。

速敏性强弱可用岩样渗透率伤害率（D_K）来评价：

$$D_K = (K_L - K_{\min})/K_L \tag{1-6-1}$$

式中 D_K——速敏性导致的渗透率伤害率；

K_L——伤害前岩样液体渗透率，通常用克氏渗透率；

$K_{\min}$——伤害后岩样液体渗透率的最小值。

用 D_K 对储层速敏性的评价标准见表1-6-1。

表1-6-1 速敏性评价标准

D_K	≥0.70	0.70~0.50	0.50~0.30	0.30~0.05	≤0.05
敏感程度	强速敏	中等偏强速敏	中等偏弱速敏	弱速敏	无速敏

2. 正反向流动评价

在流速敏感性评价基础上，为进一步检验储层中微粒运移的存在，往往要进行正反向流动评价。

在正向流动流速超过临界流速的情况下，地层微粒在喉道处"桥堵"，引起流体渗透率明显下降。反向流动时，这些堵塞在喉道的微粒又会被冲开，解除"桥堵"后，流体渗透率回升，但继续流动，地层微粒又在其他喉道处形成"桥堵"，并再次引起渗透率的下降。如果通过换向流动实验，存在上述变化过程，则可说明确属微粒运移的影响。

3. 水敏性评价

此评价是评价储层水敏性强弱的一种手段。所谓水敏，是指与地层不配伍的外来流体进入储层后引起储层中的黏土矿物发生水化膨胀和分散运移而造成储层渗透率下降的现象。

实验用的注入液为模拟地层水、次地层水、蒸馏水，在低于临界流速条件下，测定岩样渗透率的变化情况。

水敏性强弱可以用注蒸馏水时的渗透率 K_w 与该模拟地层水的渗透率 K_{ws} 之比值来评价，其评价标准见表1-6-2。

表 1-6-2　水敏性评价标准

K_w/K_{ws}	1	0.7~1.0	0.3~0.7	<0.3
敏感程度	无敏感性（非伤害）	弱敏感性（弱伤害）	中等敏感性（中等伤害）	强敏感性（强伤害）

采用水敏指数 I_w 来评价水敏性更普遍。水敏指数 I_w 定义为

$$I_w = \frac{K_{ws} - K_w}{K_{ws}} \quad (1-6-2)$$

式中　I_w——水敏指数；

　　　K_w——蒸馏水渗透率；

　　　K_{ws}——标准盐水或地层水测定的岩样渗透率。

用水敏指数 I_w 评价水敏性强弱的标准见表 1-6-3。

表 1-6-3　用水敏指数 I_w 评价水敏性标准

水敏指数	≤0.30	0.30~0.50	0.50~0.70	>0.70
水敏程度	弱水敏	中等偏弱	中等偏强	强水敏

4. 盐敏性评价

本评价的目的是考察岩样渗透率随流过岩样的注入液矿化度降低而变化的情况，并确定临界矿化度（S_c），为确定现场使用的进入储层的流体（如注入水）的矿化度提供依据。

当流过岩心的外来液体矿化度逐渐下降时，储层中的黏土矿物会在某一矿化度下明显发生膨胀、分散，从而使渗透率急剧下降，这一点的矿化度值称为临界矿化度。

实验中，将不同矿化度的盐水，按盐度由高到低的顺序并在低于临界流速的条件下依次注入岩心，并测定每一盐度下的渗透率值，以求出临界矿化度。

通常用临界矿化度大小确定盐敏性强弱。临界矿化度值越大，储层的盐敏性越强。

5. 酸敏性评价

此评价的目的在于了解若用酸处理储层是否会造成储层伤害，以求得比较有效的酸化处理方法。

储层的酸敏性是指酸液进入储层后与储层中的酸敏性矿物发生反应，产生沉淀或释放出微粒，使储层渗透率下降的现象。

储层中所含的铁、铝、钠等酸敏性矿物遇酸产生沉淀伤害储层，而酸溶性矿物（如方解石 $CaCO_3$）含量较多时，酸化后又会造成储层结构垮塌，同样伤害储层产能，所以要从两方面综合评价。

流动酸敏实验注入流体的流速同样要求低于临界流速。实验过程为：岩心饱和地层水并测渗透率 K_{ws}，然后注入酸液（盐酸或土酸等），浸泡一段时间后，注入地层水，并测渗透率 K_{wa}，比较岩样在酸处理前后地层水渗透率的变化情况，判断岩样遇酸的伤害情况。

比值 $K_{wa}/K_{ws} \geq 1$，说明储层无酸敏性，或酸化改善了储层；$K_{wa}/K_{ws}<1$，说明有酸敏性；该比值越小，说明酸敏性越强，对储层的伤害程度越大。

6. 系列流体评价实验

在油田勘探与开发过程中，产层会与钻井液滤液、完井液滤液、修井液和注入水等流体

接触，其中每种流体都有可能对产层产生伤害。通过系列流体评价实验，可以了解各单项伤害情况和最终的综合伤害程度。实验时，先测定注流体前渗透率值，并饱和地层水后测 K_{ws}，然后依次注入（$v<v_c$）钻井液滤液、完井液、注入水等，并测定每种流体渗透率 K_1、K_2、K_3、K_4，最后再测定与各种流体接触后的地层水渗透率 K_{wa}。

伤害程度可用伤害指数 $\dfrac{K_{ws}-K_{wa}}{K_{ws}}$ 来评价。此指数值越大，说明伤害越严重，也可以测定岩样与外来流体接触前后的油相渗透率 K_o 和 K_{oa}，并用 $\dfrac{K_o-K_{oa}}{K_o}$ 大小来评价综合伤害程度。此比值越大，伤害程度越严重。

对储层敏感性进行评价，一方面是为保护储层，防止储层伤害，另一方面是为了有目的地探索改造储层敏感性的途径和方法。如在工作液中加入某种化学剂，可以抑制黏土和其他微粒分散、运移，注入磁化水可抑制黏土的膨胀等。但这方面的研究还有待于进一步深入和提高。

在油气藏开发过程中，储层除受到不同程度的上述"五敏"影响外，还会受到应力敏感性伤害。储层的应力敏感是指岩石渗透率随有效应力变化而发生改变的现象，它与岩石的压缩性有关，若岩石不可压缩，则岩石不会变形，因此也就不存在所谓的应力敏感；若岩石容易压缩，则应力敏感性强。

第七节　开发储层综合评价

一、储层地质模型的概念

现代油藏开发管理一般包括资料收集、油藏描述、驱替机理、油藏模拟、动态预测、开发战略等六个内容，其中的两大支柱技术是油藏描述和油藏模拟。建立好油藏地质模型是油藏描述的核心，也是油藏模拟的基础和前提，而油藏地质模型的核心是储层地质模型。

随着对储层研究的深入和发展，为满足油田开发生产中各种地质和工程问题的需要，人们在不断地研究和发展建立储层地质模型技术，特别是追求对储层进行三维定量化表征，即建立储层三维定量模型。高精度的三维地质定量模型能深刻揭示储层性质、空间分布的非均质性，对油田开发中高含水期认识油水运动规律、搞清剩余油分布有着十分重要的意义。因此有人认为储层地质模型是成功开发油田的关键。

（一）不同精度的储层地质模型

按所建立的储层地质模型的精细程度和功能大小，目前一般把所建立的储层地质模型分为概念模型、静态模型和预测模型三类，为不同的油田开发阶段与生产任务提供服务。

1. 概念模型

针对某一种沉积类型或成因类型的储层，把有代表性的储层特征（如连续性、夹层分布等）抽象出来，加以典型化和概念化，建立一个对这类储层在研究油区内具有普遍代表意义的储层地质模型，这就是所谓的概念模型。

概念模型的建立一般是在油田开发准备阶段（油藏评价阶段），主要应用少数探井和评价井中取得的各种录井、测井和试井等资料，结合地震解释，研究储层的沉积类型、非均质特点等，借鉴理论上的沉积模式、成岩模式和邻区同类沉积储层的实际模型，建立起所研究储层的概念模型。

在油田开发的早期，主要是用建立的储层概念模型来估计同类沉积储层的分布、形态大小、渗透率分布特点等；在开发中后期，通过建立的不同类型储层概念模型，研究它们的非均质性与水驱油特征的差异，为开发调整提供重要依据。

2. 静态模型

针对某一具体油田（或开发区）的一个（或一套）储层，将其储层特征在三维空间的变化和分布如实地加以描述而建立的地质模型，即为该油田该储层的静态模型。常见的油层顶面构造图、有效厚度等值图、等渗透率图等，均为静态模型的表述图件。

建立静态模型，通常要有较密的井网和充足的资料数据作为基础。其结果直接为油田开发方案的实施、日常油田开发动态分析和作业实施、配产配注方案调整工作服务。

3. 预测模型

预测模型实质上是比静态模型精度更高的储层模型。它是在常规开发井网（一般井距数百米）条件下，把井间的储层参数变化及其绝对值预测出来，正确描述井间数十米甚至数米级规模的储层参数变化的地质模型。其特点是有精确的预测功能。预测模型主要是为开发后期研究剩余油分布和三次采油提高采收率服务。

预测模型目前还处在攻关阶段，要实现这一目标还有一个相当艰难的过程。

（二）不同规模的储层地质模型

储层非均质性是影响原油采收率的最重要的因素。储层的非均质性在规模上是分级的，建立与之对应的不同规模的储层地质模型也有重要的实际意义。

（1）油田规模，即把全油田的整套层系储层作为一个整体进行描述，反映油田范围内的典型地质特征，重点是砂体连续性和相互连通性、层间非均质特征。

（2）小层规模，指在小层范围的储集体规模内的典型地质特征，最主要的是突出小层储集体的几何形态和连续性、小层内砂体的数目、单砂体间的泥质隔层特征、砂体间的垂向连通程度等。

（3）单砂体规模，指小层内相对独立的单砂体储集单元规模的典型地质特征，重点是阐明单砂体规模的物性变化，尤其是渗透率在剖面和平面上的变化及其对油水运动的影响。

（4）孔隙规模，是对流体渗流孔隙网络特征的高度概括，主要描述表征微观孔隙结构特征的参数，孔隙内黏土矿物的类型、含量、产状及敏感性，反映孔隙表面特征的润湿性等。

（三）储层地质模型的其他分类法

储层地质模型的分类还有许多方法，如单井模型、连井模型、二维平面模型和三维立体模型、砂体骨架模型、流动单元模型、数值模拟模型，微观孔隙结构参数模型、孔隙度模型、渗透率模型，克里金模型、分形几何学模型、随机模型等。

二、建立储层地质模型的主要技术方法

建立储层的三维定量地质模型，目前通用的是两步程序工作法。第一步是建立储层骨架

结构，具体给出储层的沉积模型、大小规模与几何形态、砂体相互排列与连通性、不渗透夹（隔）层的分布等，即解决储层的建筑结构问题。第二步是建立储层参数的空间分布，即首先对储层骨架网格化（二维平面剖分或三维立体剖分），接着应确定描述参数（如孔隙度、渗透率、孔喉半径等），最后是对各网格赋值，也就是从已知井点处参数出发，采用适当的内插外推参数预测方法，具体给出井间参数，建立起储层的三维定量模型。

建立储层地质模型的关键技术是如何根据已知的控制点数据内插、外推已知点间及以外的储层参数估计值，即需要寻找和选择最符合储层地质变量实际空间变化规律的数值计算模型，来实现对储层特性空间变化的正确定量描述。具体的建模方法很多，大体可分为两大类，一类为确定性建模方法，另一类为随机建模方法。

（一）确定性建模方法

确定性建模方法认为所得出的内插、外推估计值是唯一解，具有确定性，如传统的加权平均法、差分法、样条函数法、趋势面法，以及目前很流行的地质统计学方法——克里金法。这种方法的已知控制点资料基础应结合开发地震（三维地震、高分辨率地震、井间地震等）解释成果和水平井沿层直接取得的数据或测井解释成果，以保证所得出的估计值有更高的可靠性。克里金（Kriging）法是目前较为流行的方法之一，它的理论基础是"区域化变量理论"。储层参数（如孔隙度、渗透率、泥质含量、含油饱和度、砂岩厚度等）一般都具有区域化变量的性质。人们普遍认为，克里金法是一种无偏（估计值的均值与观测值的均值相同）、最优（估计方差最小）的估值方法。

克里金估值的基本实现过程是：根据已知控制点的储层参数观测值，求取变差函数，即区域化变量在相距为 H 的任意两点处增量平方值的一半；在研究所预测的区域化变量（如孔隙度）的空间分布、结构特征的基础上，选择各种合适的克里金方法，如普通克里金法、泛克里金法、因子克里金法、协同克里金法等。一般应用变差函数中的变程（a）反映砂体的分布范围；利用变差函数中的基台值（$C+C_0$）、变程（a）以及它们二者的比值（I）来表征储层物性参数在平面不同方向上的变化程度，即平面非均质性；通过求取垂向上各单砂体变差图 I 值，反映垂向非均质性。通过对研究区储层的每个网格节点估值，最后可勾绘出储层参数等值线图（平面图或剖面图），揭示储层参数空间分布规律。

克里金法是一种光滑内插估值方法，实质上可以理解为特殊的加权平均法。它主要反映了储层参数较为宏观的变化趋势，而在反映储层在控制点间的微细变化方面不够精细。当储层连续性较差、控制点距较大且分布不均匀时，其误差也大些，但这种方法的精度基本上能达到建立储层静态模型的需要。

（二）随机建模方法

随机建模方法是以已知的地质信息（如井点地质参数）为基础，以随机函数为理论，产生可选的等概率的高精度储层地质模型的方法。这种方法承认控制点（如井点）以外的储层参数有一定的不确定性，即随机性，因此采用随机方法建立地质模型。它得出的模型可以是几个模型，但每一个模型的模拟参数的统计学理论分布特征与控制点参数值的统计分布特征是一致的，即所谓等概率。各模型之间的差别是对地下储层的认识存在一定的不确定性的直接反映。这种不确定性越大，差别也越大。随机建模方法追求的是储层参数在空间上变化的总体趋势，去表征储层非均质性的总体面貌，而不追求每一个预测点的确定的数值。这种方法建立的地质模型仍然可以在一定的条件下，为油田合理开发提供有一定可信度的地质依据。

随机建模方法还可以分为离散型建模和连续型建模两类。离散型建模用来描述离散性的地质特征，如砂体的分布、隔层的分布等。连续型建模用来描述储层参数连续变化的特性，如孔隙度、渗透率、饱和度的空间分布。此外，随机建模方法根据模拟条件又可分为条件模拟和非条件模拟。

近些年来，有人将分形理论引入到建立储层非均质性定量模型中。根据分形理论，储层参数的非均质分布呈分形分布，其非均质性具有自相似性，即局部的非均质性与整体的非均质性相似。在同一沉积相带中，由于沉积条件和成岩作用是相近的，因此，储层参数的非均质性在整个空间中均具有统计意义上的自相似性。为此，可以通过对单井纵向非均质性的研究来分析和预测井间剖面、二维平面和三维空间中的非均质特性。

用分形理论预测储层参数、反映储层非均质特征的一般过程为：根据岩心分析和测井资料，求取变异函数，建立分形估值模型，进行随机分形插值，对网格化的参数值绘制等值线图。

由于分形技术引入了粗糙度，是非光滑的、凹凸不平的随机插值，绘出的储层参数的非均质程度与实际情况比较接近，能较好地反映储层的非均质特征。

为了建立更为精确的地下储层地质模型即预测模型，人们正在不断地探索。除了寄希望于井间地震技术的发展外，多采用储层沉积学与地质统计学相结合的方法。利用某些较为理想的油田地下储层在盆地边缘出露的野外露头，进行网块式密集取样，测量储层参数，把这一沉积砂体内部储层参数的三维空间分布如实地直接揭示出来，建立起所谓的储层原模型。再根据这一原模型，推导出一种能反映这类砂体某个（或某些）储层参数变化规律的地质统计方法，并以此方法去预测同类沉积砂体储层参数的分布。当然也可以应用已有的地质统计方法对建立的储层原模型进行取样点的抽稀分析，检验已有不同地质统计学方法对这类储层某个（或某些）参数进行预测的精确度，然后选择或修正出高精度的地质统计方法，用以建立地下储层的预测模型。就目前的研究现状看，人们不仅认识到对不同类型的沉积砂体进行储层参数预测所选用的地质统计方法不同，而且对同类砂体（或同一砂体）不同的储层参数进行高精度预测的统计方法也不同。针对某种参数究竟选用哪种估值方法精度最高，人们的研究结论不尽一致。如 Allen 认为，简单的算术平均法是估计垂直及水平渗透率的最好方法，趋势面分析法是厚度估计的最好方法，克里金法是估计孔隙度的最好方法。而我国有人研究认为，泛克里金法是目前估计渗透率的最好方法。也有研究认为，目前尚无一种较好的方法来预测井间储层的渗透率。可见，这方面的研究工作任重而道远。

三、开发储层综合评价及分类

在对储层经过详细、系统描述，对其总体特征得出认识以后，要进一步分单元对其进行综合评价，并进行相对分类、命名（Ⅰ、Ⅱ、Ⅲ类等），明确它们的相对差异，以利于开发上区别对待。

（一）开发储层评价单元

在确定储层评价单元时，应按研究目的和需要，确定出不同级次的储层评价单元，要有利于深刻揭示不同性质储层的固有特征，防止大平均笼统地进行评价。总之，所划分的开发储层评价单元，要能适应油田开发各阶段总的开发任务的需要。

一般来讲，在开发准备和方案设计阶段，多以油层组为评价单元，为部署开发基础井网、划分开发层系等工作服务。在方案实施和调整阶段，则要求评价单元为单砂体（层），以适应油田注水开发动态分析和动态监测以及注采方案调整等工作的需要。

（二）储层综合评价分类的参数选择

用来描述和评价储层特征的参数很多，但每项参数只能侧重表达储层特征的某一个侧面。在实际工作中，不可能将这些众多参数都列为储层综合评价分类的指标，而应有选择性地确定几个有效的参数用于储层的综合评价分类。

在选择所谓的有效参数时，需注意以下几点：

（1）应以研究各单项参数对储层特征的影响程度以及各参数间的相互关系为基础；

（2）应视研究工区的具体特点，选择有代表性、可比性和实用性的参数；

（3）突出储能和产能、控制油水分布和渗流特征的参数。

一般选用的参数为有效厚度、含油面积、渗透率、有效孔隙度、泥质含量与碳酸盐含量、孔隙结构参数（如平均孔喉半径、均质系数）、层内非均质性（如韵律类型、渗透率非均质程度）等。

在参数筛选工作中，目前广泛应用多元逐步回归分析、主成分与因子分析、逐步判别分析和聚类分析等多种相关分析方法，从几十个影响参数中精选归类为若干个参数，以保证评价的科学性、合理性及精确性。

（三）具体分类标准的确定

由于不同油区储层总的特征不同，研究者考虑问题的出发点不同，所以许多油田的储层综合评价及分类标准与方案也不尽相同。在确定了评价参数后，一般可按下述两种方法具体给出分类标准。

1. 标准值界定法

在对本油区储层特征（反映在储层参数大小上）充分认识、了解的基础上，可人为给出评价参数的分类标准，对某一具体储层所属类别可按此标准来具体界定。如 Mojtaba Janberi 在委内瑞拉东部 Arecuna 油田的开发中，分析了油田 25 个产油层 45 种不同的特征参数，最后选用了七个他认为最重要、最有指示性的参数，作为储层质量分类评价的依据，并将储层划分为 A、B、C、D 四类，自 A 到 D 储层质量依次下降。具体分类标准见表 1-7-1。

表 1-7-1 砂岩质量特征及分类

储层质量 参数	A	B	C	D
净砂,ft	>40	40~25	25~15	<15
净油砂,ft	>35	35~20	20~10	<10
孔隙度,%	>29	29~25	25~22	<22
含油饱和度,%	>85	85~70	70~60	<60
渗透率,$10^{-3}\mu m^2$	>2000	2000~1000	1000~500	<500
视电阻率,$\Omega \cdot m$	>50	50~25	25~15	<15
页岩含量,%	<5	5~15	15~25	>25

注：1ft=0.3048m。

2. 分值计算法

参数选定后,首先要计算各单项参数的评价分数,再给出各参数的"权"系数和权衡分数,最后按该储层参数的综合得分划分类别。

(1) 计算各参数的评价分数。一般采用最大值标准法。对参数值越大反映储层性质越好的参数,其分值计算方法为

$$E_i = x_i / x_{max} \tag{1-7-1}$$

而对参数值越小反映储层性质越好的参数,可用下式计算:

$$E_i = (x_{max} - x_i) / x_{max} \tag{1-7-2}$$

式中 E_i——第 i 单元的本项参数评价得分值;

x_i——第 i 单元的本项参数实际值;

x_{max}——所有评价单元中本项参数的最大值。

(2) 确定各项参数的"权"系数和权衡分数。在得出各参数的评价分值后,要根据各参数的重要程度,给出各参数的"权"系数。用各参数的评价分值乘以相应的"权"系数后就得出了该参数的权衡分值。"权"系数的具体确定,可由专家根据具体实际人为给出,也可应用诸如灰色关联分析法等一些方法得出。

(3) 根据综合权衡分值进行分类。将各参数的权衡分值相加,即得出了该评价单元的综合权衡分值。按照给定的综合权衡分值分类标准,即可对各评价单元进行分类。

复习思考题

1. 开发储层评价的内容主要有哪些?
2. 开发储层研究的主要方法有哪些?
3. 开发储层精细划分与对比的流程是什么?
4. 开发储层沉积微相与微构造研究的意义是什么?
5. 储层非均质性的概念是什么?如何进行非均质性分类?
6. 储层非均质性对开发的意义是什么?
7. 裂缝表征的参数有哪些?
8. 裂缝评价的方法有哪些?
9. 开发储层伤害的机理有哪些?
10. 开发储层综合评价的方法有哪些?

第二章

油气藏开发评价

在油气藏正式投入开发前，要在储层评价的基础上，把油气藏作为一个能量统一体，搞清楚油气藏中流体（油、气、水）性质与分布规律、油气藏压力和温度系统、天然能量及驱动方式，评价油气藏储量，确定油气藏的开发地质类型，建立地质模型，对油气藏作出评价和开发可行性分析，直接指导油田开发部署，以保证油田开发生产决策的科学性。

第一节 概述

油气藏开发评价是通过地震细测、地质综合分析、钻探评价井、录井、测井、试油、试采、测试、取心、分析化验、生产试验区获取油藏各方面的信息，在此基础上进行多学科综合研究之后，形成对油藏的全面认识。油气藏开发评价一般包括以下九个方面内容。

一、油气藏概况简介

油气藏概况简介的目的是使研究者对油气藏的勘探开发过程有一个基本了解。在该部分内容中要交代油气藏的地理位置，勘探开发历史，油气藏所属地区的气候、交通、人文及经济状况。

二、构造特征评价

构造特征评价主要包括构造形态、圈闭分析和断层系统三个方面的研究内容，研究成果主要是编制反映构造特征的顶、底面构造图和必要的剖面图。在构造形态中需要确定油藏圈闭类型、长短轴及其比值、构造走向、构造顶面平缓度等；在圈闭分析中主要确定圈闭的溢出点、闭合面积、闭合高（幅）度等参数；在断层研究中主要确定断层走向、倾向及倾角、延伸范围、断距及断开层位、断层类型及其密封特性等。

三、油层特征评价

油层特征评价主要采用测井资料，对油层的平面分布延展规律和纵向分布特征进行分析，主要成果为小层平面图、综合柱状图和必要的剖面图。由于岩石沉积过程和成岩过程复杂，因此含油层系分布也十分复杂，尤其是河流相沉积的油藏更是如此。目前一般是按照储层的沉积旋回和韵律及油层之间的连通性将油层划分为小层、砂岩组、油层组和含油层系，然后逐一描述它们的形态、厚度、分布和连通关系等。油层之间由隔层分开，隔层与油层相伴而生，通过测井资料和其他资料可以确定隔层厚度、延伸范围、隔层岩性、隔层类型、隔层物性和隔层分布频率，以及隔层在油藏中所起的作用等。

四、储层特征评价

油气藏形成于储集岩石层中，储层性质直接影响岩石储集油气的能力和流体在其中的渗流能力。储层特征评价主要确定岩石性质、物性特征和非均质状况，具体包括：岩石矿物组成、粒度组成及分选程度、胶结物、胶结类型及胶结程度、磨圆度及成熟度、黏土矿物含量、孔隙类型、孔隙结构、孔隙度及渗透率分布、渗透率变异系数等。在以上参数研究的基础上，还需要对储层进行分类。

五、流体特征分析

在该部分内容中，主要依据测试资料对油气藏中流体的分布规律和流体性质进行研究，此外还要分析油水界面位置，圈定含油面积，阐述油气水性质。例如流体常规物性资料主要包括地面脱气原油密度、脱气原油黏度、凝点、初馏点及馏分、含蜡量、含硫量、含水量、原油组成、胶质沥青质及灰分含量等，天然气相对密度、天然气组成等，地层水密度、氯离子含量、矿物组成及矿化度、pH值、地层水类型等；流体高压物性主要包括油气水相态特征、饱和压力、黏温曲线、原油析蜡温度、原油溶解气油比、溶解系数、地层原油体积系数、地层和地面条件下的流体密度、地层条件下的流体压缩系数、气液相色谱分析、油气组成、凝析油含量和重烃含量、地层流体黏度等。

六、油气藏渗流特征分析

储层岩石的微观特征多样性决定了储层具有不同的渗流特征，这些特征对水驱过程影响显著。根据室内岩心分析资料，需要对岩石润湿性特征、相渗曲线、毛细管压力曲线、驱油效率分析和"六敏"（水敏、速敏、酸敏、碱敏、盐敏、应力敏感性）等特征进行分析。

在岩石润湿性分析中，需要综合润湿角测定、吸油吸水测验、相渗曲线特征进行油气藏岩石润湿性判定。油气藏岩石润湿性差异影响了油气水在地层中的分布规律，进而影响了油气水相对渗透率曲线的特征。

亲油亲水岩石相对渗透率曲线特征见表2-1-1。

表2-1-1 亲油亲水岩石相对渗透率曲线特征（据谷建伟，2017）

特征	亲水	亲油
束缚水饱和度	20%~25%	<15%
等渗点含水饱和度	>50%	<50%
最大水相相对渗透率	<30%	>50%

在相对渗透率的评价与应用中，应该掌握岩心相对渗透率的求取方法，以及相对渗透率曲线的应用。利用压汞测量的毛细管压力曲线，分析毛细管排驱压力、饱和中值压力、最小湿相饱和度等参数，同时根据毛细管压力曲线的形状判断岩石微观孔喉分布状况。

七、油气藏温度和压力系统

油气藏的温度也是油藏评价的主要内容。温度常常是决定某种驱替剂是否有效的关键因素。矿场上需要确定的主要温度参数有油气藏原始地层温度、地温梯度。油气藏原始地层温度一般在探井测井和测压时由附带的温度计测量得到。应该指出的是，油气藏的温度主要受到地壳温度的控制，一般不受储层岩石和其所含流体的影响，因此任何地区的地层温度都是随深度增加的线性关系。实际资料表明，由于地壳温度受到构造断裂运动和岩浆活动的影响，不同地区的地温梯度有所不同，例如我国东部地区油气田的地温梯度一般为 3.5～4.5℃/100m。

油气藏压力是油气藏天然能量的重要标志。在压力系统评价中，重点需要确定油气藏的原始地层压力、地层压力系数、压力梯度、地层破裂压力等参数，并进行油气藏压力系统分析。根据钻井测试资料可以获取地层的温度和压力资料，进而进行参数分析，可以得到相应的温度、压力与地层深度的关系。

八、试油试采数据分析

产能大小通过单井产能测试资料分析确定，矿场上通常将稳定试井资料或非稳定试井资料整理成产能曲线或 IPR 曲线，然后确定生产井采油（采气）指数。通过对试油试采数据的分析，有助于开发设计中制定合理的注采工作制度。

九、油气藏储量计算与评价

油气藏储量计算是油气藏评价的重要内容之一。根据钻井、测试、岩心分析、室内实验等资料，确定计算储量的相关参数，采用容积法对储量进行计算。在计算的过程中，对各种参数的选取要进行详细地研究，选取合理参数加以计算。在储量计算完成以后，还要计算单储系数和储量丰度，并根据一定的评价原则进行储量评价。

随着油气田开发的进行，要不断对油气藏地质储量进行复算、核实，及时对可采储量及采收率进行计算和修正，评价油气田开发效果和开发水平，为正确指导油气田下步调整挖潜提供依据。

第二节　油气藏流体基本特征和分布规律

石油和天然气是储藏在岩石孔隙中的可燃有机矿产。它们在地球上分布广泛，但分布很不均匀。在岩石中相对富集、有开采价值的油气常称为油气藏。目前世界上已经发现的油气藏几乎都有水与油、气共存。为了更好地开发油气藏，必须了解油、气、水的基本特征。

一、石油

石油是储存于地下岩石孔隙或裂缝中、以液态烃为主要化学组分的可燃有机矿产。这种矿产成分复杂，现已鉴定出上千种有机化合物，除了液态烃类外，还有数量不等的非烃类化合物和多种元素，有时还溶有烃类气体、非烃类气体及不等量的固态烃。石油无论在成分上还是相态上都是极其复杂的，世界各地的石油没有确定的化学成分和物理常数。

（一）石油的元素组成

石油主要由碳、氢元素组成，同时也含有硫、氮、氧元素以及一些微量元素。不同地区、不同时代的石油元素组成存在一定差异。

石油中的碳元素和氢元素占主要部分，按质量计算，碳元素约占 84%～87%，氢元素约占 11%～14%，两者约占石油总量的 95%～99%。这两种元素主要以烃类的形式存在，是组成石油的主体。氧、硫、氮元素主要以化合物形式存在，总含量一般小于1%~4%，个别情况下，由于硫分增多，总量可高达3%~7%。

在石油的元素组成中，除了上述五种主要元素外，还含有非常多的微量元素，常见的有Fe、Ca、Mg、Si、Al、V、Ni、Cu、Sb、Mn、Sr、Ba、B、Co、Zn、Mo、Pb等。它们以金属元素为主，而且可从石油燃烧后的灰分中识别出来。世界各地石油所含微量元素种类和数量各不相同，其含量极小，一般在0.003%以下。

（二）石油的化合物组成

石油中的元素主要结合成不同的化合物存在。石油的化合物组成主要可分为烃类化合物和非烃化合物两类。烃类和非烃类的相对含量，因石油的产地不同，差别也很大。有的石油烃类含量可达90%以上，但有的石油烃类含量低于50%，甚至低到10%~15%。

1. 烃类化合物

烃类化合物由碳和氢两种主要元素组成。目前石油中已鉴定出烃类化合物420余种，按其结构分为烷烃、环烷烃和芳香烃三类。

1）烷烃

烷烃分子通式为C_nH_{2n+2}，属于饱和烃。烷烃的分子结构特点是碳原子以C—C单键呈直链式相连，若无支链为正构烷烃，若有支链为异构烷烃。

（1）正构烷烃。正构烷烃一般占石油质量的15%~25%。我国大庆原油在60~140℃汽油馏分中，正构烷烃含量为38%，异构烷烃为15%。目前已知碳原子数为1~45的正构烷烃，且多数正构烷烃的碳原子数不超过35。在常温常压下，甲烷到丁烷呈气态，戊烷到十六烷呈液态，十六烷以上的高分子正构烷烃皆呈固态。正构烷烃的相对密度、熔点及沸点均随相对分子质量的增加而上升。正构烷烃的相对密度都小于1，几乎不溶于水（气态烃除外）。

（2）异构烷烃。石油中的异构烷烃以碳原子数≤10的为主。在异构烷烃中，以带有两个或三个甲基的衍生物含量最多，而带四个甲基及其他高分支的异构烷烃的含量较少。高碳数异构烷烃以类异戊二烯型烷烃研究意义最大，其特点是在直链上每四个碳原子有一个甲基支链，在结构上宛如由若干个异戊间二烯分子加氢缩合而成。

由于同源石油中所含类异戊二烯型烷烃的类型、含量相近，且可能来自叶绿素的侧链——植醇，所以近年来，类异戊二烯型烷烃不仅作为石油有机成因的标志之一，也常用于油源对比，称为生物标志化合物。

2）环烷烃

环烷烃是环状的饱和烃，其分子通式为C_nH_{2n}，性质也比较稳定，是石油主要的组成之一。按分子中所含碳环数目，环烷烃可以分为单环环烷烃、双环环烷烃及多环环烷烃。

石油中的环烷烃以单环环烷烃和双环环烷烃为主，多为环戊烷或环己烷及其衍生物。石油中的双环环烷烃的两个环可能都是五碳环或六碳环，也可能是一个五碳环和一个六碳环。环的连接方式以并联为主。石油中也存在三环及多于三环的环烷烃。

3）芳香烃

芳香烃是一类具有苯环结构的不饱和烃，分子通式为C_nH_{2n-6}。根据结构，芳香烃可分为单环芳香烃、多环芳香烃、稠环芳香烃三类。

单环芳香烃分子中仅含一个苯环，包括苯及其同系物；多环芳香烃分子中含两个或两个以上无共用碳原子的独立苯环；稠环芳香烃是苯环彼此之间通过共用两个相邻碳原子稠合而成的芳香烃，石油中的稠环芳香烃以苯、萘、菲三种化合物含量最多。随着成熟度增大，芳香烃系列向低环芳香烃方向演化。

2. 非烃化合物

石油中的非烃化合物主要是含硫、氮、氧的化合物。这些化合物中除含有碳和氢两种元素外，还含有硫、氮、氧等元素。硫、氮、氧这些元素通常以各种含硫、含氧、含氮化合物的形态以及兼含有硫、氮、氧的胶状、沥青状物质的形态存在于石油中，统称非纯烃类化合物，俗称非烃类。

1) 含硫化合物

石油中的硫很少一部分以元素硫或硫化氢的形态存在，大部分与碳结合呈硫醇（RSH）、硫醚（RSR′）、二硫化物（RSSR′）、噻吩及其同系物等形态出现。

石油中的硫含量有环境指示意义。通常海相、近海湖盆相、盐湖相等半咸水—咸水沉积地层中生成并产出的石油含硫量较高，一般大于1%；内陆淡水湖泊相沉积地层中生成并产出的石油含硫量较低，一般小于1%。

石油中的硫是一种有害杂质，它容易产生硫化氢（H_2S）、硫化亚铁（FeS）、亚硫酸（H_2SO_3）、硫醇铁甚至硫酸等化合物，对机器、管道、油罐、炼塔等金属设备具有强腐蚀性，因此它是评价石油质量的一项重要指标。

2) 含氧化合物

石油含氧量一般为0.1%~4.5%，均以结合氧的形式存在，其分子结构是由烷基和含氧官能团组成。含氧化合物可分为酸性和中性两类。前者有环烷酸、脂肪酸及酚，总称为石油酸；后者包括醛、酮等，含量极少。石油酸以环烷酸最重要，占石油酸的90%左右。环烷酸在水中的溶解度很小，高分子环烷酸实际上不溶于水，但易溶于石油烃。

环烷酸很容易生成各种盐类，其中碱金属的环烷酸盐能很好地溶解于水，在与石油连通的地下水中（油田水）常含这种环烷酸盐，可作为找油标志。

3) 含氮化合物

石油中氮含量一般比硫含量低得多。多数石油含氮量极微，我国大部分石油含氮量低于0.5%。世界上也存在少数含氮量大于0.5%的石油，如美国加利福尼亚古近—新近系石油含氮量高达1.4%~2.2%。石油通常以0.25%的含氮量分为贫氮石油和高氮石油。

石油中的含氮化合物包括碱性含氮化合物和非碱性含氮化合物两类。碱性含氮化合物多为吡啶、喹啉、异喹啉和吖啶及其同系物，非碱性含氮化合物主要是吡咯、吲哚和咔唑及其同系物。

4) 胶质和沥青质

石油中的胶质和沥青质都属于非烃化合物，它们多是高分子杂环的氧、硫、氮化合物，具有较高或中等的界面活性。它们对石油的许多性质，诸如颜色、密度、黏度和界面张力等，都有较大影响，了解这类化合物的性质对提高原油采收率极为重要。

（三）石油的物理性质

石油的物理性质指颜色、相对密度、黏度、荧光性、旋光性、导电性、溶解性、闪点等。

1. 颜色

石油颜色变化范围很大。在透射光下，大多数为黑色，但也有无色、淡黄色、黑褐色、黑绿色等。原油颜色与胶质、沥青质含量有关。胶质、沥青质的含量越高，石油的颜色越深。

2. 相对密度

在我国，石油的相对密度是指1atm下20℃时单位体积脱气原油（采至地表的石油）与4℃同体积纯水的质量之比，用 d_4^{20} 表示。欧美国家则以1atm、60℉（15.6℃）时原油与纯水密度之比为相对密度。国际上通常将 d_4^{20} 大于0.934的原油称重质油（稠油），小于0.934的原油称轻质油（又称稀油）。我国将 d_4^{20} 大于0.92的原油称重质油，介于0.92~0.88之间的称为中质油，小于0.88的称为轻质油。

在美国，通常用API度（API代表American Petroleum Institute，即美国石油学会）表示原油相对密度，而西欧一般用波美度表示原油的相对密度：

$$\text{API} = 141.5/d_4^{60℉} - 131.5; \text{波美度} = 140/d_4^{60℉} - 130$$

因此，API度和波美度同 d_4^{20} 在数值趋势上是相反的，API度和波美度高的石油实际上属于低密度轻质油。一般来说，相对密度小而颜色浅的石油含油质多；相对密度大而颜色深的石油富含沥青质。

3. 黏度

石油的黏度是指石油流动时因分子间相对运动的内摩擦所产生的阻力，用 μ 来表示。它表征着石油的流动性，黏度越大，越不容易流动。黏度直接影响油层内石油流入井中及在输油管线中的流动速度，因此对石油的开采、储存、运输以及炼制有重要影响。

黏度分为动力黏度、运动黏度和相对黏度三种表示方式。在国际计量单位制（SI）中，动力黏度单位为帕·秒（Pa·s）和毫帕·秒（mPa·s）。

石油黏度的大小取决于石油的化学成分和外界温度、压力条件。相对分子质量小的烷烃、环烷烃含量多时，石油黏度就低；而胶质、沥青质含量高时，石油黏度就高。随温度升高，石油黏度大幅度降低。稠油热采就是利用石油这一性质。压力加大，黏度也随之增加，但是影响程度远小于温度。

石油的黏度同石油的颜色、相对密度有很好的相关性，一般随着石油高分子成分或胶质、沥青质含量的增多，石油的颜色加深，相对密度增大，黏度变大。

4. 荧光性

原油在紫外光照射下发出一种特殊光亮的特征称为原油的荧光性。石油的荧光性取决于其化合物组成。原油发荧光是一种冷发光现象。冷发光现象取决于化学结构，是含芳香族环状化合物的特征。饱和烃化合物则不发光。发光颜色随石油或沥青物质的性质而变，不受溶剂性质的影响。多环芳香烃、油质发天蓝色光，含胶质较多的石油发淡黄色光，含沥青质多的石油或沥青质则发褐色光。发光强度与石油或沥青物质的浓度有关，在低浓度范围下，发光强度与石油类物质的浓度成正比,但是浓度超过某一临界值后,发光强度反而降低,这是浓度消光。浓度消光是可逆的,用溶液稀释,发光强度增加。

这种发光现象非常灵敏,只要溶液中有十万分之一的石油或者沥青物质,就会发荧光。所以,在油气勘探中,人们常会利用荧光分析来鉴定岩样中的含油性,并可粗略确定其组分和含量。这个方法简便快速,经济适用。

5. 旋光性

原油的旋光性是指偏光通过原油时,偏光面对其原来的位置旋转一定角度的光学特征。偏振光振动面的旋转角度称旋光角。石油的旋光角一般在几分之一度到几度之间且多数为右旋(顺时针方向旋转)。石油的旋光性可以用旋光仪测定。

石油的旋光性与石油中含有结构不对称的含氮化合物、甾烷、萜烷等生物标志化合物有关。因此,旋光性被认为是石油有机成因的证据之一。

6. 导电性

原油(碳氢化合物)为非极性物质,是非导体。原油电阻率为 $10^9 \sim 10^{16} \Omega \cdot m$,其导电性极差,与矿化油田水(电阻率为 $0.02 \sim 0.1 \Omega \cdot m$)和沉积岩(电阻率为 $1 \sim 10^4 \Omega \cdot m$)相比,可视为非导体。利用这一特性可在视电阻率测井曲线上判断油、水层。

7. 溶解性

石油在有机溶剂、水和天然气中的溶解性各有特点。石油中不同化合物选择性溶解于多种有机溶剂,如苯、氯仿、二硫化碳、四氯化碳、乙醚等。这种溶解性特点,有助于鉴定岩石中的石油含量及性质。

石油在水中的溶解度很低。碳数相同的非烃、芳香烃、环烷烃及烷烃等成分,在水中的溶解度依次变小。除了甲烷外,烃类在水中的溶解度均随相对分子质量的增大而减小。温度升高或者水中溶解 CO_2 量增多时,石油在水中溶解度增大。若水中含盐度增大,烃类溶解度下降。了解石油在水中的溶解度有助于认识石油在初次运移时所处的物理状态。

石油与天然气具有互溶性。天然气溶于石油的能力不仅与温度、压力有关,也与石油的组成有关。相同温压下,以烷烃为主要成分的石油溶解天然气的能力最大。而在同族烃类中,碳数越高,溶解天然气的能力越小。在地下,液态烃溶于气态烃的条件是:较高温度和压力条件下,一定温度范围(如 $180 \sim 250 °C$)内,圈闭中气态烃多,液态烃少,即气态烃为溶剂,液态烃为溶质。

8. 闪点

闪点又称闪火点,是指可燃液体的蒸气同空气的混合物在临近火焰时能短暂闪火时的温度。大气压力对闪点有一定的影响,因而通常测定的闪点都以标准压力 101.33kPa 下的数值表示。原油闪点一般在 $30 \sim 180 °C$ 之间。

二、天然气

天然气(也称为石油气态烃)是以甲烷为主的烷烃,甲烷摩尔浓度可高达 $70\% \sim 98\%$,乙烷含量约 10%,仅含少量的丙烷、丁烷、戊烷等。

广义上的天然气是指存在于自然界的一切天然生成的气体,即包括不同成分组成、不同成因、不同产出状态的气体。狭义上的天然气是目前石油及天然气地质学界所研究的、与油田和气田有关的可燃气体，多与生物成因有关，其中主要研究对象是聚集成藏的烃类气体和非烃类气体。

天然气常含有非烃类气体，如二氧化碳、氮气、硫化氢（H_2S）、水汽，偶尔含稀有气体如氦（He）、氩（Ar）等，还含有毒的有机硫化物，如硫醇（RSH）、硫醚（RSR′）等。

（一）天然气的元素组成

天然气的元素组成与石油相似，也主要由碳、氢、硫、氮、氧及微量元素组成，其中以碳和氢为主，碳约占65%~80%，氢约占12%~20%。

（二）天然气的化合物组成

1. 烃类化合物

天然气中的烃类主要为C_1~C_4的气态烃，其中以甲烷为主，其含量一般大于70%，两个碳数以上的重烃气较少。在地下较高温度、压力下，某些类型天然气也可含有少量呈气态存在的C_4~C_7烷烃及部分环烷烃、芳香烃。烃类气体中，CH_4含量≥95%、C_{2+}含量<5%的烃气，称为干气（贫气）；CH_4含量≤95%、C_{2+}含量>5%的烃气，称为湿气（富气）。

天然气的组分变化很大。有的天然气CO_2含量较高，如俄罗斯西伯利亚含油气盆地某些油田含CO_2高达70%，我国山东滨南气田产出气中CO_2含量高达50%以上，它们为三次采油提供了CO_2气源。

2. 非烃类化合物

地层条件下的非烃气总量不多，但种类不少，主要有N_2、CO_2、CO、H_2S、H_2等气体，有时还有微量的惰性气体，如氦气、氩气、氖气等。多数情况下，非烃气体不能单独成藏，常与其他气体共存于气藏中，少部分则溶于石油及地层水中。

天然气中硫化氢含量一般不超过5%~6%，但也有例外，如法国克拉大气田的硫化氢含量高达17%，加拿大某气田的硫化氢含量甚至20%以上。硫化氢腐蚀金属设备，对人、畜有害，超过安全浓度（$10mg/m^3$）会使人中毒窒息，但回收和处理H_2S能生产硫磺，变害为利。

某些非烃气也是重要的资源。如氦气是具有重要经济价值的稀有气体，具有高热导率、低密度、低溶解度、低蒸发潜热和强扩散性等优点。另外，对某些非烃气体的钻采还应该做到提前预测与随钻随测，否则可能会出现重大事故。如2003年重庆开县发生的特大井喷，含有剧毒硫化氢的天然气对当地造成严重的生命财产损失。

（三）天然气的物理性质

天然气一般无色，可有汽油味或硫化氢味，可燃，易爆炸。由于其化学组成不一，天然气的物理性质变化很大。

1. 天然气的相对密度

天然气的相对密度是指在标准状况下，单位体积天然气与同体积空气的质量之比，常用符号γ_g表示。天然气的相对密度与其平均相对分子质量成正比，一般随重烃、CO_2、H_2S等气体含量的增加而增大。大多数天然气的相对密度在0.55~0.8之间（即天然气比空气轻），当天然气中重烃含量高或非烃类组分含量高时，相对密度可能大于1（即比空气重）。

2. 黏度

天然气的黏度反映了其分子间产生内摩擦力的大小，是度量天然气流动能力的一项参数。天然气的黏度要比原油或水的黏度低得多，一般在0℃时为0.0031mPa·s，20℃时为0.0120mPa·s。

天然气的黏度与压力、温度和气体成分等有关。在接近常压条件下，天然气的黏度与压力无关，随温度增加而变大，随相对分子质量增加而减小；在较高压力下，天然气的黏度随压力增高而增大，随温度升高而降低，随相对分子质量增加而增大。此外，随非烃气含量增加，天然气的黏度增大。

3. 饱和蒸气压力

某一温度下，将气体液化时所需施加的最低压力，称为该气体的饱和蒸气压力。一般地，饱和蒸气压力随温度升高而增大。在同一温度条件下，碳氢化合物的相对分子质量越小，则其饱和蒸气压力越大，因此甲烷比其同系物的饱和蒸气压力大得多，这也正是在天然气的组成中甲烷等轻烃化合物往往含量较多的原因。

随着油田开发，地层压力逐渐下降，天然气的组成也会随之改变。一般在自喷阶段，小分子的碳氢化合物是天然气的主要成分；随着地层压力下降，较大分子的碳氢化合物蒸气就随之进入天然气中，因此天然气的密度也会随着油田开采期的延长而略有增加。

4. 溶解性

天然气能不同程度地溶于石油和水中。在相同条件下，天然气在石油中的溶解度远大于在水中的溶解度。天然气和水互溶性差，而与石油具有较强的互溶能力。

天然气在水中的溶解度较低，一般在$0.7 \sim 3.5 m^3/m^3$之间。在温度一定、气体和液体之间不发生化学反应的前提下，天然气在水中的溶解度和气体组分、温度、压力及含盐量密切相关。天然气在石油中的溶解度是指在地层温压条件下，单位体积（m^3）液态石油中所溶有的、在地表温压条件下可析出的气体量（m^3）。

在相同温压条件下，天然气在石油中的溶解度远远大于在水中的溶解度，例如甲烷在石油中的溶解度是在水中的10倍左右。天然气在石油中的溶解度与地层压力、气体组成、原油轻组分含量等因素有关。在低于泡点压力（石油中溶解的天然气达到饱和时对应的压力）条件下，降低温度或增大压力，都可增加天然气在石油中的溶解度，直至液体被气体饱和的泡点压力为止。天然气在石油中的溶解度还与气体的成分密切相关，如丙烷的溶解度比乙烷大得多。由此表明，天然气中重烃含量越高，在石油中的溶解度就越大。原油的性质对天然气的溶解度也有明显影响，在相同温压下，天然气在低碳数含量高的轻质油中比在重质油中的溶解度高得多。

三、油田水

在油气藏的流体系统中，油田水以不同的形式与油气共存，主要分布于地下岩石孔隙空间中，以吸附水、毛细管水和自由水的状态存在，少数存在于组成岩石的矿物晶体骨架中。油田水的形成及其运移始终与油气的生成、运移，以及油气藏的形成、保存和破坏有密切的联系。因此，油田水化学与水动力学即油田水地质学的研究对油气勘探和开发具有十分重要的意义。

油田水是指油气田区域（含油构造）内的地下水，包括油层水和非油层水。开发地质研究的重点是油气田范围内直接与油层连通的地下水，即油层水，也称狭义上的油田水。非油层水分布于油气藏附近，按位置分为上层水、夹层水、下层水。

（一）油田水的来源

一般认为油田水的主要来源有四种：沉积水、渗入水、深成水和转化水。

沉积水是指沉积物堆积过程中保存在其中的水。这种水的含盐量和化学组分与古海（湖）水有密切关系。因此，不同环境下形成的油层水矿化度有着明显差别。

渗入水是指大气降雨时渗入地下空隙和渗透性岩层中的水，矿化度低，可淡化高矿化度地下水。尤其在靠近不整合面的油田水中，淡化作用明显。

深成水又称内生水，指来源于上地幔及地壳深部、由岩浆游离出来的原生水和变质作用过程中的变质水，是一种高温高矿化度、饱和气体的地下水。

转化水是指在沉积成岩和烃类形成过程中，黏土矿物转化脱出的层间水及有机质向烃类转化时分解出的水。这种转化主要因素是温度和压力，并伴随着离子交换等反应。

实际上，油田水可以看作是沉积水、渗入水、深成水及转化水以不同比例混合，经过一系列复杂的物理化学作用，并与油气相伴生的油层水。

（二）油田水的化学组成

由于油田水与岩石、油气长期相互作用，因此油田水的化学成分非常复杂，除离子成分外，尚有有机组分、气体成分及微量元素。

1. 离子成分

在天然水中目前已测定出 60 多种元素，其中最常见的约有 30 多种，含量较多的阳离子有 Na^+、K^+、Ca^{2+}、Mg^{2+} 等，阴离子有 Cl^-、SO_4^{2-}、CO_3^{2-}、HCO_3^- 等。

2. 有机组分

油田水的有机组分主要为烃类、酚和有机酸。其中，油层水中含液态烃和 $C_1 \sim C_4$ 气态烃，而多数非油层水只含有少量甲烷。油层水的液态烃中含有较多的苯系化合物，一般可达 $0.01 \sim 1.58 mg/L$，最高可达 $5 \sim 6 mg/L$，且甲苯含量与苯含量之比大于 1；非油层水中苯系化合物含量低，且甲苯含量与苯含量之比小于 1。油田水中常含数量不等的环烷酸、脂肪酸和氨基酸等。其中环烷酸是石油环烷烃的衍生物，常可作为找油的重要化学标志。

3. 气体成分

油田水溶解了许多烃类气体和非烃类气体。烃类气体除了甲烷外，尚有乙烷等重烃气体；非烃气体种类较多，如二氧化碳、硫化氢、氮气、氦气、氩气等气体。油田水中一般不含氧气。含重烃气体是油田水的主要特征，可作为寻找油气田的标志之一。

4. 微量元素

油田水中含有的微量元素主要有碘、溴、硼、锶、钡等。微量元素的种类及其含量可以指示油田水的来源和油田水所处环境的封闭程度。

（三）油田水的物理性质

1. 密度

油田水的密度随其中含盐量的多少而变化，一般大于 $1.0 g/cm^3$。

2. 黏度

油田水的黏度比纯水高,且随水中盐分增大而增大。

3. 透明度

油田水常含有各种胶体物质[如$Fe(OH)_3$]和H_2S等,呈半透明或透明状。

4. 气味和颜色

油田水中常含有机质或气体,会带有某种气味。如含有石油时,往往具有汽油或煤油味;含有硫化氢时,会有臭鸡蛋味。油田水一般带有苦涩味或咸味。

(四)油田水的矿化度

油田水的矿化度是指单位体积油田水中所含各种离子、元素及化合物总含量,用 g/L、mg/L 表示。多数情况下,油田水的矿化度高于沉积水,具有高矿化度特征。如科威特布尔干油田白垩系砂岩中的油田水矿化度为 154400mg/L,我国鄂尔多斯盆地某油田的油田水矿化度为 40000~80000mg/L。由于来源及形成过程等方面的差异,各地区油田水的矿化度差异较大。陆相油田水矿化度一般低于海相。

(五)油田水的类型

1911 年美国帕勒梅尔(Palmer)提出第一个油田水分类方案,1946 年苏联学者苏林(Sulim)在帕勒梅尔分类法的基础上提出了新分类方法。

苏林认为,天然水中化学成分的形成主要取决于其所处的环境,不同环境可以形成不同性质、含有不同盐类和化学组成特征的水型。天然水就其形成环境而言,主要有大陆水和海水两类。大陆水含盐度低(一般小于 500mg/L),海水的含盐度较高(一般约 3500mg/L)。大陆淡水中以碳酸氢钠占优势,并含有硫酸钠;而海水中不存在硫酸钠。天然水中主要离子是依据彼此化学亲和力的强弱顺序而形成不同盐类。基于上述认识,苏林主要考虑天然水化学成分,同时结合其形成的环境,利用水中的六组离子(三组阳离子 Na^++K^+、Ca^{2+}、Mg^{2+} 和三组阴离子 Cl^-、SO_4^{2-}、$HCO_3^-+CO_3^{2-}$)将油田水划分为 $CaCl_2$ 型、$NaHCO_3$ 型、Na_2SO_4 型以及 $MgCl_2$ 型四种基本类型(表 2-2-1)。

表 2-2-1 苏林油田水成因分类(据国景星等,2017)

水的类型		成因系数		
		Na^+/Cl^-	$(Na^+-Cl^-)/SO_4^{2-}$	$(Cl^--Na^+)/Mg^{2+}$
大陆水	硫酸钠型	>1	<1	<0
	碳酸氢钠型		>1	
海水	氯化镁型	<1	<0	<1
深层水	氯化钙型			>1

注:表中离子符号代表各离子浓度。

由于各类水型的形成条件不同,它们在油气田区域内的分布也存在较大差异。$CaCl_2$ 型水形成于地壳深部封闭性良好、水体交替停滞的还原环境,所以 $CaCl_2$ 型水环境有利于油气藏保存,油田水往往是高矿化度的 $CaCl_2$ 型水;高矿化度的 $NaHCO_3$ 型水是油气物质存在的还原环境下的产物,成因上与油气田有关,为油田水的基本水型之一;$MgCl_2$ 型水主要为海水在潟湖中蒸发浓缩所致，或由来自深层的 $CaCl_2$ 型水与上部低矿化度水混合产生，故油气田环境下无或少有 $MgCl_2$ 型水；Na_2SO_4 型水一般分布于地表或者地下浅层水活跃区，不利于油气藏的保存，因此，油田一般不存在该水型。当然，个别油田也有 Na_2SO_4 型水，但此时也正是油气藏濒临破坏的阶段。所以油田水中一般以 $CaCl_2$ 型水最多，其次是 $NaHCO_3$ 型水，而 Na_2SO_4 型和 $MgCl_2$ 型比较罕见。

苏林分类中把地下水都当作渗入水进行了水型分类，没有考虑沉积水、深成水和转化水，故在实际应用中会出现矛盾，但在目前尚无理想分类方案的情况下，仍广为应用。

四、油气藏流体宏观分布规律

研究油气藏的目的，是为了多采出其中的油和气，所以对油气分布规律的研究十分重要。油、气、水共同构成了油气藏中流体的分布。水的存在和分布特征对油、气的分布和开采有很大的影响，不能忽视对油气藏中水的研究。

（一）油气藏流体的产状

油气藏中的流体产状通常有下列几种：

(1) 束缚水指广泛存在于气区、油区和水区储层毛细管中的不可流动水。它受毛细管压力的束缚，不受重力作用影响而变形流动，紧紧地与岩石颗粒表面吸附在一起。在开采过程中，它自身不能流动，也没有驱油作用。

(2) 边水仅分布于油（气）层边缘，部分包围着油（气），油水（或气水）界面与储油层的顶面和底面均相交，多见于层状油藏中。边水对油有驱动作用，边水能量越大，与油区连通越好，驱油作用越强。

(3) 底水从油（气）层底部承托着油（气），油水（或气水）界面与储油层顶面相交，底水多见于倾角较平缓的厚层或块状油藏中。底水有驱油的作用，并影响油藏的开发动态。

(4) 夹层水。在多油层油藏中，上下砂层含油而中间夹有含水层，此水层中的水常被称为夹层水，一般都与上、下含油层之间有一定厚度的不渗透隔层相分隔。

(5) 低渗性高含水饱和度油层中的可动水。这是一种特殊形式的水。如低渗透泥质砂岩油层的孔隙直径小，在毛细管压力作用下含水饱和度高，但其超过了束缚水饱和度临界值，所以开采中有可动水并形成油水同出。

(6) 溶解气指在地下原始状态下溶解在油中的气。当地层压力低于饱和压力时，溶解气才从油中释放出来成为游离气。

(7) 气顶气指在油藏中处于游离状态下的天然气，多处于油藏构造顶部。

(8) 夹层气是指分布在与油层无联系、孤立地夹在两油层之间的低渗、特低渗透镜体中的气。

(9) 纯气层气。在储层中，没有含油段，只有气体聚集，这部分气称纯气层气。

（二）油气藏流体的垂向分布规律

在一个含有油、气和水的油藏中，气、油、水在垂向上自上而下按密度分异来分布。在气与油和油与水之间分别存在气油界面和油水界面，严格地讲，不是两个界面，而是两个过渡带。图2-2-1表示了一般的油水分布和油水饱和度变化规律。在油藏顶部纯油带中，仅含不可流动的束缚水；纯油带之下是只产油不产水带，含有少量自由水，含油饱和度降低；

在油水同出带，自由水饱和度进一步增大，达到可流动临界值，同时含油饱和度降低，实际生产时油水同出；其下只产水不产油带，含油饱和度很低，油的相对渗透率降为零，同时有很高的含水饱和度；最下面是纯含水带，不含油，含水饱和度达百分之百。

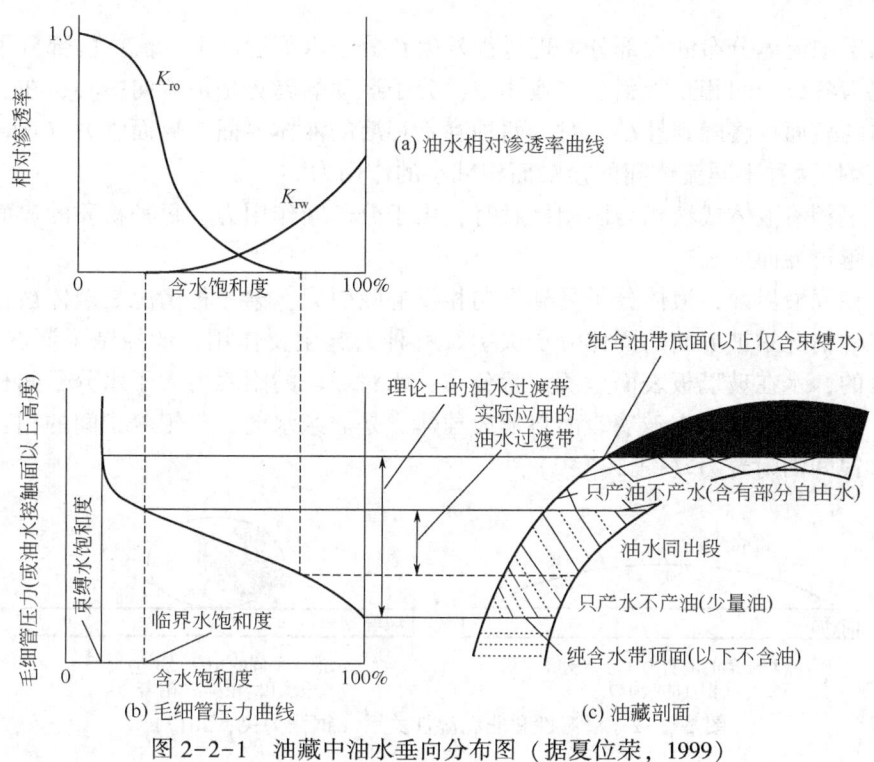

图 2-2-1 油藏中油水垂向分布图（据夏位荣，1999）

（三）油水界面的确定

油水界面是油水分布的一个重要特征。它是圈定含油范围、计算原油储量和开展井网部署等的基础。

（1）利用试油、测井、岩心资料确定油水界面。正确判断油层、油水同层和水层是确定油水界面的基础。对一个油藏来说，首先要以试油资料为依据，结合岩心资料的分析研究，制定判断油水层的测井标准；然后划分各井的油层、水层和油水同层，确定每口井的油底水顶位置；最后综合各井资料，取油底水顶位置平衡点的海拔作为油水界面。

（2）用毛细管压力曲线确定油水界面。利用油层岩心的毛细管压力曲线，再结合油水相对渗透率曲线［图 2-2-1(a)］，可以划出油水界面。

（3）利用测压资料确定油水（或气水）界面。在油气田勘探过程中，利用钻柱测试器 DST(drill stem tester)、重复式地层测试器 RFT(repeat formation tester) 等，通过探井测得的原始地层压力，可以画出压力梯度图。该图直线段斜率（即压力梯度）的差异，能够反映地层流体密度的不同，所以可以利用压力梯度图确定地层中油水界面（或气水界面）的位置。

（4）利用开发地震解释资料确定油水界面。利用地震资料预测油气分布的技术在地震上称烃类检测技术。目前用来检测油气的地震信息主要有三种，即速度、频率、振幅。一般来讲，在油气层位，地震的速度降低，频率也降低，地震振幅出现异常。振幅异常的形式随地质条件而不同，有些地区在油气层部位振幅突然增强（亮点），有些地区在油气层部位振幅突然降低（暗点），在油水界面部位出现水平反射（平点）。

五、油气藏流体微观分布规律

控制储层中流体分布的大部分物理过程发生在分子水平运动上，流体内部分子间的微弱作用力表现为各分子间相互吸引。在液体中，分子运动的趋势是被拉向中心；在表面张力的约束下液体的表面积将降到最小。对于两种互不相溶的液体界面，界面张力（interfacial tension）表现为使两种不同流体间的接触面积减小的作用力。

两种互不相溶液体或液相与固相接触时，由于分子间作用力，每种物质的表面分子也相互吸引趋向越过界面。

因此，在固液界面，液体分子受到方向相反的吸引力：第一种情况是液体被自身的分子吸引，第二种情况是被界面的固体分子吸引。哪种力起主要作用，便控制了润湿性。例如，玻璃是亲水的，水在玻璃板表面呈薄片状分布，水对玻璃的附着力大于水分子间相互的吸引力。又如，水银这种液体在玻璃表面将形成球体，是非亲水的，水银分子间的相互吸引力大于玻璃和水银间的附着力（图 2-2-2）。

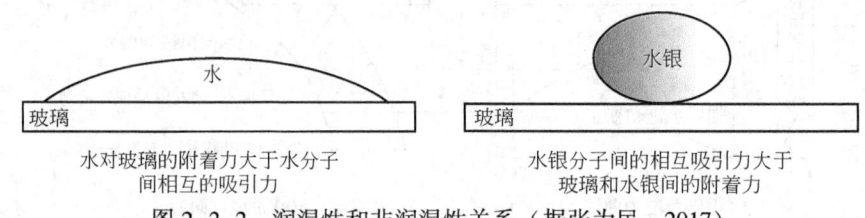

图 2-2-2　润湿性和非润湿性关系（据张为民，2017）

若储层岩石是亲水的，水将在大部分颗粒表面形成薄膜，且充满较小的孔隙，油或气将占据剩下的孔喉中部的孔隙体系。相反地，在亲油储层中，油附在颗粒表面并占据较小孔隙，水位于孔隙结构的中部。

在石油开始运移前，大多数储层是亲水的；在与油接触之前，储层中的主要矿物如石英、碳酸盐和白云岩都是亲水的。随着油的运移，砂岩储层最终变为主要亲水、亲油，更多的是混合润湿（mixed-wettability），即处于亲油和亲水之间。通常认为碳酸盐岩储层表现出混合润湿性，趋向于油湿。即使是在单一储层中，润湿性程度也可以改变。储层岩石具有多种矿物类型，每种矿物有其独特的润湿特性。影响润湿性的其他变量包括组成原油的多种组分的润湿性质和石油中极性组分被岩石表面吸收的程度。

与亲油储层相比，在亲水储层中，水驱过程的波及效率更高。被注入亲水孔隙体系中的水将相对有效地取代孔隙中心的原油（图 2-2-3），也将进入较小孔隙中，将油驱替到主要渗流通道内。在亲油砂岩储层中，油在砂岩颗粒周围形成薄膜，水将从孔隙中心流动，尤其是较大的连通孔隙。这里的水流通道没有亲水砂岩中的弯曲情况，水将更快速地流过岩石，绕过大量原油，通常油井会快速见水，一旦发生这种情况，石油产量将大幅下降。见水后，颗粒周围的油膜可以作为连通生产井的连续通道。正因为如此，在亲油储层中通过注入大量的水仍可以维持连续油流。

相对于油藏流体的宏观分布而言，储层孔隙系统中油水的分布要复杂得多。图 2-2-4 是油水在不同润湿孔隙系统中的分布特征，可见润湿性对其分布控制作用很大。

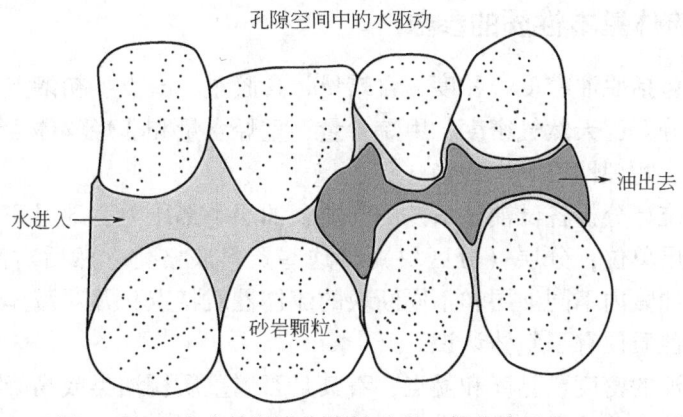

图 2-2-3 亲水储层中水驱油过程（据张为民，2017）

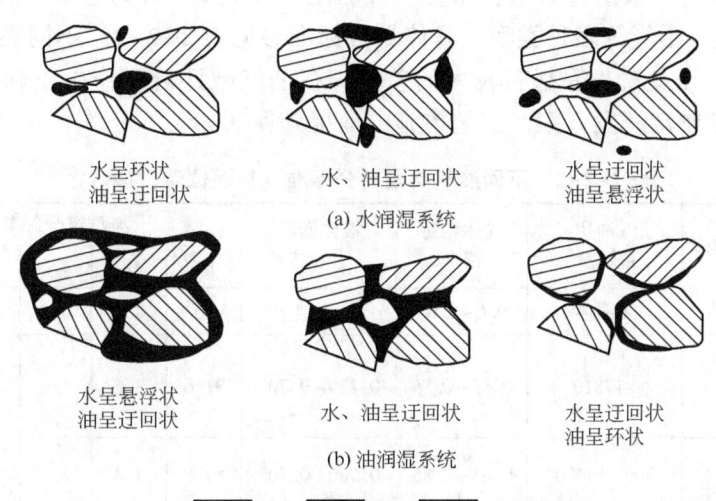

图 2-2-4 油水在微观孔隙系统中的分布示意图（据何更生等，2019）

有人对含油砂岩薄片中的油水微观分布特征进行了研究，结果表明：在粗、中砂岩中，较粗较大的孔隙之间彼此有较多的粗喉道相连通时，孔喉中几乎充满了油，并形成网络联系，成为统一的流动体系；而在细、粉砂岩中，原油一般多为孤立的分散状。因此，不同岩性储层的孔隙结构特征不同，原油在其中的分布状态差异很大。

当然，原油在不同孔隙结构（包括润湿性）中的原始分布，必然导致水驱油效率的不同。

六、油气藏流体性质研究

揭示油气藏内流体（油、气、水）性质的基本特征和控制因素，分析流体性质非均质性，目的是为评价油井产能、储量计算、油藏地质模型的建立和油藏综合评价提供必要参数，为油田选择合理开采工艺、改善开发效果提供依据。因此，流体性质研究在油田开发评价阶段或油田开发早期的油藏描述中是不可缺少的内容，特别是对流体性质非均质性严重的复杂断块油藏，开展流体性质研究更为重要。

（一）反映流体基本性质的参数

流体性质参数包括原油密度、黏度、含蜡量、含胶量、凝点、初馏点、饱和压力、气油比、体积系数、组分等，天然气密度、甲烷含量、重烃含量和非烃气体含量等，油气田水化学成分、总矿化度、物理性质和水型等。

根据试油报告统计分析各试油试采井的产能、油层中部压力、地温和油气水分析化验等资料，按合适的地层单位，分层（分区块）将这些资料表格化，然后对流体的每一项参数进行分析，总结出油藏内不同油层和不同断块的流体性质特点，并对流体性质进行分析。这样，对油藏的流体性质便有了整体认识。

要特别注意原油的密度、黏度和凝点，看其是否属重质稠油类或高凝油类，它们的开采和集输要求有特殊的工艺技术。这两类原油储量属特殊类型储量，要单独计算和上报。

地下烃类油气可按其组分含量、密度、气油比等大小差异分为重油、黑油、挥发油、凝析油（气）、湿气、干气等多种类型，具体划分标准参见表2-2-2。不同类型的油气，开采方式、生产动态、开发效益等都有较大的差别。在油气藏评价工作中正确认识地下油气类型，是按开采对象制定开发方案、工艺措施的前提和保证。

表 2-2-2 不同油气类型划分标准（据夏位荣，1999）

油藏流体	地面状态	气油比 m^3/m^3	气体相对密度	液体密度 g/cm^3	典型组分的摩尔分数，%					
					C_1	C_2	C_3	C_4	C_5	C_{6+}
干气	无色气体	无液体	0.6~0.65		96	2.7	0.3	0	0.1	0.4
湿气	无色气体，少量透明—淡黄色液体	>17810	0.65~0.85	0.739~0.702	91.6	3.6	1.1	0.5	0.2	0.74
贫凝析气	无色气体，淡色凝析液	900~18000	0.65~0.85	0.780~0.702	87.0	4.4	2.3	1.7	0.8	3.8
富凝析气	无色气体和黄—橘黄色液体	625~1430	0.65~0.85	0.80~0.76	68.0	6.23	2.37	2.07	1.21	9.35
临界液体	无色气体和黄—橘黄色液体		0.65~0.85	0.3924	59.7	12.9	6.53	3.92	1.96	12.58
挥发油或高收缩油	橘黄—浅绿色液体	630~350	0.65~0.85	0.825~0.780	64.0	7.5	4.7	4.1	3.0	16.7
黑油或低收缩油	暗褐—黑色液体	35~350		0.876~0.825	49	2.8	1.9	1.6	1.2	43.5
重油	黑色稠液	基本无气		1.00~0.909	20	3.0	2.0	2.0	2.0	71
柏油	黑色物质	黏度>10000mPa·s		>1.000	—	—	—	—	—	>90

（二）流体性质分布的非均质性

陆相地质背景复杂，流体性质分布的非均质性较强，常常表现为同一油组或小层内原油性质各项参数变化快，变化范围大；纵向上不同层位的原油性质也有变化，分层原油性质统计数据可以反映流体性质在纵向上的变化特点。

同一油藏内，原生油藏一般遵循上轻下重、顶轻边重的规律。这是同一油藏内流体的重力分异作用和边水氧化作用的结果；次生油藏则往往呈现比较复杂的现象，上下两组储层原油性质差异较大，而且是上重下轻。而对原油性质的平面分布非均质性研究，可以构造井位图为底图，分层编制流体性质各项参数（如原油密度、黏度、地层水总矿化度等）的平面等值线图。根据这种平面等值线图，可以分析流体性质在平面上的变化规律、分区性和构造对流体性质分布的控制作用。

（三）影响流体性质变化的地质因素

影响流体性质变化的地质因素是多方面的，主要包括母源区生油条件、断裂构造、油气运移和次生变化等。

母源区生油条件包括生油岩热演化程度、有机质丰度、干酪根类型和生烃、排烃期等因素。这些因素的配合关系是决定原油性质的内在因素。

断裂构造对流体性质的影响表现为：规模较大的断层控制流体性质的分布；规模较小的断层使流体性质复杂化，增强非均质性。开启性断层常使原生油藏遭受破坏，是流体再分配的通道。在这类断层附近，原油性质变差，缺乏天然气和轻质油，地层水矿化度低，水型复杂。封闭性断层常形成圈闭，使流体得以保存，原油性质较好，地层水矿化度较高。

油气运移对流体性质的影响，包括流体运移距离和运移次数的影响。一般来说，流体运移的距离越长，重新分配的次数越多，流体经历的变化越多，原油的轻质组分散失越多，从而油质变差，地层水总矿化度降低，水型趋于复杂。

次生变化是指构造运动或运移作用使流体保存条件发生变化，从而导致流体性质变差。次生变化包括水洗、生物降解和氧化作用。如在油水界面附近，由于边水长期缓慢的水洗作用，低部位的原油变稠变重。

在注水开发过程中，原油性质也会发生变化，如原油密度、黏度、初馏点等增大，原油饱和压力、气油比降低等现象表现明显。

（四）流体性质与开发动态

通过对流体性质的研究，可获得油藏内流体性质基本特征及分布规律，在分层、分区块对流体性质各项参数进行综合评价的基础上，可以指出开发有利地区，为选择合理开发措施提供依据。

研究表明，流体性质好坏是影响油井产能的一个重要条件。在影响油井产能的原油性能参数中，原油的黏度影响最为明显。原油的黏度、密度越大，原油越不易流动，则产能往往较低。原油性质的好坏虽是影响油井产能的重要因素，但决定油井能否高产的必要条件是原油性质、储层物性、含油饱和度和有效厚度的配合关系。一般是原油性质好、储层孔渗高、含油饱和度与有效厚度大的油井产能高。

另外，原油的黏度还严重影响着注水驱油开发效果。实验和生产实践均表明，注水驱油时注入水的流度（K_w/μ_w）和地下原油流度（K_o/μ_o）的比值即流度比（M）越大，越易出现黏性指进，水驱前缘越不均匀，注入水波及系数越小，开发效果越差。而流度比在很大程度上取决于原油黏度（μ_o）的大小。如果原油黏度很大，流度比也很大，水驱开发就无意义，只能采取其他特殊方法（如热力采油）来开采。

原油密度也是石油储量计算中一个很重要的参数。在断块油田中，需分区块求取原油密度值，以保证储量计算的精确度，分析了解生产动态差异。

不同类型原油开采动态有很大的不同。如对挥发油藏的开发，如果没有有效的天然水驱或人工注入补充能量，油层压力下降到泡点压力以下，高挥发油将迅速收缩，会引起气油比急剧上升，使地层能量快速消耗，降低采收率。若能在油藏开发早期采取保持地层压力开采，则会获得较高的采收率。

地层水的性质与油气的聚集和保存关系十分密切。地层水总矿化度和水型可反映地下水动力条件。水动力条件的强弱是决定油气能否在构造圈闭内聚集直至形成油气藏的一个重要条件。当水动力较强时，油气会被水推动，使已形成的油气藏也可能遭到破坏。只有当水动力较弱时，才能使油气聚集形成油气藏。地层水总矿化度越高，水型越单一，反映其水动力条件越弱，对油气的聚集和保存越有利。因此，油藏内地层水矿化度高值区是油气开发有利地区。

第三节　油气藏的压力和温度系统

深埋于地下的油藏处于高温高压下，压力和温度的高低与分布特征决定着油层内流体的物理化学性质及流动特性。特别是油藏压力，也是油藏驱动能量大小的标志，是影响油田开发动态的一个极为重要的因素。

一、油气层压力的概念

下面以油层为例讨论油气层压力，气藏的压力系统与此类似。

(1) 原始油层压力 (p_i)：指油层未被钻开时，处于原始状态下的油层压力。一般来说，油层压力来源于上覆岩层的地静压力，以及边水或底水的水柱压力。原始油层压力的大小与油藏形成的条件、埋藏深度以及与地表的连通状况都有关系。原始油层压力在油藏构造上的分布符合连通器原理（在同一水动力系统内）。油层中所含流体性质相同时，油层的原始压力随油层埋深的增加而增大，埋藏深度相同的油层各处原始压力随所含流体不同也会不同。原始油层压力的大小，对油田开发有着极为重要的意义。在油层大小及供水区条件一定时，原始油层压力的大小表明了油田投入开发时，使油层内的流体排到井底或喷出地面的自然能量的大小。

(2) 压力系数 (a_p)：指原始地层压力与同深度静水柱压力之比。

(3) 压力梯度 (G_p)：地层海拔高程每相差一个单位相应的压力变化值，用 G_p 表示。G_p 的单位通常取 MPa/10m。

(4) 油层折算压力 (p_c)：为消除构造因素的影响，把已测出的油层各点的实测压力值按静液柱关系折算到同一基准面上的压力。

(5) 目前油层压力 (p)。油田投入开发后，原始油层压力将发生变化。在开发后某一时间所测量的油层压力值，称为目前油层压力，一般用油层静止压力 (p_{ws}) 和井底流动压力 (p_{wf}) 来表示。

① 油层静止压力 (p_{ws})：油井生产一段时间后关闭，待压力恢复到稳定状态后，测得的井底压力值。

② 井底流动压力 (p_{wf})：油井正常生产时测得的井底压力。它实际上代表井口剩余压

力与井筒内液柱对井底产生的回压。使流体流到井底并进入井筒甚至喷出地表的生产压差即为 $p_{ws}-p_{wf}$。

二、油气藏压力系统

（一）原始油层压力的确定方法

（1）实测法。通常在一个新油田的第一口探井中进行关井测压，待压力恢复达到稳定，这时所测得的研究目的层中部深度点的压力值代表该层原始地层压力。

（2）原始地层压力梯度曲线法。具有同一水动力系统的油气层是一个连通体，油气层不同部位厚度中点的海拔与相应的原始压力值之间呈线性关系，此关系曲线称为原始地层压力梯度曲线。实际应用时，先用数口已测压井点的海拔和压力数据绘出压力梯度曲线，由梯度曲线求出未关井测压部位的原始地层压力值。

（3）压力恢复曲线外推法求原始地层压力。在开发初期的油井中，关井测井底压力随关井时间的恢复数据，并作霍纳法压力恢复曲线（图2-3-1），将半对数直线段外推至 $\lg\frac{T+t}{t}=0$，即 $\frac{T+t}{t}=1$（T 为关井前稳定生产时间，t 为关井时间）处所对应的压力 p^*，就是原始地层压力 p_i。

（4）井口压力推算法。在关井的情况下，井筒内不存在流动阻力损失，井底压力等于井口压力与井筒内静液柱压力之和，所以可用井口压力计算得到井底压力。一般先测关井后稳定的井口压力，然后计算井筒内静液柱的压力。能否求准井筒内液柱的高度和流体的密度，特别是井筒中多相态存在时的混合密度，是算准静液柱压力的关键，并直接影响着地层压力的可靠性。

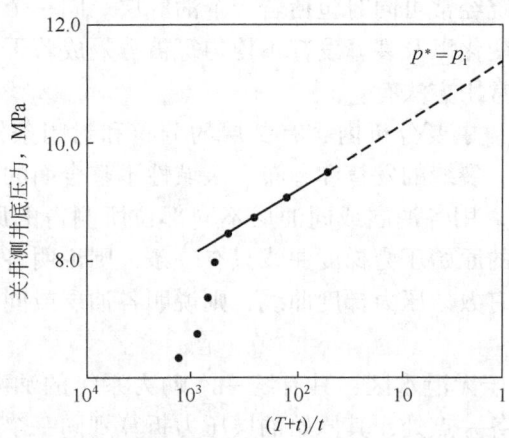

图2-3-1　用压力恢复曲线外推求 p_i 示意图（据夏位荣，1999）

（二）压力分布及高压与低压异常分析

原始油层压力的分布状况可通过绘制原始压力平面等值线图来分析，即在研究目的层的构造等高线上，分别将各井的研究目的层的原始油层压力值标在井位旁，并通过井间插值做出各等压线来反映原始压力的分布状况。

对压力异常情况的分析，一般均采用压力系数 a_p 来进行。一般认为，当 a_p 在 0.8~1.2 之间，为正常压力；当 a_p 小于 0.8 为低压异常；当 a_p 大于 1.2 为高压异常。

实际研究中，也常用压力系数平面等值线图来研究原始压力的分布和异常情况。

引起储层压力异常的原因是很复杂的，如区域性差异压实、黏土矿物脱水、构造封闭、地层封闭、成岩封闭等多种地质因素均可形成地层压力异常。地层压力分布不仅对钻井等工程问题有研究意义，而且对判断产层含油（气）的富集程度也有参考价值。

研究表明，油层物性较好较均质时，油层压力与所含流体密度和含油（气）高度有关系。当流体密度相同时，含油（气）高度越大，油层孔隙压力也越大。根据油气运移和聚集的力学原理可知，在一个含油的孔隙体积中，含油（气）饱和度的高低与油（气）柱的高度有关，即油（气）柱越高，含油（气）的富集程度越高，反之则低。对于油（气）富集程度高的产层，当油层物性较好时，一般都是高产油（气）藏（层）。

对埋深超过 3500m 的深部储层而言，异常高压的存在对储层物性和含油气性的影响意义更大。国内外许多油气田地质研究表明，深部储层高压异常带往往对应异常高孔隙发育带和含油气带。通过研究储层的异常压力来指导油气田勘探和开发已成为一种重要的地质研究方法。

油藏投入开发后，原始油层压力的平衡状态被破坏，油层压力的分布状况也随之发生变化，而且这种变化贯穿于油田开发的整个过程。

（三）压力系统的判断

在编制油田开发方案、分析开发动态时，很重要的一个问题就是要判明油层的压力系统。

压力系统，也称水动力系统，是指在油气田的三维空间上，流体压力能相互传递和相互影响的范围。一个压力系统经常可同时包括若干个油气层。同一个油气层在横向上也可能因断层岩性尖灭、渗透性的变化以及裂缝发育不均匀等被分隔成若干个独立的压力系统。判断油气田内压力系统的分布常用方法有：

（1）地质条件分析法。主要分析内容有断层的分布和封闭条件、隔层的分布状况、储层岩性及物性的横向变化、裂缝的发育和分布、区域性不整合面的存在等。

（2）压力梯度曲线法。用各油层或同油层不同部位所测得的原始压力资料，绘制成压力梯度曲线。如果绘制出的原始压力梯度曲线只有一条，则说明各油层或同一油层的各点属于一个水动力系统；如果有数条压力梯度曲线，则说明各油层或同油层的各点不属于同一水动力系统。

（3）折算压力法。对于无泄水区、具有统一水动力系统的油藏来说，油藏未投入开采时，位于油藏不同部位的各井点处，其原始油层压力折算到同一个折算基准面后，折算压力必相等。如果我们需要判断各个油层或同一油层中各点是否属一个水动力系统，可以将各测点的原始压力都折算到原始油水接触面或海平面上，如果折算压力相等，则可以认为各测点同处于一个水动力系统中。

（4）原始油层压力等值线图法。可实际绘出某油田的原始油层等压图。如果无断层或岩性尖灭等因素的影响，原始油层等压线的分布是连续的。相反，如果原始等压线分布的连续性受到破坏，则该油田有若干个水动力系统。

（5）油层压力变化规律法。油层一旦投入开发，油层压力就开始发生变化（完全的刚性水压驱动情况很少)。如果处于不同油层或同一油层不同位置的各井点油层压力同步下降(压力变化速度基本一致),可说明各井点处于同一水动力系统中;反之,则不为一个水动力系统。

(6) 井间干扰试验法。使某井开采条件改变(产生激动),观察该井周围其他井(观察井)的压力变化情况。如果观察井的压力随激动井的开采条件变化而相应变化,证明激动井与观察井处于同一压力系统中,反之相反。

三、油气藏温度系统

(一) 地壳温度带的划分

地壳浅表温度场从地表向下大致可分为变温带(外热带)、恒温带(中性层)及增温带(内热带)。

变温带(外热带)主要受太阳辐射的影响而发生日变化、月变化、年变化和多年变化。一般情况下,日变温带底面的深度为1~2m;年变温带底面的深度为日变温带底面深度的15倍,即15~30m。

恒温带是地球内热与太阳辐射热的相互影响达到平衡的地带。恒温带内的温度相对保持恒定。恒温带一般很薄,有的可视为一个面。但目前有关恒温带的深度和厚度问题在国际上仍没有定论。

增温带(内热带)的地温状况和温度场主要受制于地球的内热。一般情况下,越往深处,地温越高。但不能将地壳浅部的温度曲线无限延伸,因为到一定的深度后,增温的速率即逐渐减缓。

在增温带内,地下温度随深度增加而升高。地温随深度的变化率称为地温梯度,它是指埋藏深度每增加100m地温所增高的度数,是一个表征地下温度状况的重要地球物理参数。地温梯度的计算公式为

$$G_T = \frac{100(T-T_0)}{H-h} \tag{2-3-1}$$

式中 G_T——地温梯度,℃/100m;
T——深度为H处的地温,℃;
T_0——当地大气常年平均温度,℃;
H——井下测温点深度,m;
h——恒温带的深度,m。

除地温梯度外,也常用地温级度,即地温每增加1℃时深度的增加值,用D_T表示,计算公式为

$$D_T = \frac{H-h}{T-T_0} \tag{2-3-2}$$

其中T_0多借用临近某气象站资料,即用多个气象站资料,找出温度随海拔变化规律推算;h应实测,但考虑井深一般大于1000m,即H远大于h,故常常忽略。

(二) 地温异常

地层温度随深度的增加而规律变化。经研究,地球的平均地温梯度为3℃/100m,然而,

由于地球热力场的非均质性，地温梯度在各地不一。由于地球热力场的不均匀性，各处的地温梯度差别较大。地球的平均地温梯度称为正常地温梯度，低于此值为地温负异常，高于此值为地温正异常。一般来说，构造活动带附近的地温梯度较高，而稳定地台的中间部位地温梯度一般较低。

影响地温分布的因素很多，主要有：

（1）基底起伏：沉积基底的起伏直接影响盆地内部不同区域的地温梯度。基底凸起，显示正异常；反之，基底凹下，显示负异常。

（2）岩石的导热能力：岩石的导热能力有差异，如砂岩、岩浆岩、变质岩的导热能力相对较强，显示正异常，而碳酸盐岩的导热能力相对较弱，显示负异常。

（3）构造条件：地层具有非均质的热导率，热流顺层面比垂直层面更易于传播。构造的地层倾角越陡，载热体就越容易沿层面把深部热量传导到浅部，故背斜构造顶部与翼部的温差较大。由于油气的聚集往往受背斜构造的控制，而地温异常又能反映地下构造，所以，从这个意义上讲，地温法可通过寻找构造而间接寻找油气藏。

（4）油气分布：地层温度对油气生成的主要影响是众所周知的，有机质在生油门限温度下生成油气，而有机质裂解为烃类的过程是一个放热过程，油气藏内压力的增加，更加促进热异常的形成。因此，地层温度与油气的生成是相辅相成的，表现为：有油气分布的地方，地层温度较高，而气藏的温度又比油藏的温度高。

（5）高压异常分布带：对应高温异常带，因为温度和压力这两个外在因素在此处相辅相成。

（6）岩浆侵入：地壳内放射性元素蜕变、地下水循环、水化学作用均能放出一定数量的热量而使地层温度升高。

油藏温度测取十分简单，一般在油井测压时，压力计上带一个高温温度计，就可在测压的同时取得油层温度数据。在油层的不同深度测得多个温度数据，据此可以求出油层温度随深度变化的地温梯度数据。

（三）注水开发中油层温度变化

油田注水多采用地表水或浅层地下水，其温度一般较油藏温度低很多。因此，在注水开发油田的过程中，长期向油层大量注入冷水，就将在一定程度上引起油层温度下降，从而影响油田开发效果。

油层温度下降，将直接导致原油黏度的上升。一般而论，温度下降10℃，原油黏度将增加一倍左右。黏度的增加将导致原油的流动性变差，流动阻力增大，使得油井产量降低，油田开发效果变差。

应当指出的是，注水开发油田由于温度下降使采收率有所降低，但这与注水驱油所增加的采收率相比，只能算很少一部分，绝不能因此否定注水开发油田的巨大成效。

第四节　油气藏驱动方式及开采特征

油气藏中油、气和水构成了其水动力系统。油气层内部承受着较大的压力而具有一定的能量。地下油气藏的开采，就是要靠驱油的能量把油气推动到井内。除了利用油气层中的天然能量开采外，常常采用注水注气等人工补充油气藏能量的方法来解决天然能量的不足。

油气流向井内是驱动力克服了各种阻力的结果。驱动力主要有油藏的边水或底水的压头、气顶压力、原油中溶解气的膨胀力、油层的弹性膨胀力、原油的重力,而油层中阻力主要是外摩擦力、内摩擦力、相摩擦力、贾敏效应等。原油由油层流向井底的过程,是不断消耗油层内部能量的过程。能量消耗的程度常用采出单位体积原油时油层压力下降值来表示。它既取决于油藏本身的地质条件,也取决于人为作用。

一、油藏的天然能量

(一)边、底水能量

研究油藏的天然能量,首先要研究油藏周围水体的能量及其对油藏能量的补充条件。

水体体积与油体体积的比值是反映水体能量大小很重要的参数。水体越大,能量越充足。

水体中的地层水和岩石的膨胀性也反映了水体的能量大小。

水侵速度和水侵系数同样是反映边、底水能量大小和活跃程度的两个具体参数。

水侵速度 q_e 的意义为单位时间的水侵量,即

$$q_e = \frac{dW_e}{dt} \tag{2-4-1}$$

式中 W_e——油藏开采一定时间 t 后的水侵量,m^3;

t——油藏开采时间,h。

显然,水侵速度越大,说明水体补充条件越好。

水侵系数 k_e 的意义为单位压降下的水侵速度,即

$$k_e = \frac{q_e}{\Delta p} \tag{2-4-2}$$

式中 Δp——含油区平均压力降,即原始地层压力和目前地层压力之差。

水侵系数更能反映边、底水活跃程度,其数值越大,反映天然水驱能量越大。

水体和油体之间的连通状况(如有无非渗透性遮挡、断层封闭等因素)影响水体对油体的能量补充,同样不可忽视。

油田现场上,常在含水区进行试井、试采分析,或用 RFT 测试等手段来认识地层水的活动特性。

(二)气顶能量

反映气顶能量大小的主要参数为气顶指数 m,计算公式为

$$m = \frac{V_g}{V_{oi}} \tag{2-4-3}$$

式中 V_g——原始地下自由气体积,m^3;

V_{oi}——原始地下油体积,m^3。

m 值越大,反映气顶能量越大。对于两个 m 值相同的油气藏来说,原始油层压力值越大,其气顶压力能也越大。油、气层在垂向上的渗透率和水平渗透率比较接近而且都较高时,有利于气顶能量发挥作用。

(三)溶解气能量

当油层压力低于原油饱和压力时,原油中的溶解气就会分离出来而膨胀驱油。

地饱压差可以反映溶解气的能量状况。地饱压差小,溶解气易释放出来。原始溶解气油比是反映溶解气能量大小的一个重要参数,该值越高,说明溶解气能量越充足。

(四)弹性能和重力能

在油藏压力下降过程中,岩石和流体本身膨胀会产生弹性能量,同样有驱油作用。

弹性能量的大小取决于地饱压差的大小。地饱压差越大,弹性能量越大。因为地饱压差小时,地层压力很容易达到饱和压力,即进入溶解气作用阶段。用弹性储量的大小来反映某一油藏的弹性能量大小是一种常用的有效方法。弹性产率和弹性采出程度也是实际研究油藏弹性能量大小的两个重要参数。弹性产率表示的是平均地层压力每下降一个单位可以产出的弹性储量。弹性采出程度是指完全靠油藏的弹性膨胀能产出的弹性储量占地质储量的百分数。显然,弹性产率值大,弹性采出程度高,油藏的弹性能量大,天然弹性能量可利用程度高。

当然,在油层较厚、倾角较大时,原油本身的重力能也会明显地表现出来。

二、驱动方式概念

驱动方式是指油气藏开采过程中主要依靠哪一种能量来驱油。

油气经由油气层渗流到井底,是在一定的能量驱动下进行的。驱动能量包括油气层本身具有的天然能量和人为补充的能量,由此就形成两类基本的驱动方式:油藏自然驱动和人工驱动。油气的流动,通常是各种能量同时作用的结果,只是在油田不同的开发阶段各自发挥的作用大小不同而已。油气藏驱动能量不同,其开采方式就不同,从而在开发过程中油气产量、压力及气油比等相关开发指标表现出不同的特征。这主要取决于六个因素:驱油动力来源、油气层条件下流体的特性、油气层的温度和压力、油气层的岩性及物性、油气层的构造条件、油气藏的开采方式及人工措施。

三、油藏的驱动方式

在油气田开发过程中,油藏存在的自然驱动方式,即弹性驱动、水压驱动、气压驱动、溶解气驱动、重力驱动。具有实际意义的主要是前四种。

(一)弹性驱动

弹性驱动是指油田开发过程中依靠油藏岩石和流体自身弹性膨胀能的驱动方式,油藏既不注水,也没有其他外来能量的参与。弹性驱动油藏一般都属于封闭未饱和油藏,油藏无边水(底水或注入水),或有边水而不活跃,油藏压力应始终高于饱和压力,其开采特征曲线如图 2-4-1 所示。

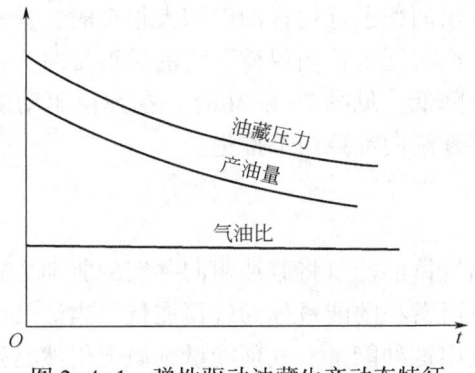

图 2-4-1 弹性驱动油藏生产动态特征

（二）水压驱动

1. 刚性水压驱动

刚性水压驱动指油藏边、底水与地表水系的湖、河或海等水源连通较好，在油藏投入开发后，地层压力下降，外界水源会在压差作用下源源不断地流向油藏边底水区域，释放出强大的边、底水压力能量（本质上是一种水压势能）。它的大小取决于外界水源的丰富程度和向油藏水体的补给速度，它比封闭型边底水的弹性能量要强大得多。实际上，这种方式持续时间不长，大多数情况下需人工注水完成。

刚性水压驱动的生产特征是：供水水源充足，油水层连通性好，采出液量和水的侵入量相等，油藏压力、气油比、产液量保持不变，完全依靠水柱压能驱油，油藏不释放弹性能量，见图 2-4-2(a)。这里"刚性"是指流体在流动过程中体积不发生变化。

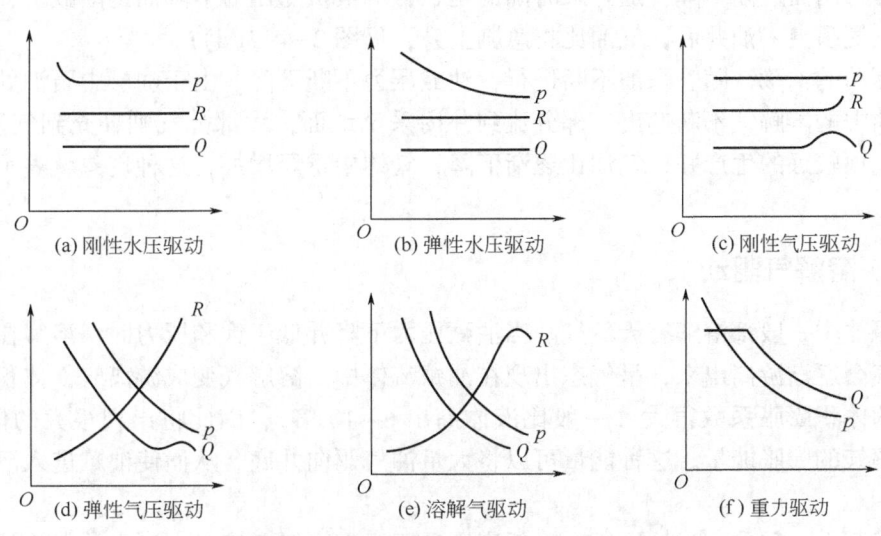

图 2-4-2 不同驱动方式油藏的生产动态特征（据刘静，2019）

p—油藏压力；R—气油比；Q—产液量

2. 弹性水压驱动

油田开发过程中，水源供给不能满足驱油的需要，水柱压能与岩石弹性膨胀能同时作用进行驱油的驱动方式，称为弹性水压驱动。只有当地面没有供水露头，或虽有露头但供水区与油层之间连通较差,且含水面积远远比含油面积大很多时,这种驱动方式才存在。

弹性水压驱动油层的生产特征为:当保持一定的采液量时,油层弹性能量逐渐消耗得不到及时补偿,油藏压力不断降低,见图2-4-2(b)。在弹性驱动阶段,气油比稳定不变,随石油的不断采出,油水边界逐渐向油藏内部推进。

(三)气压驱动

依靠油层中气顶的压缩气体的能量将原油驱向井底的驱动方式称为气压驱动。油气藏气顶中的游离气由于地层高压所蓄积的能量称为气顶能量。当油气藏投入降压开采时,气顶气由于降压产生膨胀,就释放出这种能量。气顶能量本质上仍然是弹性能,只是由于气体的压缩系数极大(在20℃、6.8MPa压力下甲烷的等温压缩系数达$1645 \times 10^{-4} MPa^{-1}$),因而在降压膨胀时释放出的弹性能量巨大。

1. 刚性气压驱动

有刚性气压驱动出现的油藏,气顶体积远远大于油藏含油的体积,在短时间内可以达到稳定渗流。开采时气顶中压降很小,或人工向气顶注气,且注入量足以保持油藏开采过程中压力稳定不变时,刚性气压驱动才存在。生产特征是:若采油量与油气界面的均匀推进速度相适应,则在油气界面接近井底以前,产液量、油藏压力和气油比较为稳定;当油气界面不断移近井底时,则产量逐渐增加,气油比上升加快;在油气界面到达油井之后,产油量急剧下降,油井被气侵,见图2-4-2(c)。

2. 弹性气压驱动

有弹性气压驱动出现的油藏,气顶体积一般较小。与刚性气压驱动不同之处在于,气顶压力随流体采出而逐渐下降,随开采时间的延长,产液量随压力下降而逐渐减少,气油比随之上升;在气顶突入油井后,气油比将急剧上升,见图2-4-2(d)。

气压驱动的油藏,随着采油不断进行,油藏压力不断下降,由于油层中石油处于饱和状态,所以油中的溶解气不断逸出,部分流到井内采至地面,大部分气则补充到气顶中去了。因此,离气顶较远的生产井,气油比逐渐下降,气体中重烃增加,这种现象就表示油层能量衰竭了。

(四)溶解气驱动

地层原油中一般都溶解有天然气。当油藏压力下降并低于饱和压力时,溶解在地层原油中的天然气会逐渐游离出来,呈气态出现在油藏流体中。溶解气变成游离气,体积增加,并且游离气的体积膨胀系数很大(一般比液体高出6~10倍),因此将出现很大的体积增加,释放出溶解气的膨胀能量。这种能量可以将大量油气驱向井底,从而使油藏进入溶解气驱动阶段。

在油田开发过程中,当地层压力降低到饱和压力以下时,溶解在油中的气体就会分离出来。依靠溶解气体的弹性膨胀能将石油驱向井底的驱动方式,叫溶解气驱动方式。生产特征为:压力和产量随油层的开采不断下降,开采初期油藏压力相当高时,气油比上升速度较慢;当油藏压力下降到某值时,气油比上升速度变快,严重时会有断流现象,即油井只出气不产油。此时若继续采油,由于溶解气的大量逸出,气油比升高到一个最大限度又开始下降,并且降得很快,这标志着溶解气的能量已枯竭,见图2-4-2(e)。

溶解气驱动油田，将形成大片死油区，开采效果极差，应尽量避免这种驱动方式。

（五）重力驱动

在油田开发末期，其他驱动能量基本上都已消耗完，原油只能依靠本身的重力位能流向井底，这种驱动方式称为重力驱动。重力能量是指原油可以依靠自身的重力流向井底时所具有的能量。从理论上说，任何油藏流体都具有重力能量，与油藏压力的变化没有直接关系，但在重力驱动中，重力是唯一的驱动能量。重力驱动方式的生产特征是：随着油井的生产，含油边缘是逐渐向下移动的，油柱压头也随时间而减少。油井产液量在含油边缘移向井底之前是不变的，但比其他驱动类型都低，见图2-4-2(f)。

驱动方式在开发过程中，可能是多种能量同时作用，也可能是一种能量转变为另一种能量进行驱油。由于水压驱动的驱油效果较好，溶解气驱动的驱油效果极差，在开发过中，应尽可能采取有效的措施，避免发生溶解气驱动，使油田始终维持在水压驱动方式下采油，提高油田开发效果。

四、油藏的驱动指数

驱动指数是岩石和流体的膨胀量或注入量（侵入量）占总采出量（油、气、水）的百分数，它反映了不同能量在驱动过程中所占的比重。

（一）计算未饱和油藏驱动指数的关系式

未饱和油藏的天然水驱油藏驱动指数记为 WDI，公式为

$$WDI = \frac{W_e}{N_p B_o + W_p B_w} \tag{2-4-4}$$

式中　W_e——累积天然水侵量，10^4m^3；

N_p——累积产油量，10^4m^3；

B_o——在压力 p 下的原油体积系数；

W_p——累积产水量，10^4m^3；

B_w——在压力 p 下的地层水体积系数。

未饱和油藏的弹性驱动油藏驱动指数记为 EDI，公式为

$$EDI = \frac{NB_{oi} C_t \Delta p}{N_p B_o + W_p B_w} \tag{2-4-5}$$

其中
$$\Delta p = p_i - p$$

式中　N——原油地质储量，10^4m^3；

B_{oi}——在原始地层压力下的原油体积系数；

C_t——总压缩系数，MPa^{-1}；

p_i——原始地层压力，MPa；

p——目前地层压力，MPa。

未饱和油藏的弹性水压驱动油藏驱动指数为 WDI 与 EDI 之和，即

$$EDI + WDI = \frac{NB_{oi} C_t \Delta p}{N_p + W_p B_w} + \frac{W_e}{N_p B_o + W_p B_w} = 1.0 \tag{2-4-6}$$

(二)计算饱和油藏驱动指数的关系式

饱和油藏的溶解气驱油藏驱动指数记为 DDI,公式为

$$DDI = \frac{N(B_t - B_{ti})}{N_p[B_t + (R_p - R_{si})B_g] + W_p B_w} \tag{2-4-7}$$

式中 B_t——地层原油两相体积系数;

B_{ti}——地层原油原始总体积系数($B_{ti} = B_{oi}$);

R_p——累积生产气油比,m^3/m^3;

R_{si}——原始气油比,m^3/m^3;

B_g——在压力 p 下的天然气体积系数。

饱和油藏的气顶驱动油藏驱动指数记为 CDI,公式为

$$CDI = \frac{\dfrac{mNB_{ti}}{B_{gi}}N(B_g - B_{gi})}{N_p[B_t + (R_p - R_{si})B_g] + W_p B_w} \tag{2-4-8}$$

式中 m——气顶指数(气顶地下体积与油藏地下体积之比);

B_{gi}——在原始地层压力 p_i 下的天然气体积系数。

饱和油藏的弹性驱动油藏驱动指数为

$$EDI = \frac{(1+m)NB_{ti}\dfrac{C_w S_{wi} + C_r}{1 - S_{wi}}\Delta p}{N_p[B_t + (R_p - R_{si})B_g] + W_p B_w} \tag{2-4-9}$$

式中 C_w——地层水压缩系数,MPa^{-1};

S_{wi}——束缚水饱和度,小数;

C_r——岩石有效压缩系数,MPa^{-1}。

饱和油藏的天然水驱油藏驱动指数为

$$WDI = \frac{W_e}{N_p[B_t + (R_p - R_{si})B_g] + W_p B_w} \tag{2-4-10}$$

饱和油藏的综合驱动油藏驱动指数为以上四项之和,即

$$DDI + CDI + EDI + WDI = \frac{N(B_t - B_{ti})}{N_p[B_t + (R_p - R_{si})B_g] + W_p B_w} + \frac{\dfrac{mNB_{ti}}{B_{gi}}N(B_g - B_{gi})}{N_p[B_t + (R_p - R_{si})B_g] + W_p B_w}$$

$$+ \frac{(1+m)NB_{ti}\dfrac{C_w S_{wi} + C_r}{1 - S_{wi}}\Delta p}{N_p[B_t + (R_p - R_{si})B_g] + W_p B_w} + \frac{W_e}{N_p[B_t + (R_p - R_{si})B_g] + W_p B_w}$$

五、气藏的驱动方式

(一)气压驱动

气藏中的气压驱动是当气藏为块状或透镜状时,依靠气藏中压缩气体的高压弹性膨胀能量将气驱向井底的驱动方式。边底水不活跃的封闭气藏,或气藏本身为非封闭状但边底水的

压头很小，便出现这种驱动类型。气压驱动的特征是由其动力来源特征所决定的。在开采过程中，气层压力不断降低，且与气体的累积产出量成正比。

（二）纯水驱动

依靠边底水恒定的水头压力驱动的方式称为纯水驱动。纯水驱动的前提是：边底水活跃、水源补给充足、气层的渗透性好、储层厚度大、水头压力高、供水区距气藏近。

（三）弹性水压驱动

若气藏外围具有较大面积的水层，但边水水头压力不大，气藏中压力降落传递达到含水部分而引起水及岩石的弹性膨胀，这种膨胀力成为驱动力，这种情况称为气藏的弹性水压驱动。此时采出的天然气所占的空间，只能部分地被进入水所充填。

常用进入气藏的水的体积与采出气的地下体积之比，即补偿系数，来判断气藏的驱动类型。

气压驱动的补偿系数为0，纯水驱动的补偿系数为1，弹性水压驱动的补偿系数介于0与1之间。一般气藏的补偿系数小于0.2，即接近于气压驱动。这个补偿系数总是随着气藏的开采过程而逐渐增加的。

我国川南地区的气藏主要有两种驱动类型。一种为弹性水压驱动，有边底水存在，随着气体的采出，气水界面不断向井底推进，进入气藏的水量不同程度地替换了气体的排出量，部分地补偿了气藏能量的消耗。这种气藏的高产期及递减期较长，而衰竭期短，气井水淹快，水淹前井口尚有一定的工作压力，水淹后突降为零。另一种为气压驱动，这类气藏在区域上位于低水位承压区，水文地质条件封闭良好，气层连通性差，开采过程中，气藏压力随采出量增加而下降，反映出高产期较短、递减期稍长、衰竭期更长的特点。

六、油气藏开发地质分类

（一）油气藏开发地质分类的意义

21世纪以来，中外地质学家对油气藏的分类大致有两种，即按油气藏的形态分类和按油气藏的成因分类。如石油地质学家对油气藏的分类，绝大多数是以油气藏的圈闭条件、聚集条件及分布规律为主要出发点，从成因上进行分类，其目的是为石油勘探发现新的油气藏服务，与油田的开发条件和开发特点联系较少。对合理开发油气藏来说，原来的圈闭成因分类已不再适应要求，因为它没有充分考虑油气藏的天然能量、油气水的分布特点、流体性质等因素。随着人们在开发中对油气藏的认识程度不断深入，逐步总结出各类油气藏的地质特征和开采特点，提出了各种开发地质分类方案。油气藏的开发分类可以有效地指导油气田合理地进行开发设计，有针对性地对同一类油气藏进行开发，或以此为借鉴，为开发同类性质的油气藏提供宝贵经验，进一步增产挖潜，最大限度地提高油气采收率，以保证油气田开发取得最好的经济效益。

（二）油气藏开发地质分类方案

油气藏分类的方法很多，从不同的角度、不同的目的出发，可以得出不同的油气藏分类结果。例如，按圈闭的成因，可将油气藏分为背斜油气藏、断块油气藏、岩性油气藏、复合油气藏等；若按烃类相态来分类，又可将油气藏分为气顶油藏、凝析油（气）藏、气藏等；若按油气储量规模来分类，可将油气藏分为巨型油气藏、大型油气藏、中型油气藏、小型油气藏等。为油气田开发服务的油气藏分类方案应以油气藏的开发地质特征为主要分类依据，与上述分类应有较大的区别。

油气藏的开发地质分类原则应以能充分反映和影响开发过程，从而影响所采取的开发措施的油气藏地质特征为原则，使其划分的油气藏类型既有科学性，又具实用性，能概括地反映油气藏总体的地质特征，有效地指导油气藏的开发。

控制和影响油气藏开发过程的地质因素很多，分类时既不能随意命名引起混乱，又不能考虑太细、过于繁琐。图 2-4-3 是最常见的几种分类方案。

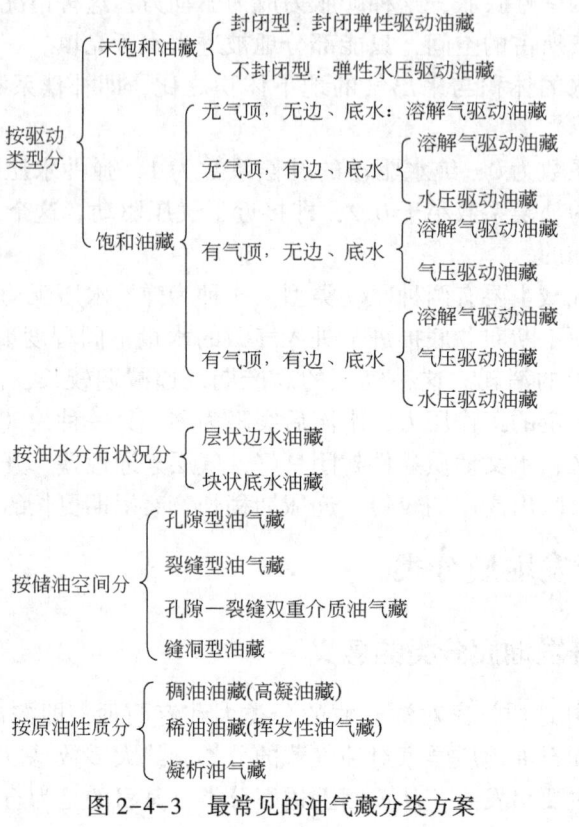

图 2-4-3　最常见的油气藏分类方案

1983 年，裘亦楠等在《我国油藏开发地质分类的初步探讨》一文中提出适合我国陆相湖盆沉积特点的分类方案，一共为七大类，见图 2-4-4。

该分类方案的分类依据包括储层特点、原油性质、油气水分布、裂缝发育状况。

该分类方案首先考虑储层特点，把油藏按碎屑岩储层特点分为五大类：

Ⅰ．河流—三角洲沉积体系砂岩储层油藏：具体可分为河流砂体（陆上）和三角洲前缘砂体两类。

Ⅱ．冲积扇—扇三角洲—浊积扇沉积体系砂砾岩储层油藏。

Ⅲ．三角洲湖湾沉积体系砂岩储层油藏（包括伴生薄层碳酸盐岩油藏）。

Ⅳ．成岩作用改造的低渗透砂岩储层油藏：砂岩经较深成岩作用改造以后，其原生孔隙大量损失，次生孔隙可能成为主要储油空间，裂缝也随岩性致密而更加发育。

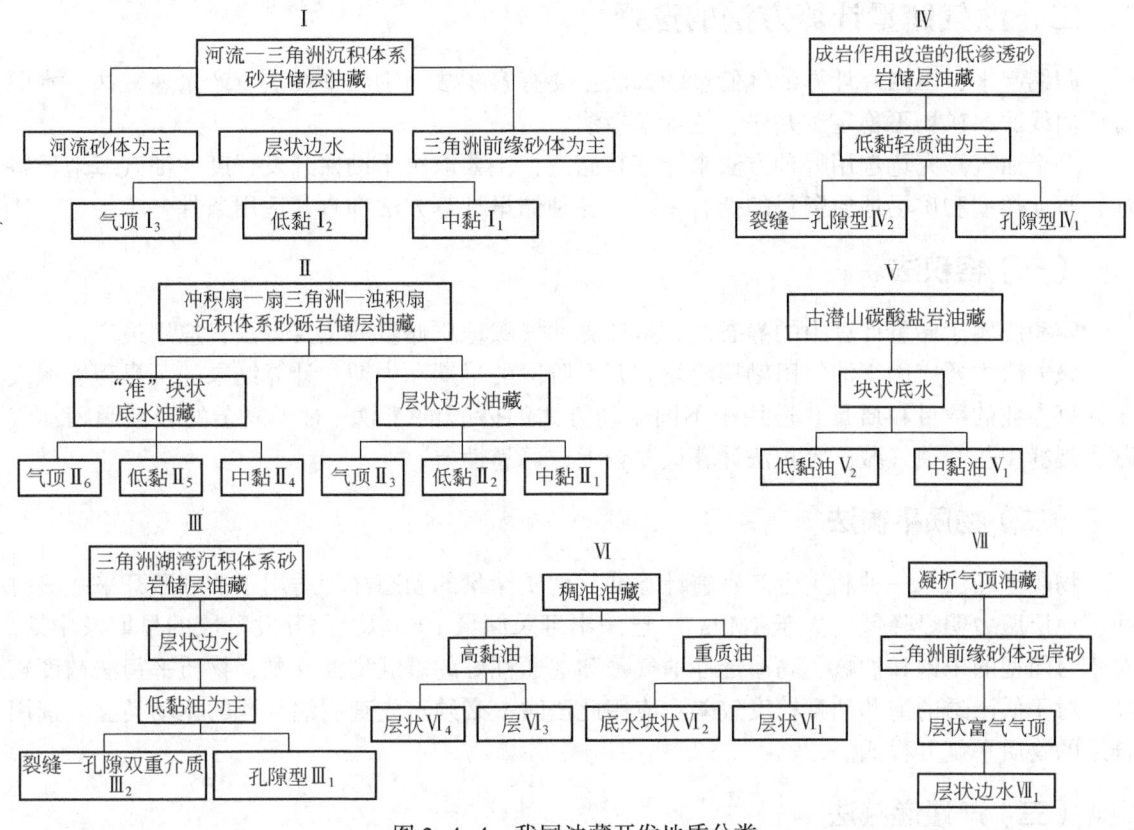

图 2-4-4 我国油藏开发地质分类

Ⅴ．古潜山碳酸盐岩油藏：孔洞缝储油，基岩块为碳酸盐岩。

其次考虑原油性质，又分出两大类。

Ⅵ．稠油油藏：$\mu_o>20\text{mPa}\cdot\text{s}$（该界限与"储量规范"中规定的界限不同）。

Ⅶ．凝析气顶油藏：具有凝析气顶的油藏。

第五节 油气储量评价

一、有关油气储量的概念

（1）地质储量：是指在地层原始条件下，具有产油（气）能力的储层中石油和天然气的总量。

（2）表内储量：是指在现有技术经济条件下，有开采价值并能获得社会经济效益的地质储量。

（3）表外储量：是指在现有经济技术条件下，开采不能获得社会经济效益的地质储量；当原油价格提高或工艺技术改进后，某些表外储量可以转变为表内储量。

（4）可采储量：是指在现代工艺技术和经济条件下，能从储层中采出的那一部分油气量。

（5）剩余可采储量：是指可采储量与累积采出量之差。

二、油气储量计算方法的选择

归纳起来,国内外计算油气储量的方法主要有容积法、物质平衡法、产量递减法、水驱特征曲线法、矿场不稳定试井法、统计模拟法。

一个油气藏究竟选用哪种方法来计算其储量,主要取决于勘探开发程度、油气藏地质特征、驱动类型和矿场地质资料的拥有情况。各种储量计算方法都有其适用条件。

(一)容积法

容积法属于储量计算中的静态法,是计算油气藏地质储量的主要方法,应用最广。

该方法主要应用于油气田勘探阶段和开发阶段的早期和中期,计算结果的可靠程度取决于计算参数的数量和质量,适用于不同驱动方式的砂岩油气藏。对于复杂的岩性圈闭油气藏、裂缝型灰岩油气藏,容积法计算误差较大,可靠性差。

(二)物质平衡法

物质平衡法是一种利用生产资料计算油气地质储量的动态法,适用于油气藏开采一段时间、地层压力明显降低(大于1MPa)、已采出可采储量10%以上的开发阶段的早期及中期。对于封闭型的未饱和油藏、高渗透性油气藏和连通性好的裂缝型油气藏,物质平衡法精度较高,对于低渗透的饱和油藏精度较差。应用此法时,必须首先查明油气藏的驱动类型,选用合适的物质平衡方程式。

(三)产量递减法

产量递减法适用于油气藏开发的中后期,油气藏已达到一定的采出程度(大于50%)并经过开发调整之后,油气藏已进入递减阶段。该法计算的是可采储量,适用于不同驱动方式的油气藏。用好产量递减法的关键是取得真实的递减率参数。

(四)水驱特征曲线法

水驱特征曲线法是在油藏投入开发含水率达到50%以后,油藏的累积产水量和累积产油量在半对数坐标上存在明显的直线关系,将该直线外推到含水率98%时求油藏可采储量的方法。用该法求得的储量只反映油藏当前控制的可采储量,适用于人工注水和天然水驱的各类油藏。

(五)矿场不稳定试井法

矿场不稳定试井法多用于勘探开发早期阶段,适用于不同驱动方式的各类油藏,求出的是压力波及区域的单井控制地质储量。

(六)统计模拟法

对于复杂的断块油藏、小透镜体岩性油藏和裂缝性油藏,储量计算所需的资料数据少,可靠性低,储量很难算准,常规计算方法往往精度很差。而统计模拟法(或称概率统计法、蒙特卡洛法)以储量计算中的各个随机变量为对象,以概率论为理论基础,计算的结果是提供一条储量概率分布曲线。根据该曲线,可以获得不同可靠程度的储量数字。

本节以计算原油储量为例，重点介绍容积法、产量递减法和水驱特征曲线法。

三、容积法计算原油储量

（一）计算原理

容积法计算原油储量的实质是计算地下岩石孔隙空间内原油的体积，然后用地面体积单位或质量单位表示。

原油地质储量计算公式为

$$N = 100Ah\phi S_o \rho_o / B_{oi} \quad (2-5-1)$$

式中　N——原油地质储量，10^4 t；
　　　A——含油面积，km^2；
　　　h——平均有效厚度，m；
　　　ϕ——平均有效孔隙度，小数；
　　　S_o——平均含油饱和度，小数；
　　　ρ_o——平均地面脱气原油密度，t/m^3；
　　　B_{oi}——平均地层原油体积系数。

（二）计算单元的划分

为了提高油田储量的计算精度，一般应考虑划分储量计算单元，按单元分别计算储量。这对于构造复杂、岩性物性多变的强非均质性油田来说，是十分必要的。

在划分计算单元时，应根据油田构造特征、储层物性与分布、流体性质与分布等特点，纵向上分段，平面上分区（块），区段结合划分出若干个相对均质地质单元，作为储量计算单元，分别求取各个计算单元的有关计算参数，并按前述的容积法计算原理求出各单元地质储量。

（三）含油面积的确定

含油面积是指具有工业油流地区的面积，是容积法计算储量的首要参数。含油面积的大小，取决于产油层的圈闭类型、储层物性变化及油水分布规律，所以它又是油田勘探的综合成果。对油层均质、物性稳定、构造简单、很少有断裂的油藏来说，根据油水边界就可确定含油面积。地质条件复杂时，含油边界由油水边界、油气边界、岩性边界和断层边界等多种边界组成。必须查明圈闭形态、断层及岩性遮挡分布的位置，确定控制油水分布的油藏类型后，才能较正确地确定各种边界，圈定含油面积。因此，对构造已落实的油藏，要圈定含油面积，必须首先确定油水界面、岩性边界和油藏类型。

（四）有效厚度的确定

有效厚度指的是在现代工艺技术条件下能产出工业性油流的那部分油层厚度，即有效层厚度。研究油层有效厚度，首先应确定有效层的划分标准。一般以单层试油资料为依据，对岩心资料进行充分研究，在确定油层的岩性、物性、含油性及电性这"四性"关系的基础上，制定有效层的物性和电性下限标准，并以测井为手段，最后确定出油层的有效厚度。

1. 有效层的物性标准

储油层要具备产工业性油流的能力，它自身需要达到一定的物性标准。一般人们采用的物性标准就是油层孔隙度、渗透率和含油饱和度等参数的下限值。

（1）利用试油资料确定物性下限。试油方法是目前油田实际应用较多的一种方法。它将试油成果反映到岩心的物性参数上，可直接确定油层的物性下限。

大庆油田通过直接绘制每米采油指数与空气渗透率的关系曲线来确定有效层的渗透率下限。每米采油指数大于零时所对应的空气渗透率值，即为有效层的渗透率下限值。确定渗透率下限后，通过孔隙度与渗透率的关系曲线，可查出相应的孔隙度下限。

（2）含油产状法确定有效层物性下限。岩性、物性、含油性和电性有一致的变化规律，即岩性粗、物性好、含油性好的储油层，储油能力好，产油能力高；反之，则储油能力差，产油能力低。这样的油层，当其岩性、物性和含油性差到一定程度后，试油就没有油流产出，这样就可以用岩心的含油产状来确定有效层物性下限。

（3）最小流动孔喉半径法确定有效层物性下限。对油层多条毛细管压力曲线进行整理，用 J 函数法求出平均毛细管压力曲线，进而得出最小流动孔喉半径，最后通过平均孔喉半径与孔隙度、渗透率的关系，得出孔、渗界限值。

除上述方法外，还有单样品正逆累积法、钻井液侵入法以及概率统计法等。各种方法确定的物性界限可能不完全一致，需通过对比分析，综合确定出合理的界限来。

2. 有效层的电性标准

一个油田，取心井是有限的，必须通过建立有效层电性标准，用测井方法来划分油层有效厚度。

（五）其他参数的确定

油层有效孔隙度主要通过岩心分析和测井解释得出；油层原始含油饱和度主要用油基钻井液取心、密闭取心直接测定和毛细管压力曲线与测井解释得出；地层原油体积系数主要用高压物性分析求出；地面脱气原油密度采用地面原油样品分析得出。

在实际计算中，参数的处理方法有两种：（1）对每一个参数进行单井和区域平均，代入储量公式中计算储量；（2）将有效厚度（h）、孔隙度（ϕ）和含油饱和度（S_o）三个参数的单井平均值相乘，即 $R=\overline{h}\overline{\phi}\overline{S}_o$，称为储能参数，再对单井储能参数 R 进行区域上的平均 $\overline{R}$，最后将 $\overline{R}$ 值代入储量公式中求储量，即

$$N = 100 A \overline{R} \rho_o / B_{oi} \tag{2-5-2}$$

四、产量递减法与水驱特征曲线法求原油储量

（一）产量递减法计算原油储量

油（气）田的实际开发资料表明，当油（气）田达到一定的采出程度后，都不可避免地会进入产量的递减阶段，该阶段产量和相应生产时间的变化关系曲线称为产量递减曲线。利用此曲线可计算油（气）田递减阶段的最大累积产量，此累积产量加上递减阶段以前的累积产量，可得油（气）田的可采储量。

1. 常见的产量递减规律

据 Arps 的研究,在产量递减阶段,某生产时间的产量 Q 与此时的递减率 D 之间有如下关系式:

$$Q/Q_i = (D/D_i)^n \tag{2-5-3}$$

式中　Q——递减阶段某时产油量,$10^4 t/$月或 $10^4 t/a$;

　　　Q_i——开始递减时的产油量,$10^4 t/$月或 $10^4 t/a$;

　　　D——递减阶段某时的递减率,%/月或%/a;

　　　D_i——开始递减时的瞬时递减率,%/月或%/a;

　　　n——递减指数。

根据 n 值可将油田产量递减规律分为三种类型:当 $n=\infty$ 时,为指数递减;当 $n=1$ 时,为调和递减;当 $1<n<\infty$ 时,为双曲线递减。

1) 指数递减特征

指数递减是指在递减阶段递减率为常数,所以又称常数递减。符合指数递减时,递减到 t 时间的产量 Q 为

$$Q = Q_i e^{-Dt} \tag{2-5-4}$$

写成

$$\lg Q = \lg Q_i - \frac{D}{2.303}t \tag{2-5-5}$$

由于 D、Q_i 为定值,式(2-5-5)可表示为

$$\lg Q = A_1 + B_1 t \tag{2-5-6}$$

其中　　　　　　　　　　$A_1 = \lg Q_i$;$B_1 = -D/2.303$

由此可见,指数递减时,产量与生产时间呈半对数直线关系(图 2-5-1)。因此,指数递减又可称为半对数递减。

递减到 t 时刻的产量 Q 与递减到 t 时的累积产量 $\sum_0^t Q$ 的关系为

$$Q = Q_i - D \sum_0^t Q \tag{2-5-7}$$

即指数递减的产量与累积产量也呈直线关系(图 2-5-2)。

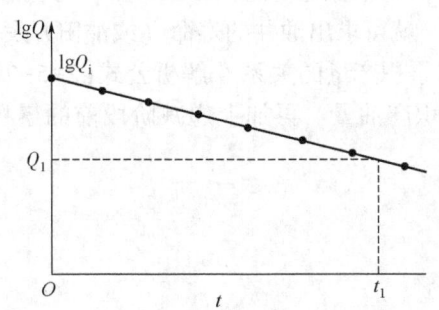

图 2-5-1　指数递减的产量与生产时间的半对数直线关系(据夏位荣,1999)

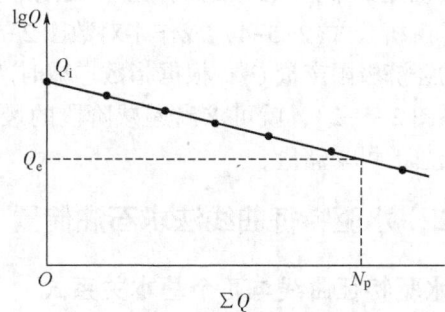

图 2-5-2　指数递减的产量与累积产量的直线关系(据夏位荣,1999)

2) 调和递减特征

调和递减时,递减率 D 与产量 Q 成正比关系,即 D 随 Q 的减小而减小。递减指数 n 为

1，即

$$D = D_i \frac{Q}{Q_i} \tag{2-5-8}$$

调和递减时，递减 t 时间后的产量 Q 为

$$Q = \frac{Q_i}{1+D_i t} \tag{2-5-9}$$

调和递减的产量 Q 与累积产量 $\sum_0^t Q$ 的关系为

$$\lg Q = \lg Q_i - \frac{D_i}{2.303 Q_i} \sum_0^t Q \tag{2-5-10}$$

式(2-5-10)可写为

$$\lg Q = A_2 - B_2 \sum_0^t Q \tag{2-5-11}$$

其中 $A_2 = \lg Q_i$，$B_2 = D_i / 2.303 Q_i$

由此可见，调和递减的产量与累积产量为半对数直线关系。

3）双曲线递减特征

双曲线递减时，产量随时间的变化关系符合双曲线函数。产量 Q 与生产时间 t 的关系为

$$Q = \frac{Q_i}{(1+\frac{D_i}{n}t)^n} \tag{2-5-12}$$

产量 Q 与累积产量 $\sum_0^t Q$ 的关系为

$$\sum_0^t Q = \frac{Q_i}{D_i} \frac{n}{n-1}[1-(Q_i/Q)^{\frac{1-n}{n}}] \tag{2-5-13}$$

2. 由产量递减规律求原油可采储量

以指数递减法为例，其他递减规律应用类同。

由已确定的油井（或油田）经济极限产量 Q_e，可根据指数递减的产量 Q 与生产时间 t 的关系 [解析公式(2-5-4)或作半对数图 2-5-1]，就可求出油井的寿命（或油田开发年限）。由已知的经济极限产量 Q_e，根据指数递减时产量与累积产量的关系 [解析公式(2-5-7)或作直线关系图 2-5-2]，就可求出递减阶段的最大累积产油量，再加上递减阶段前的累积产量，即可得出总的可采储量。

（二）水驱特征曲线法求石油储量

1. 水驱特征曲线与几个基本关系式

水驱油藏的实际开发资料和理论研究均表明，当含水率达到 50% 以后，水驱油藏的累积产水量与累积产油量之间、水油比与累积产油量之间，均存在着半对数直线关系，这一直线关系图通常就叫水驱特征曲线。

水驱特征曲线可表示为

甲型： $$\lg W_p = A_1 + B_1 N_p \tag{2-5-14}$$

乙型：$$\lg WOR = A_2 + B_2 N_p \tag{2-5-15}$$

式中　W_p——累积产水量，$10^4 t$；

　　　N_p——累积产油量，$10^4 t$；

　　　WOR——水油比，无因次；

　　　A_1、A_2、B_1、B_2——甲、乙型水驱曲线的截距和斜率。

甲、乙型水驱特征曲线半对数直线关系见图2-5-3和图2-5-4。

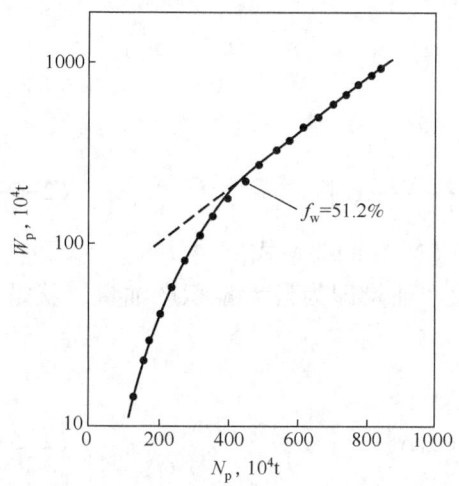

图2-5-3　累积产水与累积产油的半对数直线关系（据夏位荣，1999）

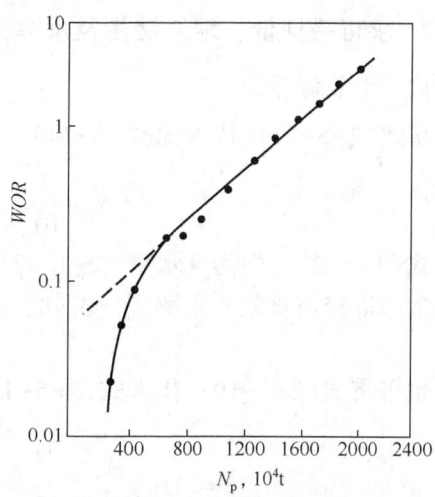

图2-5-4　水油比与累积产油的半对数直线关系（据夏位荣，1999）

甲型水驱特征曲线直线的斜率（B_1）和截距（A_1），主要取决于油田的地质储量和地层油水黏度比。对于地层油水黏度比相同而地质储量不同的油田来说，地质储量大的油田，其甲型水驱特征曲线直线的斜率小而截距大；对于地质储量相同而地层油水黏度比不同的油田来说，甲型曲线直线的斜率相同，而地层油水黏度比大的油田具有较大的直线截距。

乙型水驱特征曲线直线的斜率（B_2）主要取决于油田的地质储量，地质储量越大，斜率越小；而截距（A_2）主要取决于地层油水黏度比，油水黏度比大，截距也较大。

对同一油田而言，甲、乙两种水驱特征曲线的直线斜率是相等的，即两条直线是平行关系，而截距是不同的，它们的关系为

$$A_2 = A_1 + \lg 2.303 B_1 \tag{2-5-16}$$

水油比（WOR）与含水率（f_w）的关系为

$$WOR = f_w / (1 - f_w) \tag{2-5-17}$$

或

$$f_w = \frac{WOR}{1 + WOR} = \frac{1}{1 + \dfrac{1}{WOR}} \tag{2-5-18}$$

水油比（WOR）与累积产水量（W_p）的关系为

$$WOR = 2.303 B_1 W_p \tag{2-5-19}$$

将式(2-5-19)代入式(2-5-18)得

$$f_w = \frac{1}{1+\dfrac{1}{2.303B_1 W_p}} \tag{2-5-20}$$

即

$$W_p = \frac{f_w}{2.303B_1(1-f_w)} \tag{2-5-21}$$

式(2-5-21)即含水率（f_w）与累积产水量（W_p）的关系式。

2. 求可采储量、地质储量及水驱采收率

1) 可采储量

将式(2-5-21)代入式(2-5-14)可得

$$N_p = \frac{1}{B_1}\left[\lg\frac{f_w}{2.303B_1(1-f_w)} - A_1\right] \tag{2-5-22}$$

式(2-5-22)即为含水率（f_w）与累积产油量（N_p）的关系式。

如果取经济极限含水率 $f_w = 0.98$，此时的累积产油量即为最大累积产油量，就是可采储量。

也可将式(2-5-19)代入式(2-5-14)，得出

$$\lg\frac{WOR}{2.303B_1} = A_1 + B_1 N_p \tag{2-5-23}$$

再写成

$$N_p = \frac{\lg WOR - (A_1 + \lg 2.303B_1)}{B_1} \tag{2-5-24}$$

如果最终含水率取 $f_w = 0.98$，相应的最大水油比 $WOR = 49$，此时式(2-5-24)改写为

$$N_R = (N_p)_{max} = \frac{1}{B_1}(1.3279 - A_1 - \lg B_1) \tag{2-5-25}$$

根据实际生产数据，经线性回归取得甲型水驱曲线的直线斜率和截距，应用式(2-5-25)就可得到水驱油藏可采储量（N_R）。

2) 地质储量

童宪章对135个水驱油藏进行了统计研究，发现水驱油田的地质储量（N'）与甲型水驱曲线的直线斜率（B_1）之间有下列关系：

$$N' = 7.5422 B_1^{-0.969} \tag{2-5-26}$$

可简化为

$$N' = 7.5\frac{1}{B_1} \tag{2-5-27}$$

令 $B = \dfrac{1}{B_1}$，可称 B 为水驱油藏储量常数，则

$$N' = 7.5B \tag{2-5-28}$$

由式(2-5-28)计算的 N' 为水驱动态储量，它与用容积法计算的静态地质储量 N 的差值（$N-N'$）可认为是油田的未动用储量。有的油田以此来估算其储量动用程度，反映水驱开发状况。

3）计算水驱采收率

水驱采收率 E_R 可表示为

$$E_R = \frac{N_R}{N'} \tag{2-5-29}$$

将式（2-5-25）和式（2-5-27）代入式（2-5-29），就得到

$$E_R = (1.3279 - A_1 - \lg B_1)/7.5 \tag{2-5-30}$$

五、储量综合评价

储量计算完成以后，要对所计算的结果进行可靠性分析，如分析各种参数的齐全、准确程度，看其是否达到本级储量的要求，计算参数求取与选用是否合理，并要进行几种计算方法的对比校验等等。然后还必须根据我国颁布的储量规范（DZ/T 0217—2020）中的要求，按表2-5-1所列的项目和标准对该油田储量作出综合评价。

表 2-5-1 油田储量综合评价表

项目级别	储量规模		油（气）藏中部埋藏深度,m		项目级别	储层孔隙度	
	原油技术可采储量 $10^4 m^3$	天然气技术可采储量 $10^8 m^3$				碎屑岩孔隙度 %	非碎屑岩基质孔隙度,%
特大型	≥25000	≥2500.0	浅层	<500	特高	≥30	≥15
大型	2500~25000	250.0~2500.0	中浅层	500~2000	高	25~30	10~15
中型	250~2500	25.0~250.0	中深层	2000~3500	中	15~25	5~10
小型	25~250	2.5~25.0	深层	3500~4500	低	10~15	2~5
特小型	<25	<2.5	超深层	≥4500	特低	<10	<2

项目级别	产能		技术可采储量丰度		项目级别	含硫量			原油密度 t/m^3
	油藏稳定日产量,m^3/(d·km)	气藏稳定日产量 $10^4 m^3$/(d·km)	原油 $10^4 m^3$/km^2	天然气 $10^8 m^3$/km^2		原油 %	天然气 g/m^3		
高	≥15	≥10.0	≥80	≥8.0	高含硫	≥2.00	≥30.00	轻质	<0.87
中	5~15	3.0~10.0	25~80	2.5~8.0	中含硫	0.50~2.00	5.00~30.00	中质	0.87~0.92
低	1~5	0.3~3.0	8~25	0.8~2.5	低含硫	0.01~0.50	0.02~5.00	重质	0.92~1.00
特低	<1	<0.3	<8	<0.8	微含硫	<0.01	<0.02	超重	≥1.00

由于储层渗透率变化较大，在最新的储量估算规范（DZ/T 0217—2020）中，按照储层中值渗透率大小，将油藏储层分为五类（表2-5-2）。

表 2-5-2 储层渗透率分类

分类	油藏空气渗透率,mD	气藏空气渗透率,mD
特高	≥1000	≥500
高	≥500~<1000	≥100~<500

续表

分类	油藏空气渗透率,mD	气藏空气渗透率,mD
中	≥50~<500	≥10~<100
低	≥5~<50	≥1.0~<10
特低	<5	<1.0

通过对油藏的分析，特别是对储层性质及产能的分析，对稀油储量、高凝油储量、油水同层储量等一些有特殊意义的油层储量应单独列出，以便在开发时采取相应的工艺措施，提高经济效益。

在油田现场，储量计算与评价工作并不是一次完成的，而是按需要经常复算，反复进行，对比前后计算结果，认真分析储量增减的原因，不断提高储量评价可靠性，指导油田合理组织开发生产。

复习思考题

1. 石油的化学组成有哪些？
2. 石油的物理性质研究包括哪些方面？
3. 天然气的化学组成有哪些？
4. 天然气的物理性质研究包括哪些方面？
5. 油田水的来源有哪些？
6. 油田水的化学组成有哪些？
7. 油田水的物理性质研究包括哪些方面？
8. 油田水分类的地质意义是什么？
9. 油气藏中流体的宏观分布规律是什么？
10. 名词解释：原始油层压力、压力系数、压力梯度、油层折算压力、目前油层压力、油层静止压力、井底流动压力、地温梯度、地温级度、地质储量、表内储量、表外储量、可采储量、剩余可采储量。
11. 油气藏中流体的微观分布规律是什么？
12. 油藏驱动类型有哪些？开采特征是什么？
13. 容积法计算石油储量的基本公式及参数含义是什么？
14. 有效厚度下限标准的确定方法有哪些？

第三章

油气藏开发方案编制

一个油（气）藏的发现是以油（气）藏上第一口油（气）井的出现为标志的，之后便进入开发阶段。所谓油气藏开发，就是依据详探成果和必要的生产性开发试验，在综合研究的基础上，对具有工业开采价值的油气藏，从油气藏的实际情况和生产规律出发，制订出合理的开发方案并对油气藏进行建设和投产，使油气藏按预定的生产能力和经济效益长期生产，直至开发结束。油气藏开发方案是分析油气藏状况、论证油气藏今后的发展目标、制定实现目标措施的综合性文件，在油气藏开发技术领域占据着非常重要的位置。

第一节 概述

油气藏开发就是在油气藏评价的基础上，对具有工业价值的油气藏，按国内外石油市场发展的需求运作，以提高油气藏开发效益和最终采收率为目的，根据油气藏的开发地质特征，制订合理的开发方案，并对油气藏进行建设投产，使油气藏按方案规划的生产能力和经济效益进行生产，直至油气藏开发结束的全过程，其中制订合理的开发方案是实现开发目的的基础。

一、油气藏开发方案编制的目的及意义

油气藏开发是一个人才密集、技术密集和资金密集型的产业，投资巨大。编制油气藏开发方案是在油气藏评价的基础上，结合当时的政策、法律、油气藏地质条件和工艺技术，从多个开发方案中优选出实用、经济、先进的方案，是对油气藏开发所作出的全面部署和规划。因此，其目的是科学规划和指导油气藏的开发，确保油气开发获得最大的经济采收率和利润。油气藏开发方案编制的主要意义在于它是油气藏开发的纲领性文件，通过编制油气藏开发方案，可减少开发决策失误，降低油气藏开发投资风险，确保油气藏在预期的开发期内保持较长时间的稳产、高产并获得最大的利润。

二、油气藏开发方案编制的指导思想与原则

（一）编制开发方案的指导思想

油气藏开发的主体为企业，企业追求的目标是利润最大化，这就要求在开发过程中尽可能降低成本，提高对市场经济的适应能力和抗风险能力。同时，油气又是一种不可再生资源，要求在开发过程中要最大化地合理利用资源。这些因素决定了编制开发方案过程要针对不同类型油气藏，采用先进实用的技术不断降低开发成本，提高开发水平和油藏的最终采收率。因此编

制开发方案的指导思想是"以经济效益为中心、市场为导向,通过加大科技投入,优化产量结构,降低成本,充分发挥油气藏潜能,不断提高油气开发水平和最终采收率"。

(二)编制开发方案遵循的基本原则

油气藏开发方案设计要坚持少投入、多产出,具有较好的经济效益,并根据当时、当地的政策、法律和油藏的地质条件,制定储量动用、投产次序、合理采油速度等开发技术政策,保持长时间的高产、稳产。因此,油气藏开发方案编制需遵循以下三个基本原则:

1. 目标性原则

油气藏开发方案是石油企业近期与长远目标、开发速度与效益、近期应用技术与长远技术储备的总体规划,其目的是规范和指导油气藏的科学开发,获得最大的经济采收率和最大利润。因此经济效益是油气藏开发方案编制的评价目标,油气藏开发方案中的各项指标必须全面体现以经济效益为中心。如采油速度和稳产期指标,一方面要立足于油气藏的地质开发条件、工艺技术水平以及开发的经济效果,另一方面要应用经济指标来优化最佳的采油速度和稳产期限。

2. 科学性原则

油气藏开发方案以油气藏评价为基础,故方案编制过程中,尽可能全面、合理体现出油气藏的本质特征,对油气藏的开发井网、开发方式、开发速度、开发层系等重大问题进行科学论证,同时通过多目标方案优选,确保油气藏开发的科学性。

3. 实用性原则

在编制过程中,对实施的内容、工作量和措施需作出明确的规定,使方案在实施过程中具有较强的针对性和可操作性,即遵循实用的原则。

不同类型油气藏在开发过程中的侧重点不同,因此在遵循基本原则的同时,编制开发方案时具体原则也有所区别。

大型或中型砂岩油藏若不具备充分的天然水驱条件,必须适时注水,保持油藏能量开采。一般不允许油藏在低于饱和压力下开采。

低渗透砂岩油藏由于储层致密、自然产能低、油层导压系数低,易在钻井、修井过程中受污染,因此在技术经济论证的基础上采取低污染的钻井、完井措施,早期压裂改造油层,提高单井产量。具备注气、注水条件的油藏,要保持油藏压力开采。

含气顶的油藏要充分考虑气顶能量的利用。具备气驱条件的要实施注气开采;不具备气驱条件的,可考虑油气同采,或保护气顶的开采方式,但必须严格防止原油窜入气顶造成资源损失,要论证射孔顶界位置。

边、底水能量充足的油藏要充分利用天然能量开采,重点研究合理的采油速度和生产压差,计算防止底水锥进的极限压差和极限产量,论证射孔底界位置。

裂缝性层状砂岩油藏由于裂缝发育,注水开发过程中易暴性水淹,影响开发效果和采收率,因此对需要实施人工注水的油藏,重点是要认清裂缝发育规律,在认清裂缝发育规律的基础上,模拟研究最佳井排方向,考虑沿裂缝走向部署注水井,掌握适当的注水强度,防止注入水沿裂缝方向水窜,导致油井过快水淹。

高凝油、高含蜡的油藏,在开发过程中油井易结蜡,造成卡泵现象,地面管线因油温低易堵塞,因此必须注意保持油层温度、井筒温度和地面温度。注水开发时,注水井应在投注前采取预处理措施，防止井筒附近油层析蜡，造成储层堵塞，注水压力上升，注不进水；此外，油井要优化设计，控制井底流压，防止井底附近大量脱气析蜡而堵塞地层。

重油油藏在经济、技术条件允许的情况下，采用热力开采。

三、油气藏开发方案的内容

在编制油气藏开发方案之前，必须收集齐大量的静态及动态资料，在开发方案设计之前对油气藏各方面的资料掌握得越全面越细致，编制的开发方案就会越符合实际，对某些一时并不清楚但开发方案设计时又必需的资料，则应开展室内试验并开辟生产试验区。一个油气藏开发方案应当包括地质方案与工艺方案，地质方案是规划油气藏开发的基本纲领与具体路线，工艺方案则是规划实现地质方案的基本手段和技术措施。一般来说，油气藏开发方案报告中应包括以下内容：油气藏（田）概况、油气藏地质特征、油气藏开发工程设计、钻井与采油工程、地面建设工程的设计要求和方案实施要求。

油气藏（田）概况中应包括的内容有：油气藏（田）地理位置、构造位置、含油面积、地质储量、勘探简况和试油情况等。涉及的地质基础资料、图表有油气藏（田）地理位置图、油气藏（田）地貌图、油气藏（田）区域地质构造图、勘探成果图和储层综合柱状剖面图等。

油气藏地质特征中应包括的内容有：构造及储层特征、流体性质、油气藏温度及压力系统、储量分布。涉及的基础资料、图表有构造图、含油面积图、油气藏纵横剖面图、沉积相带图、小层平面图、油层厚度等值线图、孔隙度等值线图、渗透率等值线图、毛细管压力曲线、原油高压物性曲线、原油黏温曲线、相对渗透率曲线、温度压力与深度关系曲线等。如缺少相关资料，可采用类比方法或经验方法借用同等类型油气藏资料。

油气藏开发工程设计应包括的内容有：开发层系的合理划分、合理的井网密度设计、油气藏驱动方式、油井举升方式及合理工作制度、布井方式、注水开发油气藏合理注水方式及最佳注水时机、油气藏压力水平保持、合理采油速度、稳产年限及最终采收率预测、油气田开发经济技术指标预测、多方案优化和方案实施要求。涉及的基础资料、图表有油气水性质、压力资料、试油成果、试井曲线、试采曲线、试验区综合开采曲线及吸入能力曲线、各方案单井控制地质储量、可采储量关系曲线、各方案水驱控制程度关系曲线、各方案动态特征预测曲线、各方案经济指标预测曲线、方案经济敏感性分析、推荐方案开发指标预测曲线和设计井位图等。

钻井与采油工程、地面建设工程设计的内容包括：钻井和完井的工艺技术与措施、储层保护措施、油水井投产投注的射孔工艺技术与措施、采油工艺技术与增产措施、油气集输工艺技术、注水工艺技术等。钻井与采油工程、地面建设工程的设计总体上既要满足油气藏开发工程设计的要求，又要努力应用新工艺和新技术降低投资成本，提高经济效益。

四、油气藏开发方案编制的步骤

依据上述油气藏开发方案的内容，从开发地质角度看，核心为油气藏地质特征设计和油气藏开发工程设计，具体步骤如下。

（一）综述油气藏（田）概况

油气藏（田）概况主要描述油气藏（田）的地理位置、气候、水文、交通及周边经济情况，阐述油气藏（田）的勘探历程和勘探程度，介绍油气田开发的准备程度，具体包括发现井与评价井的数量及密度、地震工作量及处理技术、地震测线密度及解释成果、取心及分析化验、测井及解释成果、地层测试成果、试采及开发试验情况、油气藏（田）规模及含油气地层层系。

（二）分析油气藏地质特征

油气藏地质特征主要包括油气藏的构造特征、油层特征、储层特征、油藏流体特征、油藏压力与温度系统、渗流物理特征、天然能量分析、储量计算与评价。

（三）编制油气藏开发设计方案

油气藏开发设计应坚持少投入、多产出、经济效益最大化的开发原则，主要包括开发层系设计、开发方式设计、开发井网设计、开发速度设计、开发指标计算等内容。

1. 确定开发层系

一个开发层系，是由一些独立的、上下有良好隔层、油层物性相近、驱动方式相近、具备一定储量和生产能力的油气层组合而成的。一个开发层系用一套独立的井网开发，是最基本的开发单元。

2. 确定开发方式

在开发方案中，必须对开采方式作出明确规定。对必须注水开发的油田，则应确定早期注水还是晚期注水。

3. 确定采油（气）速度和稳产期限

采油速度和稳产期的研究，必须立足于油气田的地质开发条件、工艺技术水平以及开发的经济效果，用经济指标来优化最佳的采油速度和稳产期限。

4. 确定开发井网

井网部署应坚持稀井高产的布井原则。合理布井的要求是：在保证采油速度的前提下，采用井数最少的井网，并最大限度地控制地下储量，以减少储量损失。对注水开发的油田，还必须使绝大部分储量处于水驱范围内，保证水驱储量最大。由于井网涉及油田的基本建设及生产效果等问题，因此必须作出方案的综合评价，并选出最佳方案。

5. 确定开发指标

油田开发指标是对设计方案在一定开发期限内的产油、水、气及地层压力所做的预测性计算结果，目前一般采用油藏数值模拟方法或经验公式计算。

6. 制订出数种方案

在上述分析及计算的基础上，根据较合理的采油（气）速度制订出数种开发方案，列表待选。

（四）方案评价与优选

方案评价与优选是根据行业标准对各种方案的开发指标进行经济效益计算，然后从中筛选出最佳方案付诸实施。

（五）标明方案实施要求

根据油气藏（田）地质特点，对方案提出相应的实施要求：
（1）钻井次序、完井方式、投产次序、注水方案及程序、运行计划要求；
（2）开发试验安排及要求；
（3）增产措施要求；
（4）动态监测要求，包括监测项目和监测内容；
（5）其他要求等。

图 3-1-1 示意了油田开发方案编制工作的流程。

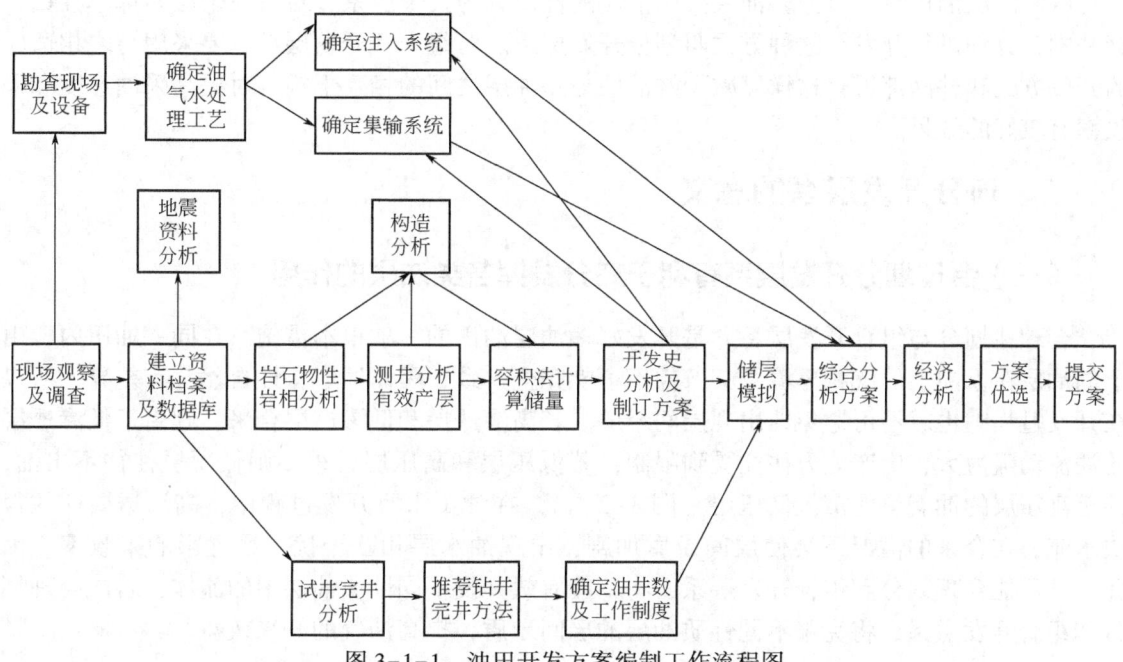

图 3-1-1　油田开发方案编制工作流程图

第二节　开发层系的划分与组合

所谓开发层系，就是把特征相近的油层组合在一起，采用一套开发井网进行开发，并以此为基础进行生产规划、动态研究和调整。世界上所发现的绝大多数油田属于多油层或多油藏，各个油层的物性差异往往很大。合理地划分和组合开发层系可以减少层间干扰，克服油田开发的层间矛盾，提高注水的纵向波及系数，是开发多油层油田的一项根本性措施。

一、划分开发层系的目的

一个油田地下的油层通常不仅是一个层，而是有许多个油层，有的十几层甚至几十层，而且每个油层的性质又是不同的，有的油层渗透性好，油层压力高，含油饱和度高；有的油层渗透性差，压力低，含油饱和度也低。如果不区别这些油层，将好油层与差油层放在一起进行开采，就会造成有些层出油多，有些层出油少甚至不出油。如果需要对油田实施注水，将一口井所有的层放在一起不加区别地进行笼统注水，则在同一注水压力下，高渗透油层注进去的水量多，水沿着油层推进速度快，油层压力明显上升，形成高压油层。在采油井中，高渗透层产量高，压力高，见水就早；而低渗透油层注进去的水量少，水推进的速度慢，形成低压油层。反映在采油井中，低渗透层的产量低，压力低，见水晚。这样，在同一口油井中，由于高渗透油层出油压力高，会降低低渗透层的生产压差，使产油能力本来就差的低渗透油层出油受到严重影响，甚至根本不出油，因为井底压力有时高于低渗透油层中的压力。因此，多层合采时，不能很好发挥每一个油层的作用，使油井产量递减快，含水上升快，会影响油田的开发效果。

为了调动每一个油层出油的积极性，把油田地下渗透率等性质相似、延伸分布情况差别不大、油层压力相近的油层组合在一起，用同一套井网进行开发。在开发一些地质储量极为丰富的多油层油田时，可把多油层按照油层的性质分为几个层系，对每一个层系都单独钻一套井网，分别进行开发，这种方式叫划分开发层系。对每一套开发层系，要采用与之相适应的开发方式和井网部署，这样可减少好油层与差油层之间的相互干扰，对提高采油速度和采收率有较好的效果。

二、划分开发层系的意义

（一）合理划分开发层系有利于充分发挥各类油层的作用

合理地划分与组合开发层系，是开发好多油层油田的一项根本措施。在同一油田内，由于储油层在纵向上的沉积环境及其条件不可能完全一致，因而油层特性自然会有差异，所以在开发过程中也就不可避免地出现层间矛盾。若高渗透层和低渗透层合采，则由于低渗透层的油流动阻力大，生产能力往往受到限制；若低压层和高压层合采，则低压层往往不出油，甚至高压层的油有可能窜入低压层（图3-2-1）。在油田水驱开发过程中，高渗透层往往很快水淹，在合采的情况下会使层间矛盾加剧，出现油水层相互干扰，严重影响采收率。因此，若不能合理划分和组合开发层系，将不能有效开发不同性质油层中的流体；若能合理划分和组合开发层系，将克服不同性质油层的层间矛盾，提高油气的开采效益。

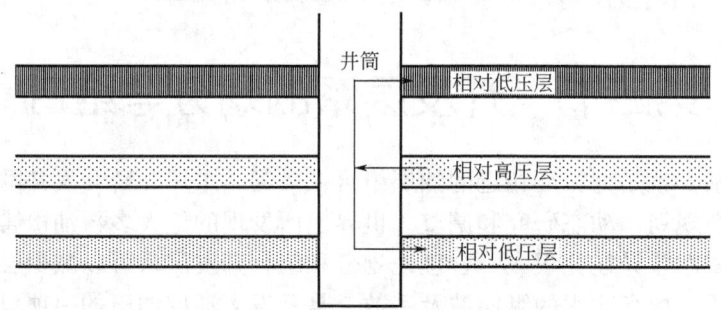

图 3-2-1　油层倒灌现象示意图

（二）划分开发层系是部署井网和规划生产设施的基础

确定了开发层系，就确定了井网套数，因而使得研究和部署井网、注采方式以及地面生产设施的规划和建设成为可能。开发区的每一套开发层系，是根据开发层系的地质特点进行部署的，都应单独进行开发设计和调整，对其井网、注采系统、工艺手段等都要单独作出规定。

（三）采油工艺技术的发展水平要求进行层系划分

一个多油层油田，油层数目往往多达几十个，开采井段有时可达数百米，采油工艺的任务在于充分发挥各类油层的作用，使它们吸水和出油都均匀，因此，一般采取分层注水、分层采油和分层控制的措施。由于地质条件的复杂性，目前的分层技术还达不到很高的水平，所以，划分开发层系后，每一个开发层系内部的油层不致过多、井段不致过长，可以适应采油工艺技术的需要，提高开发效果。

（四）油田高速开发要求进行层系划分

为满足国民经济对石油高速开发的需要，缩短油田投资建设期，通过划分开发层系，对不同的层系应用不同的井网同时开发，可以提高采油速度，为开发油田实现长期的稳定高产创造有利条件，同时加快油田的生产，从而缩短开发时间，并提高投资效益。

三、划分开发层系的原则

目前世界上发现的油田很少是均质单一的油层。开发层系划分的原则主要是对层系划分时的一些界限作出限制和要求。对于不同国家，开发层系划分的原则也可能不同。那么具备什么特点的油层可组合在同一开发层系内呢？总结国内外经验教训，得出合理地组合与划分开发层系的原则是：

（1）储层特性相近的原则。同一层系内各油层的性质应相近，以保证各油层对注水方式和井网具有共同的适应性，减少开采过程中的层间矛盾。只有特性相近的储层，才可以组合在一起，用同一套井网进行开发，以保证各油层对注水方式和井网具有共同的适应性，减少开发过程中的层间矛盾。

（2）储量规模原则。一个独立的开发层系应具有一定的储量，以确保达到较好的经济指标。若储量规模太小，不具备划分层系的基础，则应选择整体开发。

（3）流体性质相近原则。流体性质相近的油层，渗流规律也大致相同，可以划分为同一个开发层系，利用一套井网进行开发。

（4）隔层原则。各开发层系间必须具有良好的隔层，以便在注水开发的条件下，层系间能严格地分开，确保层系间不发生窜通和干扰。

（5）驱动方式与压力系统相统一原则。同一开发层系内油层构造形态、油水边界、压力系统和原油物性应比较接近。

（6）与经济技术条件相适用原则。应考虑当前的采油工艺技术水平，在分层开采工艺所能解决的范围内，应避免划分过细的开发层系，以减少建设工作量，提高经济效益。

（7）同一油藏相邻油层应尽可能组合在一起。

总之，开发层系的正确与合理划分是油田开发的一个基本部署，必须努力做好。开发层系的划分应在详细研究油田储油层特征的基础上确定。如果开发层系划分得不合理或出现差错，将会给油田开发造成很大的损失，甚至需要重新进行油田建设的设计和部署。

四、划分开发层系的方法

（1）从研究油砂体入手，对油层性质进行全面的分析与评价。重点研究油砂体的形态、延伸方向、厚度变化、面积大小、连通状况，此外还有渗透率、孔隙度、含油饱和度，以及其中所含流体的物性及分布。在此基础上，对各油层组（或砂岩组）中的油砂体进行分类排列并作出评价，研究每一个油层组（或砂岩组）内不同渗透率的油砂体所占的储量比例、不同分布面积的油砂体所占储量比例、同延伸长度的油砂体所占比例。通过分类研究，掌握不同的油层组、砂岩组、单油层的特点和差异程度，为层系划分提供静态地质依据。

（2）进行单层开发动态分析，为合理划分层系提供生产实践依据。通过在油井中进行分层试油、测试，具体了解各小层的产液性质、产量大小、地层压力状况、各小层的采油指数等。这一步工作也可模拟不同的组合、分采、合采，为划分和组合开发层系提供动态依据。

（3）确定划分开发层系的基本单元并对隔层进行研究。划分开发层系的基本单元是指大体上符合一个开发层系基本条件的油层组、砂岩组、单油层。一个开发层系基本单元可以单独开发，也可以把几个基本单元组合在一起，作为一个层系开发。先确定基本单元，再根据每个单元的油层性质组合开发层系。划分开发层系时，必须同时考虑隔层条件。在碎屑岩含油层系内，除去泥岩外，具有一定厚度的砂泥质过渡岩类也可作为隔层，选用的隔层厚度应根据隔层物性、开发时间、层系间的工作压差、水流渗滤速度、工程技术条件而综合确定。可以根据油层对比资料先确定隔层的层位、厚度，通过编绘隔层平面分布图来具体了解隔层的分布状况。

（4）综合对比选择层系划分与组合的最优方案。对同一油田，可提出数个不尽相同的层系划分方案。通过计算各种组合下的开发指标，综合对比，选择最优方案。

总之，开发层系的划分是由多种因素决定的，划分的方法和步骤可以因情况而异。对所划分的开发层系还要根据开发中出现的矛盾，进一步分析其适应性，并要加以适当调整。

第三节 油田开发方式的选择

油田开发方式又称油田驱动方式，是指油田在开发过程中驱动流体运移的动力能量的种类及其性质。在19世纪后半叶和20世纪初，人们主要采用消耗天然能量的方式开发油田。直到20世纪三四十年代，人工注水补充能量的开发方式才逐步发展起来，成为石油开发史上的重大突破。天然能量开采是指利用油藏自身的能量和边底水能量开采原油而不向地层补充任何能量的开采方式。人工补充能量开采又分为注水、注气和热力采油等类型，其中注水开发是通过不断向油藏注水给油藏补充驱动能量的一种开发方式，注气开发则是通过不断向油藏注气给油藏补充驱动能量的一种开发方式。到目前为止，并不是所有的油田都采用注水开发，而是有多种开发方式。油田开发到底选用哪一种开发方式，是由油藏的自身性质和当时的经济技术条件所决定的。

一、影响油田开发方式选择的因素

对于一个具体油田而言，有许多因素影响开发方式的选择。一般地说，在选择油田开发方式时，主要考虑以下四个方面的因素。

（一）油藏自然条件

油藏自然条件是指油藏地理环境、油藏天然能量、地质储量、油藏岩石和流体性质、地理环境对开发方式选择的影响。油藏自然条件对开发方式的影响主要表现在：首先应考虑当地其他可以作为驱油剂的资源量，对于一个天然能量有限的油田来说，可以使用人工补充能量的方法进行开发，使用人工作用的开发方式时需要有足够的驱油剂；其次应考虑环境保护问题，使用人工作用方式进行油田开发时，往往需要对驱油剂进行地面处理，这会引起环境污染问题。

对于一个实际开发的油藏，往往是多种驱动类型同时作用，即综合驱动。在综合驱动条件下，某一种驱动类型占支配地位，其他驱动类型的组合与转化对油藏的采收率会产生明显影响。因此，要分析天然能量的大小，并尽量加以利用，根据天然能量的充足与否，确定开发方式。

储量的大小对开发方式也起决定作用。对于一个储量很小而又有一定的天然能量满足需要的油藏，如果采用注水、注气或者其他开发方式，由于地面建设费用高，而其利用率又低，因此经济效益就不会很好，直接利用天然能量进行开发将会更合理。

油藏的岩石和流体的物理性质对开发方式也产生一定的影响，例如对于一个稠油油藏，即使有很充足的边水能量或弹性能量，也很难使油藏投入实际开发，这时必须采用热力采油方式开采。

（二）工艺技术水平

对于一个具体油田，从理论上来说，可以找到一种理想的开发方式，但是由于工艺技术水平的限制，实际往往难以投入使用。

（三）采收率目标

油田采收率也是确定开发方式的重要内容，根据油藏试采的情况和油藏天然能量的大小进行分析，若油藏天然能量充足，采收率能够达到预期的目标，则可利用天然能量开采；若油藏天然能量不足，采收率比较低，则要考虑人工补充能量的方式开发。

（四）经济效益

任何一种开发方式，最后都必须以经济效益为目标。若油田在经济技术条件上不适合某种开发方式，则应考虑选用其他的开发方式。

二、保持压力开采

要把原油从地下采出来，靠的是油层内的压力。油层压力就是驱油的动力，在驱油过程中要克服各种阻力，首先要克服油层中细小孔道的阻力，还要克服井筒内液柱的重力和管壁摩擦等阻力。只有当油层压力克服了所有这些阻力，原油才能从地下喷至地面，使油田生产正常运行。从前面的介绍知道，依靠天然能量开采一般不能保持油层压力，从而达不到油田长期高产稳产和实现较高采收率的要求。在长期的油田开采实践中，人们找到了一种保持油层压力的方法，就是用人工向油层内注水、注气或注其他溶剂，以向油层输入外来能量来保持油层压力。

（一）人工注水

人工注水就是在油田开发过程中，用人工的方法把水注入油层中或底水中，以保持或者提高油层压力。目前国内外油田应用的注水方式，归纳起来主要有边缘注水、切割注水、面积注水和点状注水四种。所谓注水方式，就是注水井在油藏中所处的部位和注水井与生产井之间的排列关系。

一个油田注水方式，总体来说，要根据国内外油田的开发经验与本油田的具体特点来选择。针对不同的油田地质条件选择不同的注水方式，特别是不同油层性质和构造条件，是确定注水方式的主要地质因素。下面分别介绍各种注水方式的定义及其适用条件。

1. 边缘注水

在边缘注水方式中，注水井排位于构造中油水边缘附近的等高线上，基本上与含油边缘平行。这样在注水开发时，可使油水前缘有一个好的界面，让水向油区均匀推进，实现较高的采收率，如图3-3-1所示。

边缘注水方式适用于面积不大（油藏宽度不大于4~5km）、构造比较完整、油层稳定、边部和内部连通性好、油层流动系数较高的油田。

边缘注水方式适用于边水比较活跃的中小油田。这种注水方式的优点是：油水界面比较完整，注入水逐步由外向油藏内部推进，因此比较容易控制注入水线，无水采收率和低含水采收率较高，其最终采收率也很高。边缘注水方式的缺点是：由于遮挡作用，能够受效的生产井排数少（一般不超过3排）；当油田较大时，内部生产井排受不到注入水的影响；此外，边缘注水时，部分注入水可能会发生外溢现象，从而降低注水效果。

2. 内部切割注水

对于大面积、储量丰富、油层性质稳定的油田，一般采用内部切割注水方式。在内部切割注水方式下，注水井排将油藏分割成若干个相对独立的较小单元，每一单元称为一个切割区，可以看作是一个独立的开发单元，进行独立的开发和调整，如图3-3-2所示。

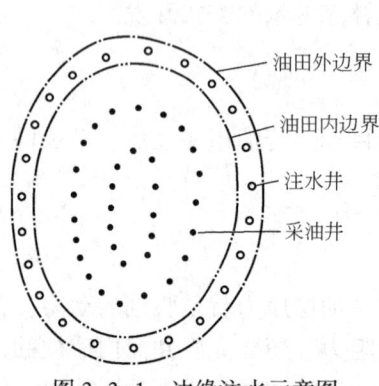

图3-3-1 边缘注水示意图

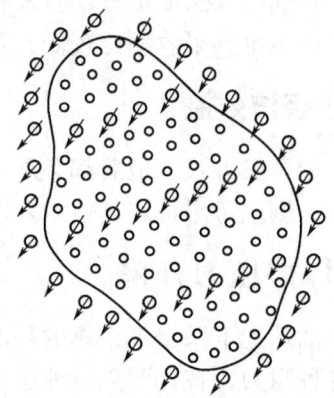

图3-3-2 内部切割注水示意图

内部切割注水方式的采用条件是：油层要大面积分布，注水井排可以形成比较完整的切割水线；保证一个切割区内布置的生产井与注水井有着较好的连通性；油层具有一定的流动系数，以保证在一定的切割区和一定的井排距内，注水效果能比较好地传递到生产井排。

采用内部切割注水方式的优点是：可根据油田具体的地质特征，选择最佳的切割井排形式、方向和切割距；可以根据开发期间认识到的油田详细地质构造资料，进一步调整为面积注水方式；切割区内生产井排受效比边缘注水方式好。

但是，这种注水方式也有其局限性。第一，内部切割注水不能很好地适应油层的非均质性，对于在平面上油层性质变化较大的油田，往往使相当部分的注水井处于低渗地带，注水效率不高；第二，同一切割区内，内排与外排生产井受注水影响不同，因而开采不平衡，内排生产能力不易发挥，而外排井生产能力大，见水快；第三，注水井排两侧的地质条件不一样时，会出现区与区之间的不平衡。

3. 面积注水

将油层按照一定的几何图形划分成若干个单元，在每个单元的顶点和中心部位分别布置一些生产井和注水井，从而可构成在整个含油区域内的面积注水方式。根据油井和注水井相互位置及构成的井网形状不同，面积注水可分为四点法面积注水、五点法面积注水、七点法面积注水、九点法面积注水、反九点法面积注水、正对式排状注水、交错式排状注水等。值得指出的是，不同国家，甚至同一国家的不同油田之间，关于面积井网的命名方法可能是不同的。一种是以注水井为中心包括周围的生产井而构成的注水网格来命名，在这个网格中一共有几口井，就称为正几点井网，简称几点井网；另一种则以生产井为中心包括周围的注水井而构成的单元来命名。此处采用第一种命名方法。如将正井网中的生产井与注水井的位置调换而得的井网，称为反井网。

从图3-3-3可以看出，正四点法面积注水井网是由一口注水井和周围的三口生产井构成的。每口注水井影响三口生产井，而每口生产井同时受到六口注水井的影响，该井网的注水井与生产井井数比为2:1。不同面积井网的井网参数简要列于表3-3-1中。

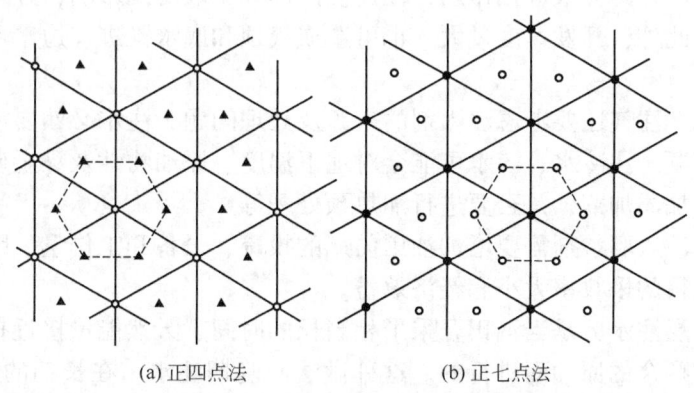

(a) 正四点法　　　　(b) 正七点法

图3-3-3　面积注水井网示意图
○—生产井；▲—注水井

表3-3-1　不同面积井网的井网参数

井网	生产井与注水井数比	钻成井网要求
四点	1:2	等边三角形
五点	1:1	正方形
七点	2:1	等边三角形
九点	3:1	正方形
反九点	1:3	正方形

采用面积注水方式的条件是：油层分布不规则，多呈透镜状分布；油层的渗透性差，流动系数低；油田面积大，构造不够完整，断层分布复杂；可用于油田后期的强化采油，以提

高采收率；虽然油田具备切割注水或其他注水方式的条件，但为了达到更高的采油速度，也可采用面积注水方式。

（二）人工注气

人工注气是指在油田开发过程中，把气体用人工的方法注入油层中去，以保持和提高油层压力。人工注气分为顶部注气和面积注气两种。顶部注气就是把注气井布置在油藏的气顶上，向气顶注气，以保持油层压力；面积注气是把注气井与采油井按某种几何形状根据需要部署在油田的一定位置上，进行注气采油。

三、开发方式的选择

对于一个具体的油田，我们选择开发方式的原则是：既要合理地利用天然能量，又要有效地保持油藏能量，以确保油田具有较高的采油速度和较长的稳产时间；当通过预测及研究确定油田天然能量不足时，则应考虑向油层注入驱替工作剂，如水、气等。

注入剂的选择与储层结构及流体性质有密切关系。当储层渗透率很低时，注水效果通常较差，油井见效慢。若储层性质均匀，渗透性好，原油黏度低，水敏性黏土矿物少，注水开发效果好。当断层或裂隙较多时，注入水或气可能会沿断裂处窜入生产井或其他非生产层。因此，必须搞清断层的走向和裂隙的发育规律，因势利导，以扩大注入剂的驱替面积。

开发过程的控制，即开发速度的大小，也会对驱动方式的建立产生重大影响。开发速度过大，由于外排生产井的屏蔽遮挡作用，往往使内部井见效受到影响；开发速度过小，满足不了产量的要求。此外，开发速度过大，也可造成气顶和底水锥进、边水舌进，影响最终采收率。

实行人工注水、注气还要考虑注入剂的来源及处理问题。注水必然要涉及水质是否与储层配伍及环保等问题。注冷水、淡水可能会对地下温度、原油物性及黏土矿物产生影响，因而需要考虑是否要加添加剂，是否要进行加热预处理等。

显然，向油层注入驱替剂需要增加油田前期的投资、设备和工作量。因此，需要预测采取这一措施所能获得的采收率大小和经济效益。

人们最初向油层注水，是当油田开采了相当长的时间、天然能量接近枯竭的时候，为了进一步采出油层中剩余的原油而进行的。这种做法叫晚期注水。在长期的油田开发实践中，人们发现保持油层压力越早，地下能量损耗就越少，能开采出的原油也就越多，于是就有意识地在油田开发初期向油层注水保持压力，这种方法叫早期注水。目前，世界上许多油田都采用了早期注水。我国的大庆油田，在总结了国内外油田开发经验和教训的基础上，根据大庆油田的特点，在油田投入开发的初期，就采用了内部早期横切割注水保持油层压力的开发方式。生产实践表明，由于油层压力保持在一定水平上，油层能量充足，油田产量稳定。

最后，还应该指出，由于水的来源广、价格便宜、易于处理、水驱效果一般较溶解气驱等驱动方式强，因此凡是有条件的油田，我国都采用注水方式开发，并取得了显著的经济效益。但也应该指出，注水不是唯一的和最佳的开发方式，只是我国现阶段科技水平的产物，今后必须加以发展。此外，一个油田为了实现有效注水，还应采取多方面的措施，尤其是工程工艺方面的措施，以提高水驱效果。

总之，人工保持油层压力的方法，要根据油田的具体情况来确定。

第四节　油田开发井网部署

油田开发的中心环节就是要分层系部署开发井网。所谓开发井网，是指若干油井在油藏上的排列方式或分布方式。井网部署得合理与否，直接影响到油田的开发效果与开发效益。因此在油田开发所涉及的诸多问题中，人们最关心的问题之一就是井网问题。在这个问题上，目前虽有许多理论研究成果，也有许多油田实际开发经验的总结，但仍在不断对其进行研究。

下面将就初期开发井网的部署问题进行讨论。目前，我国已经有了一套比较成熟和完善的工作方法，即对于多油层的分层系开采的油田，采用基础井网的方法，也就是先确定出一组分布稳定、物性好的油层为主要开发目的层，部署正规生产井网，这组井网就叫该开发区的基础井网。根据基础井网钻完后所取得的资料，一般就可以对本开发区的各类油砂体进行研究，得出比较可靠的结果。然后，再根据这些研究结果，就可以对其他层系部署开发井网。

一、基础井网

（一）井网基本形式

（1）排状井网：所有油井均以直线井排的形式部署到油藏含油面积之上（图3-4-1）。

（2）环状井网：所有油井都以环状井排的形式部署到油藏含油面积之上（图3-4-2）。排状井网和环状井网均适用于含油面积较大、渗透性和油层连通都较好的油田。

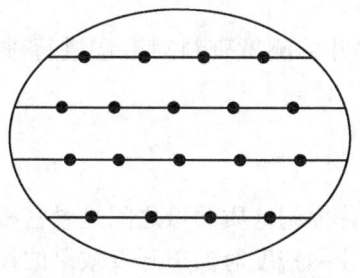
图 3-4-1　排状井网示意图

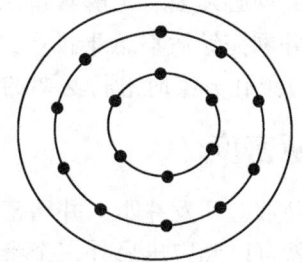
图 3-4-2　环状井网示意图

（3）面积井网：油井按照一定的几何排列方式部署到整个油藏含油面积之上。按照油井的排列方式，可将面积井网分成若干种类型，主要有正方形井网（图3-4-3）和三角形井网（图3-4-4）。正方形井网是最小井网单元为正方形的井网形式，正方形井网也可当作排距和井距相等的一种排状井网形式，井距一般用符号 d 表示。

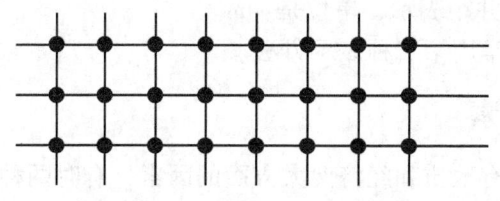
图 3-4-3　正方形井网示意图

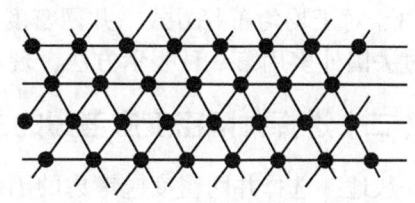
图 3-4-4　三角形井网示意图

（二）基础井网开发目的层的选择

在全面布置各层系开发井网之初，先选定一个分布稳定、产能高、有一定储量、已由详探井基本控制住并具有独立开发条件的油层，作为主要开发对象，布置它的正规开发井网，这样就能保证这套生产井网兼起本开发区内其他层组的研究任务。这套井网就叫该开发区的基础井网，主要油层可以按照此基础井网进行开发。而其他含油层系可以按此井网所取得的地质生产资料进行开发设计。这样就能保证在充分认识油层的基础上布井，使井网的布置能很好适应地层的实际情况。

基础井网是开发区的第一套正规生产井网。它的开发对象必须符合以下条件：
(1) 油层分布比较均匀稳定，形态易于掌握；
(2) 基础井网能控制该层系的80%以上的储量；
(3) 上下有良好的隔层，以确保各开发层系能独立开采，其间不发生窜流；
(4) 有足够的储量，具备单独布井和开发的条件；
(5) 油层渗透性好，油井有一定生产能力。

（三）基础井网的要求

基础井网是油田开发初期所部署的第一套正规开发井网，是以均质地层为依据进行部署的。基础井网起着认识油藏地质特征和为国家生产石油的双重作用，由基础井网本身的特点所决定，因此对基础井网应提出如下几点要求：
(1) 基础井网所开发的油层应该是连续性好、均匀、稳定的；
(2) 基础井网应部署在最好的开发层系上，并控制该层系80%以上的储量；
(3) 基础井网必须要有足够数量的监测井；
(4) 基础井网完钻后不急于投产，而应根据井的测试资料对油层进行进一步的对比研究，以便在制订射孔方案时进行必要的调整。

二、井网密度

油田开发井数、开发井距、井网密度以及单井控制地质储量之间是紧密相连的，确定了一个参数后，就可以确定出另外三个参数。由于井网密度对油田开发效果的经济效益有着重要影响，所以在进行油田开发设计时，一般要确定出极限井网密度和最佳井网密度。

（一）井网密度的概念

井网密度就是指油田开发井网中油水井的密集程度。井网密度可以用三种方法表示：
(1) 油藏上平均每口井所控制的油藏面积，常称为单井控制面积，单位是：km^2/井（口）。
(2) 油藏单位面积上的井数，单位是：井（口）/km^2。
(3) 对于均匀布井方式，井网密度还可用井距表示，单位是：m。

过去国外多用第一种表示方法，现在我国常用第二种表示方法。

（二）选择井网密度应考虑的主要因素

一般地，选择井网密度应考虑的因素主要有地质和经济两大方面的因素，有时两种因素互相交织在一起，具体分述如下。

1. 油层岩石和流体性质

这类因素主要包括渗透率、原油黏度和孔隙度。对于渗透性好的油层，由于其单井产油能力高，其泄油面积也就较大，因此井网可以稀一些；反之，对于低渗透油层，井网应密一些。一般情况下，渗透率越大，井的泄油半径也就越大。

原油黏度的影响主要表现在两个方面。一是表现为原油黏度大，则渗流阻力大，应采用密井网，反之则相反。二是表现为原油黏度对含水特征的影响，原油黏度大时，在同样含水率的情况下，密井网的采出程度比稀井网大，因此高黏度原油的油藏应采用密井网。同时，从经济角度考虑，要求单井控制储量不应太低，因此孔隙度和有效厚度也必须同时考虑。

2. 油藏非均质性

油藏非均质性指储层和流体的双重非均质性。显然，非均质程度高，井网密度应大一些；非均质程度低，井网密度可以小一些。

3. 开发方式

天然能量充足的边底水油藏和保持注水开发的中高渗油藏井网密度可以小一些；而天然能量不足，需要注水开发的中低渗油藏井网密度应大一些。

4. 油藏埋藏深度

油田钻井成本与埋深成正比例关系，油层越浅，钻井投资越少，因此从经济角度考虑，浅油层井网密度可适当高一些，深油藏井网密度可适当低一些。

5. 采油速度

在单井产能一定的情况下，要达到较高的采油速度，则必须多增加生产井。因此采油速度与井网密度也密切相关，在井网设计时也是考虑的因素。

6. 其他因素

其他因素，如地质方面油藏渗透率的各向异性、裂缝因素，经济方面的油田建设总投资、原油销售价格等，也是影响井网密度设计的重要因素。

（三）井网密度与采收率的关系

为了定量研究井网密度对采收率的影响，通常都是使用数理统计的方法进行，苏联学者谢尔卡乔夫研究了大量已开发油田的采收率 E_R 和井网密度的统计数据，得出了如下的经验关系式：

$$E_R = \alpha e^{-\beta S} \tag{3-4-1}$$

式中　S——井网密度，用单井控制面积表示，$km^2/$井；

　　　β——井网指数，取决于油层的连续状况、非均质程度等因素；

　　　α——井面积趋于零时的极限采收率，也就是水驱油效率。

从物理意义来说，井网密度越大，油田最终采收率越大。当 $S \to 0$ 时，油藏的采收率即为水驱油效率，即 $E_R \to \alpha$ 不同油田的地质、物理特性不同，必定有不同的 E_R—S 关系，也就是说其系数 α 和 β 是各不相同的。

（四）合理井网密度

油田开发的根本目的，一是获得最大的经济效益，二是最大限度地采出地下的油气资源，即获得最高的采收率，同时满足这样两个目的的开发井网密度就是合理井网密度。很显然，油田合理井网密度就是经济效益最大化下的井网密度，确定油田合理井网密度通常采用综合经济分析法，或称综合评价法。

若油田钻井、地面建设和采油生产的总投入资金为 Z、产出原油的销售收入为 Y，则纯利润 X 可用下式表示：

$$X = Y - Z \tag{3-4-2}$$

当 X 达到最大值时的井网密度就是最优井网密度，当 $X = 0$ 时的井网密度就是经济极限井网密度。一般来说，合理井网密度在最优井网密度和经济极限井网密度之间。

产出原油的销售资金为

$$Y = NP_r E_R \tag{3-4-3}$$

将 E_R 的计算式(3-4-2)代入式(3-4-3)得

$$Y = NP_r \alpha e^{-\beta S} \tag{3-4-4}$$

式中　N——石油地质储量；

　　　P_r——原油销售价格（取贴现后的平均价格）。

生产原油的投入资金为

$$Z = n_t b \tag{3-4-5}$$

式中　n_t——总井数；

　　　b——在油田开发期内，平均每口井的总投入费用。

在油田开发面积一定的情况下，总井数与井网密度有如下的关系存在：

$$n_t = \frac{F}{S} \tag{3-4-6}$$

式中　F——油田总面积；

　　　S——以单井控制面积表示的井网密度。

将式(3-4-6)代入式(3-4-5)中，可得

$$Z = \frac{F}{S} b \tag{3-4-7}$$

将式(3-4-4)及式(3-4-7)代入式(3-4-2)，得计算纯利润的表达式为

$$X = NP_r \alpha e^{-\beta S} - \frac{F}{S} b \tag{3-4-8}$$

根据极值原理，当 $dX/dS = 0$ 时，X 有极大值，因此对式(3-4-8)微分得

$$-NP_r \alpha \beta e^{-\beta S} + \frac{F}{S^2} b = 0 \tag{3-4-9}$$

将式(3-4-9)整理后得

$$\beta S_{max} = \ln \frac{NP_r \alpha \beta}{Fb} + 2\ln S_{max} \tag{3-4-10}$$

求解出这个非线性方程，就可得到最优井网密度 S_{max}。

为了求得经济极限井网密度，令 $X = 0$，则

$$NP_r \alpha e^{-\beta S} - \frac{F}{S} b = 0 \tag{3-4-11}$$

将此式整理后得到

$$\beta S_{\text{lim}} = \ln \frac{NP_r \alpha \beta}{Fb} + \ln S_{\text{lim}} \qquad (3-4-12)$$

这也是一个非线性方程，利用数学地质方法或者相关数学软件求解后就可以得到经济极限井网密度 S_{lim}。

三、油田开发布井方案

油田开发布井方案是油田开发设计中最主要的方案。它应在综合应用详探、开发试验和基础井网等多方面资料的基础上，立足于本油田的实际地质情况、生产实践经验和室内实验结果，确定出适合于本油田的开发方式、层系划分、注水方式和井网布置。这样的方案往往不止一个，而是许多个。因此，对每一种布井方案都要进行研究，研究油层对该井网的适应程度，研究各项生产指标及其变化并研究各项技术经济指标等。

制订布井方案要按下列步骤进行：

（1）划分开发层系。在进行油砂体和隔层研究的基础上，划分开发层系，确定本开发区采用几套井网独立开发，然后对每一层系单独布井。

（2）确定油水井数目。假设已给定本开发区的采油速度为 v（小数），本开发区的地质储量为 N，而平均单井日产油量为 q，则可以计算出本开发区所需的生产井数目 n 为

$$n = Nv/(300q) \qquad (3-4-13)$$

式（3-4-13）中的 300 表示的是油井一年中的有效生产天数。

确定出了井数以后，就可以计算出井网密度 D：

$$D = n/A \qquad (3-4-14)$$

式中 A——开发区油层面积，km^2。

有了油井数目以后，还应确定注水井的数目。注水井数应根据所采用的注水方式而定，一般是油井数的 $1/3 \sim 1/2$。

（3）布置开发井网。在确定了井网密度之后，根据已取得的本开发区每一开发层系各油砂体的大小、延伸范围、分布情况及储量大小等资料合理布置注采井网，以便尽量多地控制住地下储量，减少储量损失。

（4）开发指标计算和经济核算。对各种布井方案进行开发指标分析，比较不同布井方案技术和经济指标之间的差异。

（5）确定最佳方案。对每一个布井方案都应综合进行地质研究、开发指标预测和经济分析。在不同的布井方案中，各项指标相差很大，有的是这一方面优越，有的是另一方面优越。当对各项指标都进行了计算和分析后，就可以进行对比，选取其中的最佳方案。

第五节 油田开发方案调整

无论采用什么开采方式、井网系统、层系划分和驱动类型投入开发的油田，为了达到延长稳产期、改善开发条件和提高采收率的目的，都需选择适当的时机，进行必要的开发方案调整工作。

一、层系调整

在中低含水期，对开发初期的基础井网未进行较大调整，层系的划分是比较粗的。进入高含水期以后，层间干扰现象加剧，高渗透主力层已基本水淹，中低渗透的非主力油层很少动用或基本没有动用，油田产量开始出现递减。进行细分开发层系的调整，可以把大量中低渗透层的储量动用起来，这是细分开发层系的必要性；另外，油井水淹虽然已经很严重，但从地下油水分布情况来看，水淹的主要还是主力油层，大量的中低渗透层进水很少或者根本没有进水，其中还能看到大片甚至整层的剩余油，具备把中低渗透层细分出来单独组成一套层系的可能性，因此，进行开发层系细分调整是改善储层动用状况，保持油田稳产、增产、减缓递减的一项重要措施。

前面介绍过，多油层油田通常划分开发层系，用不同的井网单独开发，以减缓开采过程中的层间矛盾，改善开发效果，提高油藏开发的经济效益。但是，在油田开发过程中，一个层系中的各个单层之间，由于注采的不均衡而产生了新的不均衡，为了更合理地开发，需要进一步划分开发层系。此时的划分方法有两种：第一，在一个开发层系的内部进一步划分若干个开发层系；第二，在相邻的开发层系之中，把开发得较差的单层组合在一起，形成一个独立的开发层系。这两种方法统称为层系细分。在层系细分时，仍遵循层系划分的原则，但应避免在经济上不利的层系划分。

二、井网调整

井网问题是油田开发中人们最关心也是讨论最多的问题之一，因为油田开发的经济效益和技术效果在很大程度上取决于所部署的井网。在这个问题上，有许多理论研究的成果，也有许多实际油田开发经验的总结，但迄今为止还未形成定论，仍在不断研究之中。目前，研究者将主要精力放在提高产量、采收率和经济问题上。

在人工注水开发油田时，一些规模较小、层系比较简单的油藏可以采用以边缘注水为主的开发方式，而对规模较大的和复杂的油田要采用内部切割或面积注水为主的开采方式。井网密度问题，应当从经济和地质因素两个方面考虑。如果油藏是一个均质各向同性的储层，则随着井网密度的增加，会加剧井间干扰，从而降低了增加井数的增产效果。图3-5-1是油田产量与开发井数之间关系的示意图。从图上可以看出，随着井数增加，产量增加率逐渐减少，存在着一个合理井数 n_{REA} 的问题。在油田投产初期，应钻生产井的合理井数不应超过油田最终开采井数的80%，而另外20%的井作为油田开采中后期开发调整使用。另一方面，油田开发井数与经济效益密切相关。图3-5-2为油田开发经济效益与井数关系示意图。由此图可看出，随着井数的增加，经济效益开始增加很快；当达到合理井数 n_{REA} 之后，再增加井数，经济效益却增加很少；如果继续增加井数，当其超过经济极限井数 n_{CRT} 之后，其经济效益就要明显下降。因此，对于某一特定的油藏，有一个最佳的井网密度范围（罗平亚，2001）。

此外，对于注水开发的油田，如果要有效注水，则每个油砂体上至少要有一口注水井和一口生产井。要满足这一条件，则注水井与生产井之间的距离 d 应小于单一油砂体延伸长度 L 的二分之一。因此，如果采用300m的井距，则延伸长度大于600m以上的油砂体将全部受到控制，而小于300m的油砂体则完全受不到控制，300~600m之间的油砂体有可能被控制，也有可能得不到控制。

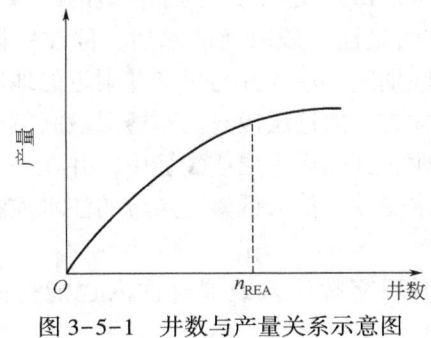
图 3-5-1　井数与产量关系示意图

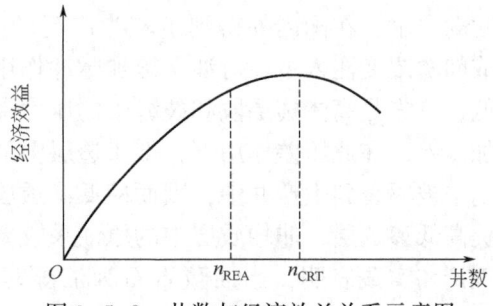
图 3-5-2　井数与经济效益关系示意图

由此可见，加密钻井进行井网调整，将会有更多的储量直接受到水驱的影响，使开发较差的油砂体的开发效果得以改善。

由于地下油藏各层的分布和参数的变化情况，在开发前基本不清楚，而在钻完第一批开发井和投入生产以后也不能清楚地了解，因此井网布置包括加密钻井的布置，建议均匀布井，对于某些断块和岩性油藏可以灵活布井。

由于在油田开发初期，往往采用较稀的井网来开发储量比较集中、产能较高的一些层位，因此，有必要用加密井来进一步划分开发层系，更好地开发那些水驱较差的油层。井网和层系的调整一般在含水上升较快和产量下降时进行。

大量的矿场实践证明：只要在油井见水后继续生产到含水极限（例如 98%）时，水驱油的面积波及系数接近 80%，而垂向波及系数则在 40%～80% 之间。因此，在高含水情况下，通过钻加密井的方式来提高体积波及系数是没有太大效果的，此时的重点应放在改善垂向波及系数上，采用调剖技术调整吸水剖面，并与聚合物改善驱油效率相结合。

三、驱动方式调整

要根据油藏的地质条件建立技术上有效的、经济上可行的驱动方式，同时也要考虑到产量的要求。在研究这个问题时，要考虑充分利用天然能量的可能性。

如果油藏开发初期证明边水比较活跃，而且油藏又是由比较单一的油层组成的，可以先不考虑注水，到开发后期为了更好地开发那些与边水连通较差的层位时，才进行内部切割注水。

对于未饱和油藏，因为有一个弹性驱动阶段，在地层压力降至饱和压力之前注水不会有什么问题。对于油藏压力接近或等于饱和压力的油藏，一旦油藏开始开发，溶解气就会从原油中分离出来。在这种情况下，只要在储层中的含气饱和度还低于气体开始流动的饱和度以前进行注水，仍可得到比较好的效果。这一饱和度可以作为开始注水的界限，也可以作为保持油藏压力的下限。

四、工作制度调整

这里介绍的工作制度调整，指的是水驱油的流动方向及注入方式的调整，如周期注水、水气循环交替注入等。调整水驱油的流动方向，对有裂缝的油田特别重要。水驱油的方向与裂缝延伸的方向互相垂直时，水驱油效果最好。例如，我国的扶余油田是一个裂缝性油藏，由于对地质情况认识上的不足，初期采用九点井网进行开发，开发效果较差；后来将井网改为排状井网,并把注水井排布得与裂缝方向一致,结果油田开发效果得到了明显的改善。

间歇注水已在国内外得到了较为广泛的应用,方法是注一段时间的水后,停注一段时间,或间歇改变注入量,对油层施加脉冲作用。在停注期间,注入井与生产井附近的地层压力降低,首先是高渗透层段和裂缝中的压力降低,这样在低渗透层段与高渗透层段间就会形成附加压差,在此压差作用下,低渗透层中的油就被驱替到高渗透层或裂缝中,并在一个注水周期中被驱替到生产井中,因而使低渗透层带的注水受效,扩大低渗透层带的注水控制面积,提高低渗透层、非均质层中的原油采收率。

理论和实践表明,当油藏岩石为油湿时,水气循环交替注入或混合注入也能提高采收率。

五、开采工艺调整

对于溶解气驱开发的油田,随着油藏压力的下降,油藏的能量将不能把油举升至井口,需要人工举升。而在注水的水驱油田中,随着开发的进行,含水率不断上升,井底流动压力也不断升高,井底生产压差降低,井的产油量也不断下降,到某一阶段也同样需要举升来降低井底流动压力,以提高油井产量。但是,两者之间是有区别的,前者是补充压力不足,后者则着眼于提高排液量。我国大部分油田主要是后一种情况。

此外,随着油田开发的进行,生产井排液量不断提高,需要根据注采平衡的要求进行注水调整,包括增加注水井点和提高注入压力等。

复习思考题

1. 编制油气藏开发方案包含哪些内容?
2. 编制油气藏开发方案的步骤是什么?
3. 开发层系划分与组合的目的是什么,遵循什么样的原则?
4. 油田开发方式选择的依据是什么?
5. 油田开发井网部署需要考虑哪些因素?
6. 油田开发方案调整的内容包括哪些方面?

第四章
注水开发油田的地质变化

注水开发是应用最为广泛的油田开发方式和二次采油方法。在注水开发过程中，油藏储层孔隙结构将发生较大变化，注入水对储层孔隙、骨架颗粒、胶结物和油藏流体的作用，以及油层温度和压力的变化，使注水后的储层与注水开发前在物性、孔隙结构、润湿性、非均质性等方面有较大差异。开发指标和动态变化往往是地下油层特征的反映。水驱后的油层，剩余油的分布受油层非均质性、韵律性、原油黏滞性、毛细管压力、重力、润湿性、孔隙大小和驱油速度等多种因素的影响。本章通过分析油田注水开发过程中地质条件的变化，总结油层开发动态规律，找出影响油田开发效果的地质因素。针对油田注入水与地下油水分布的关系，分析其控制因素及分布规律。同时，持续地注水开发对储层性质和流体性质产生了不可忽视的影响，这些地质效应从不同方面影响了油田采收率。

第一节 注水过程的地质分析

一、国内油藏的基本特点

油藏特点决定了油田的开发方式。为实现油田的长期高产稳产，国内绝大多数油藏采用了早期注水方式进行开发。这些油藏的特点如下。

（一）天然能量不足

我国已投入开发的油田，大部分在陆相含油气盆地之内，沉积模式有河流—三角洲、冲积扇—扇三角洲、水下扇沉积和三角洲间湖湾沉积四种，且以河流—三角洲沉积为主。这样的沉积环境，砂体一般顺河流方向延伸，侧向连续性差；砂体规模小，单层厚度最薄不到1m，很少超过10m，单期河流砂体宽度小、厚度薄，很多河流砂体不超过1km，一些顺直型分流河道砂体仅有100~200m宽，如大庆油田一些开发区井网从600m×500m加密到300m×250m和300m×125m后，这套井网多数才控制了这类砂体储量的25%~30%。特别是断陷盆地陡坡河流相沉积规模更小。在这一特定石油地质背景下，不易形成大型天然水压驱动油藏。目前国内已发现的天然水压驱动或边水能量充足的油藏都是一些面积较小、边部开启的构造。断块面积一般小于$5km^2$，最大的永安镇油田仅$7km^2$。已开发油田中，天然能量充足的小断块和油田的地质储量为$1.3×10^8t$，只占已发现地质储量的2%~3%。由于陆相沉积特定的石油地质背景，没有渗流条件很好、大面积分布的储层，缺少上百倍于含油层砂体连通的含水层，所以，在已开发的油田中，油田可采储量的97%天然能量不足，需要注水补充能量，以保持高产稳产，提高最终采收率。

（二）原油黏度较高

原油黏度比较高，中、高含水期仍是注水开发的重要阶段。由于陆相湖盆这一特定的水介质和生油环境下所生成的石油主要为石蜡基石油，大多原生油藏的油含蜡较多、黏度较高，如大庆油田、双河油田。次生油藏的油一般为含胶质高的低凝稠油，如孤岛油田、羊三木油田、克拉玛依油田。由于原油含蜡和胶质高，原油黏度高，据统计，黏度大于 $5mPa·s$ 原油储量占已开发储量的 90% 左右。

低黏度原油含水上升慢，高黏度原油含水上升快。据前苏联地区部分已到开发末期的油田统计，低黏油田在综合含水 60% 时，一般采出可采储量的 55%~80%；原油黏度大于 $5mPa·s$ 的油田，在综合含水 60% 时，一般采出量低于可采储量的 50%。

二、注水应考虑的地质因素

油田注水是将水注入油层中，驱替原油到生产井，这一过程是在油层内进行的，因此油层性质和结构必然对油田注水产生重要影响，甚至是决定性的作用。国内外大量油田注水的实践表明，油田要注水开发，必须考虑以下几个地质因素。

（一）油层埋藏深度和构造形态

油层埋藏的深度和构造形态是油田注水首要考虑的因素。特别是浅油层（深度小于100m）和深油层（深度大于5000m），对于其注水问题更应慎重研究。从埋深看，油层太浅，难以承受很高的注水压力，注水压力可能压破地层或压开延伸到地面的裂缝面；油层太深，注水压力太大，注水成本太高。从渗透性看，良好的渗透性是注水的一个有利条件。

构造形态是确定注水井位和注水井网的重要因素，构造太平缓和太陡都对注水不利。如美国海湾地区的一些油田，构造闭合高度小，油层下部有底水，原生水饱和度较高，使整个或大部分油层变为"油水过渡带"（图4-1-1），其含水饱和度比正常油层的含水饱和度高。对构造很陡的油田，因受重力驱动的影响，一次采油的采收率较高，注水效果不太理想。

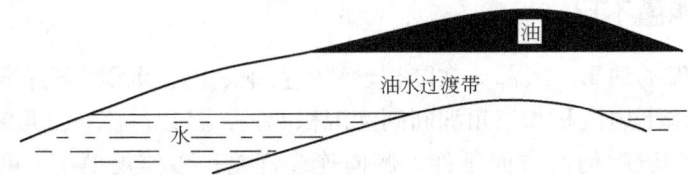

图 4-1-1 闭合高度小的油藏油水过渡带（据夏位荣，1999）

（二）断层和裂缝

断层对油田注水有一定影响。若断层是封闭或放射状的，则适合注水和控制，可按断块进行注采设计；若断层是敞开的，这种断层会破坏注水效果，特别是连续敞开雁列式断层对注水效果的影响更为严重，甚至会完全破坏注水效果。

裂缝是裂缝性储层的基本特征，既有敞开的，也有闭合的，用传统的岩心分析方法难以发现，只有在高压下用CT扫描才能观察出来，才显示出裂缝的性质。低渗透油层中的裂缝往往具有这种特征，在注水时才会表现出裂缝性储层的性质。

总之，无论哪种性质的裂缝，在注水开发过程中，其驱油机理与单孔隙储层（或均质储层）的都是不同的。裂缝中是水驱油的过程，裂缝中的水与基质孔隙中的油是水油的交换过程，与单孔隙储层水驱油的概念截然不同。国内外裂缝性储层的注水实例表明，注水成功的关键是合理布置注水井的位置和控制注入速度。若裂缝具有明显的方向性，且裂缝之间有一定的距离，并钻有生产井，则此时水沿裂缝走向注入油层，使注水井与生产井不直接由裂缝沟通，迫使注入水沿垂直裂缝面的方向移动，这样夹在中间地段油层的原油就可能受到正常的驱替作用（图4-1-2）。表4-1-1是玉门油田注水模拟的实验结果。从表中看出，注水井布置在裂缝上采收率最高，波及系数最大。

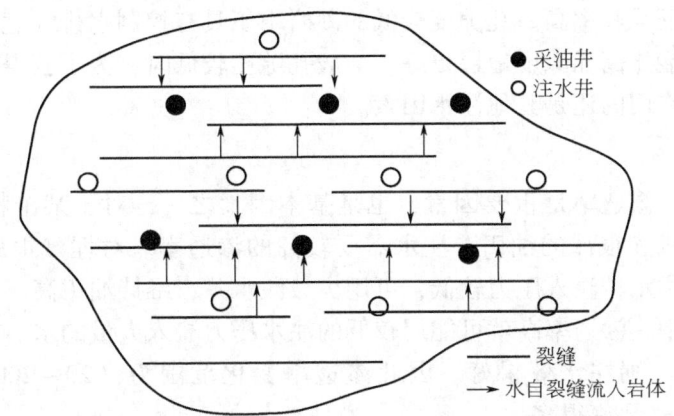

图 4-1-2　裂缝性地层注水的布井方法（据夏位荣，1999，有修改）

表 4-1-1　裂缝性砂岩注水模拟实验结果（据夏位荣，1999）

序号	模拟方案	说明	采收率,%		波及系数,%	
			无水	最终	无水	最终
1		注水井布在裂缝上	43.84	53.84	89.54	99.31
2		注水井布在裂缝两侧	28.5	33.0	64.7	82.0
3		裂缝上端井含水50%时转注	22.6	44.0	33.0	90.6
4		注水井布在靠近裂缝的一侧	29.2	33.2	87.4	100
5		注水井布在远离裂缝的一侧	35.5	45.1	84.1	98.3

注：●代表注水井；○代表生产井；◎代表含水50%时转注的井；:代表裂缝位置。

（三）岩性和物性

无论砂岩还是石灰岩（包括老地层）都可作为注水层。对砂岩油层则主要考虑孔隙度、渗透率、连续性和矿物成分。石灰岩油藏注水所受限制更多，但影响注水效果的主要因素是裂缝（包括溶洞）。

1. 孔隙度

在确定是否适合注水时，孔隙度本身不是控制因素，之所以重要是因为与储油量有关。孔隙度高并不能保证采收率高。孔隙度较低的砂岩由于具有控制水排油过程的良好特性，故注水采收率完全可能比高孔隙度地层更好。一般孔隙度较低时，为了获得同样的单位地层厚度采收率，起主要作用的还是其他注水因素。

2. 渗透率

在研究注水时，渗透率是重要因素，也是基本因素之一，对于某个特定油田要具体分析。如油层埋藏很浅和很深的油田，注水需要较高的渗透率。对埋藏很深的油田，渗透率高，可采用大井距注水，注入压力较低，可用少数注水井，维持油田高产稳产，避免采油成本太高。在浅油田中，渗透率高就可能用较低的注水压力注入大量的水。在所有情况下，渗透率变化的范围小，则注水效果好。因此渗透率变化范围为 $(20 \sim 200) \times 10^{-3} \mu m^2$ 比到 $(20 \sim 2000) \times 10^{-3} \mu m^2$ 要好得多。

在不均匀的砂岩中，渗透率变化大，注入水容易通过高渗透带从注水井向生产井突进，使得低渗透率油层中的油不能采出。渗透率变化小，则水线在油层内可均匀推进。一般在低渗透砂岩中注水需要较高的注水压力或较小的井距。试验表明，低渗透率砂岩在相同的总注水量条件下，注水压力越高，则采收率越高。著名的勃莱德福油田，油层渗透率仅 $10 \times 10^{-3} \mu m^2$，注水效果良好，这表明：能有效地进行注水，渗透率高并不是唯一条件，只要渗透性均匀，也能获得好的注水效果。

由于沉积的原因，渗透率是有变化的，并且渗透率变化是有方向性的，弄清这个情况，在布置生产井和注水井时会有所帮助。渗透率变化通常可根据井的压力和产量资料加以预测。如果水平方向的渗透率比垂直方向高，则对注水有利。因为水能沿水平方向向生产井移动，而不会沿高渗透带乱窜。同样，在砂岩体中出现一些页岩条带时，将会阻碍注入水在油层中上下渗流。有的油层，垂直渗透率较高，如国内某一油层，垂直渗透率与水平渗透率之比达到 0.5，这种油层适于水平井开采，因为水平井的采油压差小，不易引起水的窜流，渗流面积大，油井产量高。

（四）凸镜体

从注水井到受影响的生产井之间的渗透率必须是连续的。井分散在井网中，从整个油田的角度看，油层的某些凸镜体可能使注入水的影响范围缩小。当注水井只布置在油田翼部时，要求油层的渗透率必须是完全连续的。若油层是凸镜状，则注水方案可能受到严重影响，甚至失败。

（五）孔隙结构和沉积韵律

一般来说，孔隙结构均匀的岩石，渗透率变化小，注水效果较好；反之，渗透率变化大，影响注水效果。砂岩颗粒的形状比颗粒粗细对采收率的影响大。砂粒越圆，则不连通的孔隙越少，可被水驱的油越多。颗粒粗的砂岩，渗透率较高，更有利于注水。因此，对正韵律沉积的油层，下部砂岩颗粒较粗，渗透率较好，注水见效快，水淹早；上部砂岩颗粒较细，渗透率相对较差，注水见效慢，一次采油后含油饱和度较高。但由于细粒砂岩渗透率通常比较均匀，往往成为有利注水的重要方面。

（六）矿物成分的敏感性

在评价油层注水时，黏土矿物和黄铁矿含量是很重要的因素。油层中伊利石（illite）和蒙脱石（montmorillonite）的百分含量直接关系到油层是否适合于注淡水。如果要保持油层的渗透率不变，则油层中的黏土物质必须永远保持体积不变。黏土膨胀会降低渗透率。黏土遇到淡水通常会膨胀，而遇到盐水则不会膨胀。显然，在有淡水源的地区，必须特别注意油层中的黏土含量。蒙脱石矿物中，又以钠蒙脱石的膨胀性最大，遇水膨胀后的体积可为原体积的 8~10 倍。一般用膨润度（膨润度是指黏土膨胀后增加的体积占原始体积的百分数）来衡量黏土膨胀大小。黏土膨胀的大小与水的性质有关，一般淡水使黏土膨胀远比咸水大得多。

在地层及其所含流体中，还要了解黄铁矿和钡的含量。黄铁矿与先前进入油藏或注入水中所含的空气或氧气会反应形成腐蚀性硫酸，造成设备腐蚀。钡与硫化物混合，则产生不溶性硫酸钡，对油层有严重的堵塞作用并可能大大降低产量。国内的某油田，因污水回注与地层水不匹配而产生沉淀堵塞油层，引起油层大幅度减产。

（七）原油黏度

原油黏度也是选择油田注水的重要条件，当油水黏度比太大时，开发效果不好。一般来说，当地下原油黏度大于 $100\mathrm{mPa\cdot s}$ 时，该油藏已不适宜注水，最好采用热力采油。

三、油水井生产动态分析

油水井生产动态特征，是油藏的综合反映。对油层性质一定的油田来说，油水井生产特征是油藏驱动能量的表现。不管油藏驱动的压力来源如何，油井不是消耗地层能量开采，就是保持油层能量开采。目前国内油田的生产井，绝大多数是保持油层能量开采，故本书着重介绍注水开发油田的油水井动态。

（一）保持油层能量开采的油井生产动态特征

1. 注采层位的对应分析

注采层位的对应分析，是在小层对比的基础上，充分利用动态监测的结果如压力测试、干扰测试、吸水剖面和产液剖面等多项资料，详细研究油水井之间各油层的对应关系。如果油水井之间油层有对应关系，则油井中的对应油层迟早会见到注水效果，油井产量、压力必然上升。如果油水井之间的油层没有对应关系，则油井产量、压力必然下降。显而易见，研究油水井之间油层的对应关系，是验证小层对比的结果，是层系划分和油井动态分析的基础。通过研究注采对应关系，就可对注水的一些重要问题进行分析，如井底堵塞、高渗透层与裂缝分布、油层的吸水情况和渗透率沿纵向的分布情况等。

2. 受效井的生产动态特征

注水开发的油田，油井见到注水效果后表现为产量压力上升，随后油井见水，直到油井水淹。一般来说，注水获得的采油量，可用注水开始和终止时油层中的含油饱和度差值来表示。对某一具体油层来说，根据统计，含油饱和度从 50% 降至 35% 与从 30% 降至 15% 时的注水结果是相当的。评价注水效果的标准，是根据采出与投入之比来判断，即由采出油量和投资的多少来决定。大量的注水开发油田资料说明，对适于注水的油田，注水是会获得明显效果的。图 4-1-3 是典型的受效井组动态曲线，在采油量明显下降时获得了显著的经济效果。

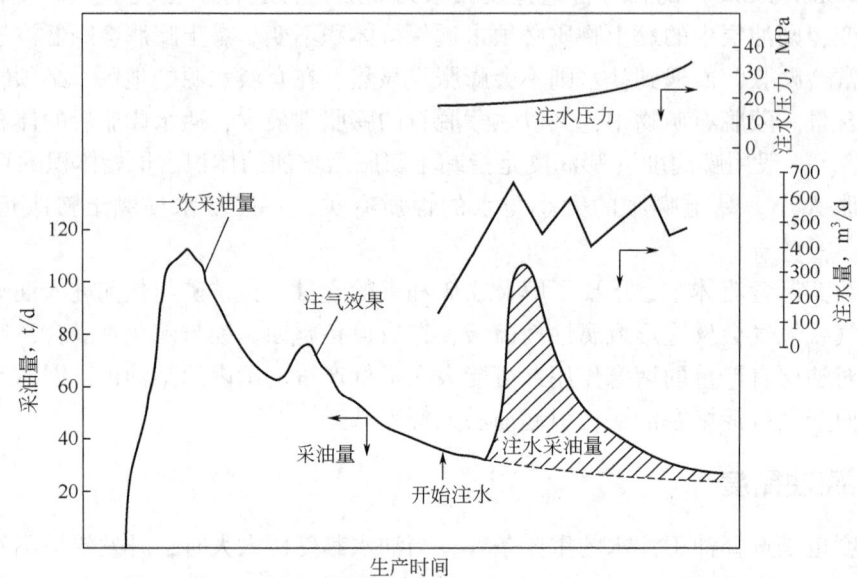

图 4-1-3　典型的受效井组动态曲线（据夏位荣，1999）

综合受效井的特征，可归纳为以下几点：

1）油井压力、产量上升

油田投产后，各井地层压力的变化主要取决于驱动方式、开采速度。注水开发的油田，油井在注水下进行生产，井组注采比的大小是影响地层压力变化的主要因素。地层压力下降时采得多、注得少，油层内部出现亏空，油层能量消耗大于补充能量，因此应适当提高注入量以达到采注平衡。

井底流动压力是地层压力克服在油层中渗流阻力后的剩余压力，又是垂直管流的始端压力，所以受这两方面的影响。注水开发的油田，注水见效后，在油井工作制度不变的情况下，一般见效油井的井底流动压力和产量也随之上升，地层压力恢复。

在油井含水后，由于水驱油的作用，在油井周围形成了油水两相流动，井底流动压力上升。从垂直管流看，由于含水率上升，在产液量相同的情况下，液气比下降，混合物平均密度增加，相应井底流动压力上升。当井底流动压力上升速度超过地层压力上升速度时，油井生产压差不断缩小，要保持油井稳产，就要不断放大生产压差。在自喷流动压力允许的前提下，为发挥油井生产潜力，要根据油井地下情况，及时合理地调整生产压差。有两种情况要及时研究，防止错过高产良机：一是油井见效后，要及时放大井底生产压差达到高产，但这种高产也要适当，防止油井过早见水；二是油井见水后，含水率和井底流动压力上升，要加大生产压差，通过提高产液量来保持稳产。

2) 油井见水（不包括夹层水和含水的油层）

在注入水向生产井推进过程中，油水前缘有少量零星游离水向生产井突进，初期往往不易发现，但在生产过程中却能观察到一些预兆。一般来说，油井见水前常表现为：地层压力和井底流动压力上升；油井产量增加，采油指数上升；套管压力和气油比下降。

实际生产中还需判断油井见水层位和来水方向，如用封隔器找水或分层测试、生产测井和地质分析法等分析判断见水层位。对来水方向的判断，直接方法是注入指示剂，若在注水井注入指示剂，又在油井见到了该指示剂，则可以证明该水来自注入井；间接方法是根据地层连通条件和注采动态反映。注水在油层中的运动，主要受渗透率微构造和沉积相控制，判断见水层位和水流方向一般考虑以下几点：

(1) 渗透率高的层先见水；
(2) 油砂体主体带部位的油层先见水；
(3) 注入水容易沿古河道方向和构造低部位流动；
(4) 注入水易沿厚度大的注水井，向厚度变薄的生产井推进；
(5) 吸水量高的层易见水；
(6) 注入水易沿裂缝和断层方向突进。

注水开发的油田，油井含水率的变化也受水驱油的控制。油井含水率上升有一定规律性，不同含水阶段，含水率上升的速度不同（图4-1-4）。低含水期，由于水淹面积小，含油饱和度高，水的相对渗透率不大，因此见水初期含水率上升速度不快；中含水期情况相反，含水率上升速度快（尤其是高黏度油田）；高含水期，原油靠注入水带出油层，因此含水率上升速度减慢。油井含水率上升速度，除受水驱油控制外，还取决于注采平衡和层间差异的调整程度，特别是主要来水方向的超平衡注水，必然要造成油井含水猛升。

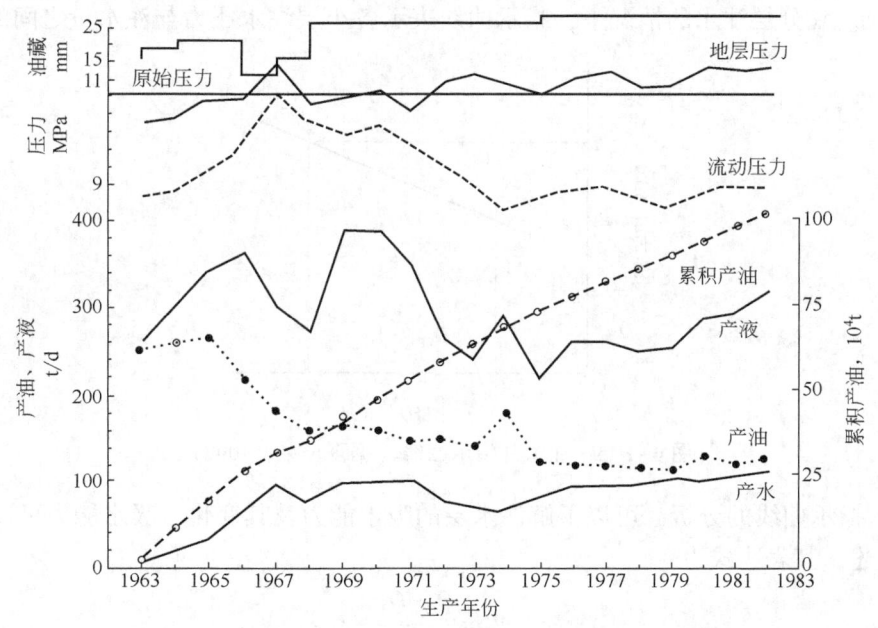

图 4-1-4 含水井综合采油曲线（据夏位荣，1999）

3) 确定合理油井工作制度

油井工作制度，是由不同开发阶段决定的。确定油井工作制度的主要方法，是稳定试井和单井数值模拟。这里主要介绍确定油井工作制度的基本原则。

在油田开发初期，即油井主要靠天然能量生产时，合理油井工作制度是根据稳定试井资料确定的。这时考虑的原则是产量高，气油比低，井底流动压力适当（至少大于饱和压力），含砂和含水少，生产稳定，合理利用地层能量（可由节点分析法确定）。对注水开发的油田，还应考虑以下原则：

（1）应充分利用地层能量，但又不破坏油层结构，引起大量出砂；
（2）保持注采平衡、压力平衡，使油井具有旺盛的生产能力；
（3）有效地调整油层层间和平面差异，充分发挥各小层的作用。

总之，合理工作制度应随生产情况和技术条件的变化而改变。

（二）不保持油层能量开采的油井生产动态特征

不保持油层能量开采的油田，主要是靠油藏本身弹性膨胀或溶解气驱开采，即没有外来边底水补充能量或人工注水、注气等方法补充能量。这类油藏常常是断层封闭或岩性封闭以及面积很小的孤立油层，在开采中难以见到注水效果。这类油层生产井的基本特征是产量、压力下降，气油比上升。开采时，随着地层压力降低，靠油藏释放弹性能量将油驱向井中。

（三）注水井的动态分析

注水井动态分析的目的，是尽量做到分层注采平衡、压力平衡，以保证油井长期高产稳产。

1. 指示曲线的分析

注水井的指示曲线是在稳定流动条件下测得的注水压力与注水量之间的关系曲线（图4-1-5）。在分层注水的情况下，指示曲线表示各小层注水压力与注水量之间的关系。

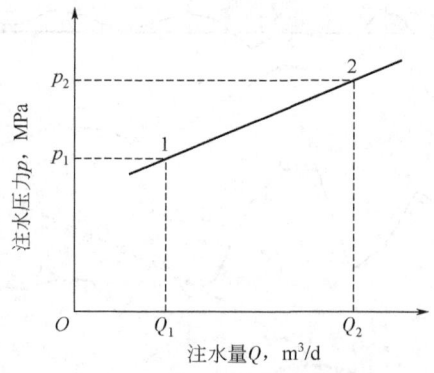

图4-1-5 注水井指示曲线（据夏位荣，1999）

通过对指示曲线的分析，可以了解注水层的吸水能力及其变化。吸水能力可以用吸水指数 W_f 来描述，其表达式为

$$W_f = \frac{Q_2 - Q_1}{p_2 - p_1}$$

式中　Q_1、Q_2——不同压力下的注水量，m^3/d；

　　　p_1、p_2——与 Q_1、Q_2 对应的注水压力，MPa。

从上式可以看出，直线斜率的倒数即为吸水指数。指示曲线右移，斜率变小，说明吸水指数增加；指示曲线左移，斜率变大，说明吸水能力下降，吸水指数小。应当指出，绘制注水指示曲线分析吸水能力变化时，一定不要使用井口压力，同时还要考虑井下工具工作状况的改变对指示曲线的影响，因不同管柱井内压力损失不同，也会改变注水指示曲线的形状。

2. 吸水剖面分析和应用

在注水开发的油田，注水井的吸水剖面决定着生产井的产出剖面。因此，吸水剖面能了解注入水的纵向分布，预测和控制水线推进，监视油层的吸水和产出。

3. 注水井的堵塞

注水井堵塞是注水井的普遍问题，也是造成注水量下降的根本原因，即使减少井口的控制，也无法避免注水量的下降。从图4-1-6可以看出，该井两次减少井口的控制，但仍然不能阻止注水量的下降。长期注水实践表明，注水量下降的根本原因，是注水井的堵塞。堵塞的原因是水中各种杂质的沉淀和井底细菌的堵塞。这种堵塞的过程，根据 Linge 和 R. A. Startzman 的研究，可用表皮系数来模拟。由图4-1-7可以看出，在该井模拟中，100d 以前，堵塞的速度比较快，总表皮系数上升较快，以后堵塞的速度减慢，逐渐趋于平稳。在实践中，定量计算注水井堵塞的方法，是用关井后压降曲线算出的表皮系数大小来表示，具体解释方法与一般试井解释方法相同。

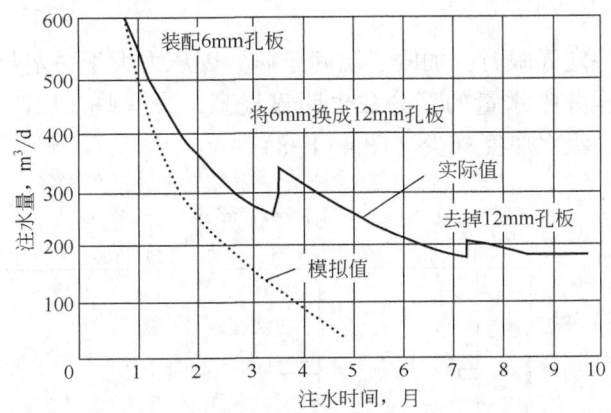

图4-1-6　控制的注水量与时间关系曲线（据夏位荣，1999）

虚线表明未经处理的注入水不断堵塞油层可能发生的情况

4. 注水压力分析

油田注水压力是合理开发油田的重要参数。注水压力过低或过高都会带来一系列的问题。注水压力高低主要是以满足油田需要的注水强度来衡量。注水强度是指油层单位厚度的日注水量。为了保证有一个合理的注水强度，就要选定一个合理的注水压力。在一定意义上说，提高注水强度对提高驱油效率有利。但由于油层非均质的影响，注水强度有一个合理的范围，如大庆油田中区西部在含水50%左右时，合理注水强度是 $15m^3/(d \cdot m)$。超过该值较多，在采出相同油量时，含水上升速度明显加快。必须指出，不同油田、不同井网，或同一油田不同开发阶段，该值都是不同的。

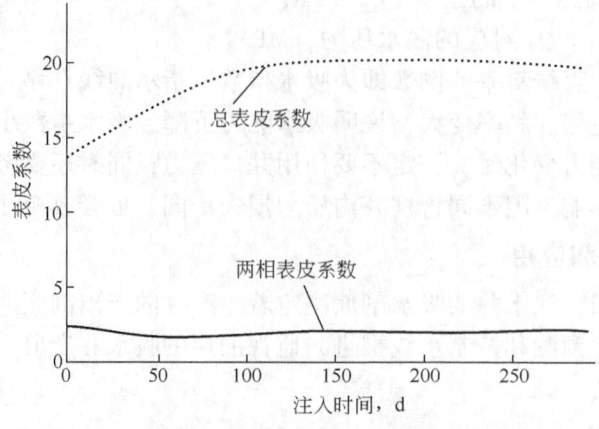

图 4-1-7 模拟表皮系数图（据夏位荣，1999）

注水压力对油层吸水有很大的影响，合理的注水压力可以增加吸水层位和吸水厚度，在一定注水压力范围内，注水井吸水厚度是不同的。提高注水压力可以提高吸水厚度，提高油层的吸水能力，增加驱油效率。因为注水压力提高，孔隙加大，井底微裂缝张开，特别是有些低渗透油层（如鄂尔多斯盆地延长统），吸水量与井底微裂缝张开有直接关系。但注水压力的提高是有限度的，它受三方面制约：一是注水压力以裂缝不张开为界，尤其是延伸距离很远的裂缝；二是注水压力不应使层间窜通，造成注入水上下窜流、失去控制，特别是注入水窜入松软地层，使泥岩膨胀，断层移位，套管损坏；三是保持较长时间的合理单井日注入量。

当注水压力高于一定界限时，加剧了层间矛盾。因压力大于一定数量时，造成一两个层吸水量明显增加，占全井吸水量的百分数也明显提高，另一些油层吸水量下降，直至不吸水，使层间矛盾加大，吸水厚度减少（图 4-1-8）。

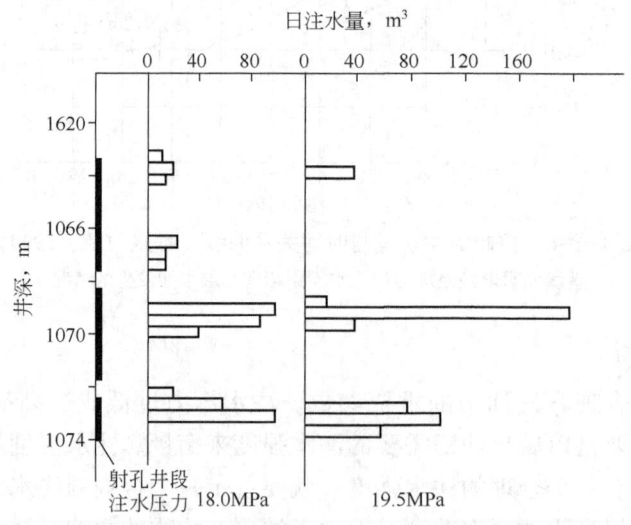

图 4-1-8 康斯坦丁诺夫油田 496 井不同压力下的吸水剖面

从图 4-1-8 可以看出，注水压力由 18MPa 提高到 19.5MPa 时，全井注水量增加，由于有些层注水量猛增，层间干扰加剧，使原来吸水量低的油层不吸水。

（四）编制单井配产配注

1. 以注水井为中心划分注水井组

以注水井为中心，根据注水井与周围生产井的油层连通情况，即静态上有联系、动态上可能有反应的油水井组合成一个单元。一般考虑第一排生产井。

2. 划分注水层段并确定层段性质

注水层段划分一般应按照下列原则：

（1）根据油层分布特点、储量大小、油层物性、原油物性、生产能力及目前开采状况（如压降大小）进行划分；

（2）两层段间隔层厚度不能过小（一般大于2.5m）；

（3）水层单独分开，不注水或封堵；

（4）油水井分层开采层段，尽可能对应起来，以便油井收到较好的注水效果；

（5）与周围油井并不连通的死胡同层，尽可能单独分开（不注水）。

为了方便管理，层段划分不宜过细。

在配产配注前，应先确定注水层段性质，根据油层物性（渗透率、厚度）、原油物性（黏度、相对密度）、油层分布状况及开采现状（采油速度、压降大小、吸水状况等）划分为控制层、均衡层和强化层。根据均衡开采和压力界限的要求，不同性质的层段采用不同的注采比或注入强度。具体界限每个油田不同，一般按表4-1-2的要求进行。

表4-1-2　注水层性质（据夏位荣，1999，有修改）

层段性质	渗透率	目前采油速度	注采比
控制层	高渗透层	小于规定速度	<1
均衡层	中渗透层	达到规定速度	1左右
强化层	中低渗透率	大于规定速度	>1

3. 油井配产

先按单井控制储量及要求的采油速度计算理论产量：

$$q = \frac{Nv}{t}$$

式中　N——单井控制储量，t；

　　　t——生产天数，d；

　　　v——采油速度，%；

　　　q——单井理论产量，t/d。

接着确定油井定产指标，将油井计算出的理论产量与油井的实际生产能力对比，选择合理定产指标。当油井的理论产量高于该井的实际生产能力时，则按该井实际生产能力配产；当油井的理论产量低于该井的实际生产能力时，则按合理生产能力配产（查阅该井以往生产情况，选择压力、产量、含水稳定情况下的生产能力作为该井的定产指标）。

4. 注水井分层配水

首先进行生产井油量纵向分配，将生产井配产油量按流动系数（Kh/μ）百分比配给各个小层。接着进行生产井分层产油量平面分配，即在已划好注水井组的基础上，按该生产井所受注水影响的方向（即受 n 口注水井的影响）进行小层产油量平面分配，按各个方向体积百分数来分配。再进行注水井分层配水，注水井按层段将各方向分配的产油量相加，即得受该注水井影响的层段产油量。然后换成地下体积，按不同层段性质所规定的注采比乘以层段地下体积产油量，即得该层段配水量。最后给出全井配水量，全井配水量为各层配水量之和。对根据单井所作的配产配注结果，可以适当调整，以达到较好的注采效果。

第二节 油层的地下动态和地质因素的关系

一、油层动态规律

油层开发动态分析，是正确认识和合理开发油气田的重要内容。如实反映油层的复杂情况，定量分析开发效果和预测未来的开发动向，就必须搞好油层动态分析。当前油层动态分析方法，大致分为三类：

（1）以油层物性为基础的分析方法，包括相渗透率分析和以高压物性为基础的物质平衡法等分析方法。

（2）以物理相似为基础的动态分析方法，即各种电模拟和动力相似模型（如系统研究油水黏度比从 1 到 500 的注采效率，模拟舌进、锥进等）。

（3）以油藏数值模拟为基础的分析方法，它是油层物性、地质研究、渗流力学和计算技术结合起来的现代动态分析方法。

油藏数值模拟的出现，绝不意味着常规的简化数学模型法不能再用。大量油田动态分析实践证明，应用简化数学模型预测动态，尽管从现在的观点来看过于简单，倘若使用得当，如用于不太复杂的油藏和突出主要的影响因素，它与实际动态仍然吻合很好。理论上很完善、精确度很高的油藏数值模拟法，若缺乏相应完整的地质研究和开发资料，在动态分析和预测油田动态方面仍将无能为力。从油田应用的实践来看，要想油藏数值模拟法取得较好的应用效果，重视油藏物性参数的各向变化，强调各网格单元地层参数，满足输入数据的精度要求，是十分重要的，而不是取油层参数的平均值。因此它要求对油层参数的测定和处理技术必须作相应的改变，这是用好该项技术的关键，也是使用油藏数值模拟法急需解决的难题。这里从本书的要求出发，来介绍油层动态分析的相关内容（更深入的研究，可参考其他资料）。

（一）油层产量变化规律

实际研究中可将油层产量变化规律分为三个阶段：递增阶段、稳产阶段和递减阶段。对一个具体油田来说，在井网一定的情况下，采油速度越大，稳产期采出程度越低，递减阶段的递减幅度就越大，如表 4-2-1 所示。

表 4-2-1　采油速度与产量递减的关系（据石油勘探开发研究院开发所，1980）

油田区块 项目	大庆油田				大庆南二、三区				胜坨				
采油速度,%	3.5	2.8	2.2	1.5	4.0	3.5	2.5	1.5	4.0	3.0	2.5	2.0	1.5
稳产期采出程度,%	25.05	27.5	30.9	35.3	29.4	30.1	35.15	40.45	17.4	22.4	23.0	27.0	30.0
递减阶段年递减率,%	18.5	16.3	14.2	11.4	21.8	19.7	17.2	13.3	19.9	17.6	14.1	14.2	11.6

为了更好地说明产量变化的规律，以某油田 L 层（砂岩油藏）为例，该层从 1965—1969 年产量呈递增趋势，年产油从 $17.2×10^4t$ 上升到 $20×10^4t$ 以上，年递增 $0.9×10^4t$；1969—1978 年为稳产期，年平均产油 $21.8×10^4t$，稳产 10a；1978 年后开始递减。图 4-2-1 为其产量动态变化曲线，反映了油层产量变化的一般规律。

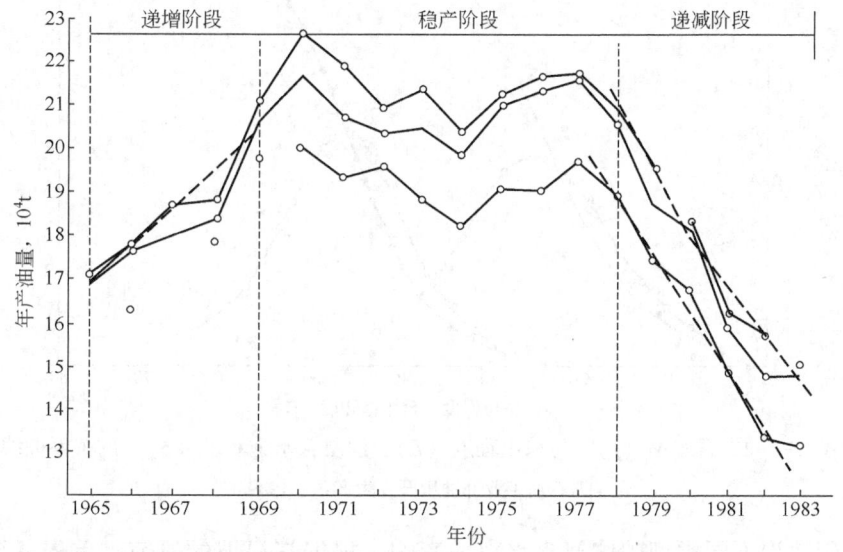

图 4-2-1　L 油藏高含水期产量构成及变化规律（据石油工业部油田开发生产司，1989）

（二）水驱油田含水上升规律

水驱油田含水上升规律反映了水驱油田动态变化的基本规律。无论是靠人工注水还是靠天然水驱采油，在油井无水期采油结束之后，将长期进行含水生产，含水率逐步上升。研究影响含水上升的地质和工程因素，确定合理注采比和控制含水上升，是油田开发中日常且极为重要的工作。

1. 含水上升的规律

含水上升与采出程度的关系曲线，是分析水驱油田含水上升的基本曲线（图 4-2-2）。该曲线综合反映地层及油水性质、开发方式和工艺措施的特点。

图 4-2-2 是某油层（已进入高含水期）实际生产数据绘制的曲线。该图的主要特征是含水率随采出程度或含水饱和度的增加而升高，呈 S 形，曲线两端平，中间陡，说明油田含水率在中含水期上升快，在低含水期和高含水期上升慢。含水率上升的速度（f'_w）就是含

水率曲线的斜率。图中倒 V 形曲线是含水率曲线的导数 $f'_w(S_w)$，称为含水饱和度分布函数曲线。$f'_w(S_w)$ 由下式求出：

$$f'_w(S_w)=\frac{df_w}{dS_w}=\frac{\Delta f_w}{\Delta S_w}$$

式中 f_w——含水率, %；
S_w——含水饱和度, %。

从图 4-2-2 可以看出，含水率为 52% 时，曲线斜率最大，即含水率上升最快，采 1% 地质储量或含水饱和度增加 1% 的含水上升速度分别达 4.6% 和 5.2%，以后含水上升速度变慢。

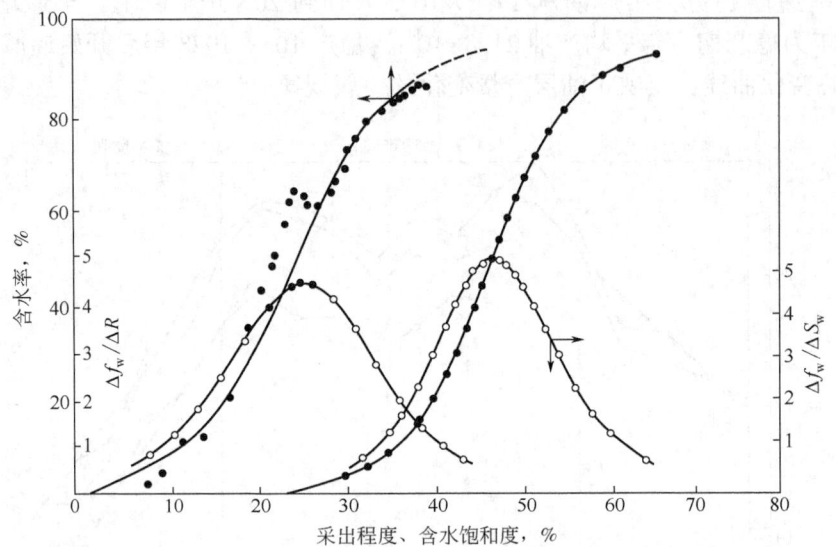

图 4-2-2 含水率（f_w）与采出程度（R）、油层含水饱和度（S_w）的关系曲线
（据石油工业部油田开发生产司，1989）

为了深刻认识不同类型砂体对含水率的影响，根据李福垲的研究，首先从沉积相入手，在细分沉积相的基础上，建立河流点坝砂体的非均质地质模式；然后应用三维三相黑油模型对不同类型的点坝砂体模型进行模拟，得出河流沉积的高、中、低三类弯度砂体的含水率与采出程度关系，如图 4-2-3 所示，中低含水期含水上升快，高含水期含水上升慢。

总之，上述两个实例，都是河流湖泊相沉积的非均质多油层含水率曲线的典型实例。由于各油田的地质和开发情况不同，含水率曲线的形状有些差异，特别是与相渗透率的比值有关，但总的趋势是相同的，即在中含水期含水上升快，低含水期和高含水期含水上升慢，这一趋势具有普遍意义。

2. 水驱特征

水驱特征曲线可以反映水驱状况。图 4-2-4 是某油层的实际水驱特征曲线，从图上可看出，该直线有一个转折点，转折点是由该层调整井网和注水方式产生的效果，转折点后，直线斜率变缓，表示油层水驱储量扩大，措施见效。

3. 含水上升与注入水占孔隙体积的关系

随着注水时间的增加，注入水占油层孔隙体积的百分数也不断增加，油井开始产水。对

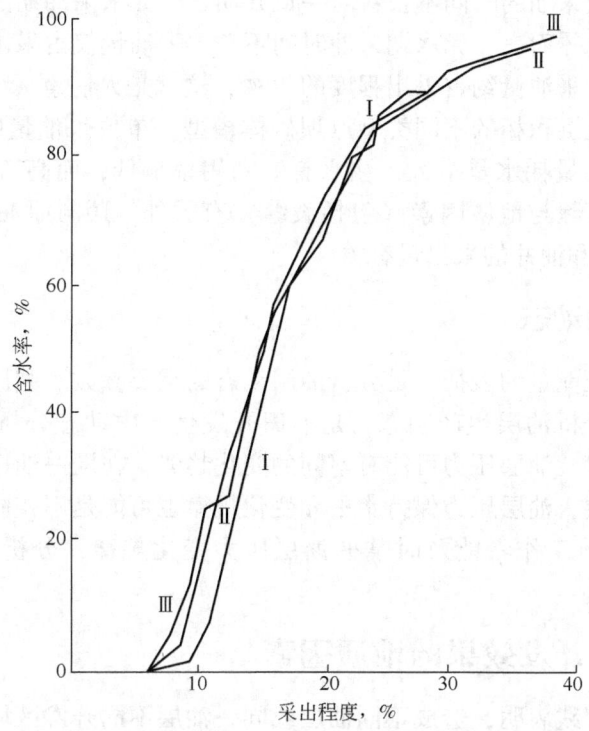

图 4-2-3　不同类型点坝砂体模型含水率和采出程度关系图（据李福垲，1990）
Ⅰ—高弯度砂体；Ⅱ—中弯度砂体；Ⅲ—低弯度砂体

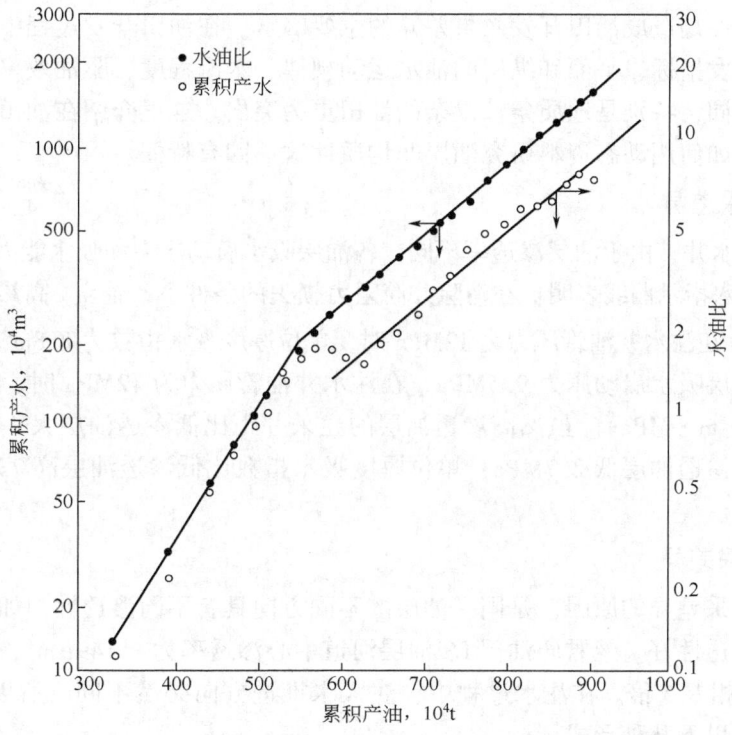

图 4-2-4　L 油藏水驱特征曲线（据石油工业部油田开发生产司，1989）

某一油层而言，无水期采油的时间不长；对一口井而言，无水采油期的时间各不相同，有长有短，因油层而异。总体而言，无水期采油时间不长，采油量仅占采出程度的百分之几，而含水期开采时间很长，采油量约占采出程度的30%，这就是人们重视含水期采油的原因。

有研究表明，河流沉积相的不同类型点坝砂体模型，单位采油量的耗水量有明显不同：低弯度砂体的单位采油量耗水量最大，注水有效利用率最低；而高弯度砂体注水利用率最高。油井含水上升速度除与地质因素（包括裂缝）有关外，还与原油的黏度（黏度大的见水快）、水井的注水量和油井的采出量有关。

（三）油层压力动态

油层压力是油气藏能量的表征，是分析油层动态的重要参数。利用压力监测结果，结合其他生产指标，及时分析油层生产动态，是油田开发生产中动态分析的基本研究内容和方法。在开发的不同阶段，油层压力可能有不同的变化趋势；在同一油田的不同开发区块，以及同一区块内不同油层，油层压力保持水平和变化规律也可能是不相同的。因此，在油田现场工作中，就要求地质工作者能及时掌握油层压力变化规律，分析变化原因，提出调整措施。

二、影响油田开发效果的地质因素

油田开发的大量实践表明，造成不同油层或同一油层不同开发区域开发效果差别较大的主要原因，是各开发区域地质条件的不同。影响油田开发效果的主要地质因素介绍如下。

（一）油层非均质性

油层非均质性是造成油田开发效果差异的主要因素。在油田开发过程中，油层非均质性表现在：油田开发指标、平面和纵向的油水运动规律、水淹程度、驱油效率和剩余油分布等各方面都大不相同，特别是地质条件复杂的油田更为突出。这里介绍在油田开发过程中如何分析非均质性，如何用动态资料研究油层非均质性这一固有特征。

1. 层间注采差异

多层合注的水井，由于油层渗透率不同，各油层吸水启动压力和吸水能力明显不同。萨中地区实测油层吸水指示曲线表明：在消除井筒阻力损失的条件下，葡I_{1-4}高渗透油层吸水启动压力为6.8MPa，在注水井油管压力为12MPa时，单位厚度吸水指数为8.8m³/（d·m·MPa）；葡Ⅱ组低渗透油层吸水启动压力9.5MPa，在注水井油管压力为12MPa时，单位厚度吸水指数为5.1m³/（d·m·MPa）。虽然高渗透油层的注采井距比低渗透油层大1倍以上，但其吸水启动压力比低渗透油层低2.7MPa，单位厚度吸水指数比低渗透油层高73%。层间差异在油井中也很明显。

2. 平面注采差异

产生平面注采差异的原因，是同一油层的不同方向具有不同渗透性，如河道中心砂岩比河漫滩的砂岩渗透性好。老君庙油田L3油层河道中心渗透率为1.149μm²，河漫滩渗透率为0.21μm²，两者相差5倍。在注水过程中，注入水推进方向必然不同，所以在注采过程中，平面差异表现出以下几种形式：

（1）井间干扰，即同一油层井与井之间的压力干扰现象。这种干扰现象可能发生在注水井之间、采油井之间、采油井与注水井之间。确定井间干扰的方法有干扰试井、注指示剂和动态分析等多种。为了进一步理解这种现象，以某油田干扰试验为例，干扰试验的井位如图4-2-5所示。试验脉冲井是A10井，脉冲观察井是A11井和A12井，试验的目的是观察井间两条断层是否封闭。开始试验时，全油田关井（因油罐装满而全油田停产），油田压力恢复，然后A10井开井生产，产生脉冲。随后在A11井和A12井分别收到了脉冲，证明A10井与A11井、A12井之间的断层不封闭（图4-2-6），油层是连通的。从A11井和A12井的脉冲反映看出，A10井与A12井连通情况好于A11井。

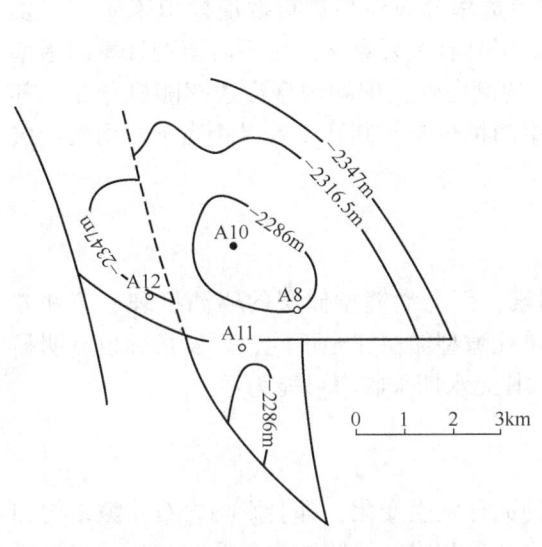
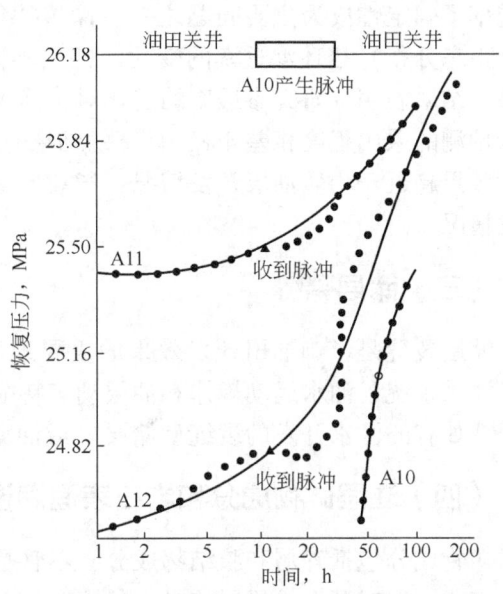

图4-2-5 干扰试验井位图（据陈钟祥，1992） 图4-2-6 干扰试井压力曲线图（据陈钟祥，1992）

（2）油井产量呈带状分布。同相带中沉积的油层，一般油层厚度和渗透率都比较接近。在相同的压差下，各井的产量也大致接近。特别在投产初期，往往油井产量呈带状分布，表现出油层平面差异。

（3）在同一注水条件下，注入水的突进方向不同，水淹程度不同。如某油田西三区采出程度为22.5%，综合含水率为70.4%，在面积为0.11km^2的范围内，新钻5口检查井，共钻遇油层51层，油层厚98.1m。其中水淹层31层，占总层数60.8%，水淹层厚度44.5m，占油层厚度的45.5%，还有54.6%的厚度未水淹。

（二）油层渗透率和产能系数

油层渗透率不仅反映允许流体通过油层的能力，还反映油层孔隙结构特征。在其他条件相同的情况下，渗透率直接与油井产量成正比。在均质油层中，渗透率越高，产量越大；反之，渗透率越低，产量越小；当渗透率低于某值时，油井失去产油能力。因此，在油田地质研究和动态分析中，准确测定油层各个不同区域的渗滤参数（主要是渗透率），找出这些参数和生产动态之间的关系，是预测油田未来生产动态的关键。

渗透率的平面变化影响注水的平面波及系数。渗透率高的区域，首先见到注水效果；渗透率低的区域，注水波及效率低甚至根本波及不到。渗透率的纵向变化影响到层间矛盾和各小层的产量或注水量。

一般来说，油层水平渗透率远远大于垂直渗透率，或者说当忽略垂直渗透率时，用钻直井的方法开采油层是合理的。水平渗透率与垂直渗透率接近的情况是极罕见的，但目前在国内外都相继发现了一些具有一定垂直渗透率的油层，如白杨河油田、塔中4号油田等。开发这类油田最好的方法是钻水平井，因为水平井能有效地提高这类油田的开发效果和采收率。

普遍认为，油层渗透率的变化是没有一定规律的，可将渗透率视为随机变量，可用数理统计方法表示其变化范围。在油气藏模拟中，根据单井或几口井资料建立油田整体模型时，渗透率不确定性成为主要问题之一。徐传德等人用三种随机分布模型（均匀分布、指数分布、正态分布）描述渗透率的变化，并用不同的渗透率分布模型进行数值模拟来研究开发效果。结果表明，研究渗透率的变化对正确评价油层具有重要意义。用不同模型计算渗透率时，预测的采出程度相差4%，计算的结果有明显的倾向性，即均匀型渗透率随机分布，其开发效果趋近于均质油层开发情况；指数型渗透率随机分布，其开发效果相当于非均质油层开发情况。

（三）储层裂缝

储层裂缝是影响油田开发效果的重要地质因素，因为裂缝型储层的驱油机理、布井方法、注采系统、油水运动规律和油层动态特征与单孔隙型储层完全不同，开发指标也有明显差异。如有的注水开发的裂缝型储层（或油藏），其无水期采收率可能为零。

（四）油层矿物成分和岩石表面润湿性

矿物成分包括碎屑和胶结物成分，不管是何种成分发生变化，都会影响岩石孔隙结构和物性变化，但对开发效果影响最大的因素是胶结物含量和成分。胶结物含量的多少，直接影响到油层渗透率的高低和油砂体尖灭的位置。

油层岩石表面润湿性在很大程度上控制了油水微观分布，与剩余油分布状态及饱和度大小有直接关系。根据实验室分析，油层岩石表面润湿性是非均匀的，如某油田萨葡油层为偏亲油，横向上南北方向亲油性减弱，纵向上自上而下亲油性也依次减弱。根据非胶结管式模型实验，在油水界面张力为 $3\times10^{-4}\mathrm{N/cm}$ 条件下，强亲水比强亲油岩心无水采收率高28.4%，最终采收率高13.6%。人造胶结模型实验显示，弱亲水比弱亲油无水采收率高10.85%，最终采收率高31.5%。实验表明，油层岩石表面润湿性的不同，对采收率的影响大致为3%~5%。

（五）地下原油黏度和油水比

由于地下原油黏度不同，开发效果大不一样。特别是高黏度原油，用常规方法开采效果极差，目前多采用热力采油方法。这里仅介绍适宜注水开发的油田中原油黏度对开发效果的影响。

从纵向剖面数值模拟结果看出，油水黏度比对水驱油开发效果有明显影响。若其他条件相同，油水黏度比越大，水驱厚度系数越小，无水采收率越低。

原油黏度的大小也是影响含水上升快慢的主要因素。原油黏度越大，含水上升越快。如某油田中一区3-4砂层组平均原油黏度为 $751\mathrm{mPa\cdot s}$，含水上升率为4.29%；渤21断块原油黏度为 $1530\mathrm{mPa\cdot s}$，含水上升率高达9.94%；而中一区5-6砂层组平均原油黏度为

275mPa·s，含水上升率只有2.6%。一般来说，在注水开发条件下，由于油水黏度比不同，各开发阶段表现出的采出程度和含水状况有明显差异（表4-2-2）。

表4-2-2　不同油水黏度比的开发特征（据夏位荣，1999）

油层类型	油水黏度比	项目含水,%	20	60	80	90	95	98
均匀油层	10	采出程度,%	33.1	38.2	44.7	49.9	53.4	57.4
		含水上升率,%		7.84	3.08	1.92	1.43	0.75
		阶段产量/总产量,%	57.7	8.9	11.3	9.0	6.1	7.0
	15	采出程度,%	27.5	33.7	41.1	46.8	51.9	55.5
		含水上升率,%		4.65	2.70	1.75	0.98	0.83
		阶段产量/总产量,%	49.5	11.2	13.3	10.3	9.2	6.5
正韵律油层	10	采出程度,%	12.0	14.9	19.2	24.0	32.0	42.9
		含水上升率,%		13.79	4.65	2.08	0.625	0.326
		阶段产量/总产量,%	28.0	6.8	10.0	11.2	18.6	25.4
	15	采出程度,%	9.5	12.3	16.5	20.8	27.1	38.3
		含水上升率,%		14.29	4.76	2.33	0.79	0.268
		阶段产量/总产量,%	24.8	7.3	11.0	11.2	16.5	29.2

第三节　水驱油运动规律

在注水开发过程中，地下油水分布会发生很大的变化。下面从层内、层间和平面三个方面介绍地下油水运动规律。

一、层内油水运动规律

注水井吸水剖面和生产井产液剖面的实测资料证明，油层内不同部位在开采中吸水、产液等情况差异十分明显，注水井油层内的不同部位吸水能力差别很大，生产井中高产液段往往只是一小部分层段，其他层段产量较低，甚至不产液。

层内油水运动规律受储层层内非均质性的控制，即主要受储层的韵律性、层理类型以及夹层分布等影响。

（一）不同韵律性油层的水驱油特征（视频4-1）

在垂向上，储层层内有正韵律、反韵律、复合韵律和均质韵律四种韵律性，它们在开发过程中的水驱特征存在较大差别。

1. 正韵律

正韵律储层，在开发的过程中，由于相对高渗透段位于中下部，加上流体的重力分异作用导致垂向上储层中下部首先水淹，随着开发的不断进行，其水淹程度也

视频4-1　注水开发——水窜

在不断变强；而上部由于相对渗透率低，所以水淹程度要明显低于下部（表4-3-1）。

表4-3-1 储层渗透率韵律特征与水淹类型和驱油效果的关系（据吴胜和，2011）

韵律特征		水淹类型	驱油规律	储层开发效果
正韵律		底部水淹型	底部驱油效率高，含水上升快	渗透率级差大，水淹厚度小，易出现水窜
反韵律		上部水淹型	上部水淹严重	渗透率级差中等，产液多，利于注采
		均匀水淹层	全层驱油效率基本一致	渗透率级差小，利于注采
		下部水淹层	水淹厚度系数大，水洗作用强	渗透率级差小，常为亲水油层
复合韵律	复合正韵律	分段水淹型	水洗厚度不大	比正韵律好
	复合反韵律	分段水淹型	水洗较均匀	与反韵律类似
	复合反正韵律	中部水淹型	驱油效果中等	产液量大而快
	复合正反韵律	上下水淹型	驱油效果相对较差	复杂，通常水淹厚度小
均匀韵律		下部水淹型	驱油效果取决于厚度	渗透率级别极小，采收率高

2. 反韵律

反韵律储层在开发过程中垂向水淹规律受渗透率和流体重力分异作用的双重控制，因此其水淹程度在垂向上的分布较为复杂。当渗透率在垂向上的差异对油水的运动起主要控制作用时，反韵律储层的水淹程度自下而上逐渐加强；如果流体的重力分异作用起主要控制作用，那么反韵律储层的水淹程度自下而上逐渐变弱；如果渗透率的垂向差异和流体的重力分异作用对油水运动的贡献相当，那么反韵律储层的水淹程度在垂向上基本相同，较为均质。虽然反韵律储层的垂向水淹程度较为复杂，但是总体来讲其垂向上水淹程度的均匀性要比正韵律的好很多（表4-3-1）。

3. 复合韵律

就单个韵律层而言，复合韵律储层在开发过程中符合上述正韵律或反韵律的水淹特征，因此多段复合韵律层在垂向上存在多段水淹程度不均一的特点。

4. 均质韵律

均质韵律储层在开发过程中垂向水淹程度主要受流体重力分异作用的控制，因此下部水淹程度要较上部的稍高，但上下两部分的水淹层程度差别要较正韵律小得多，而较反韵律稍大。

（二）层理类型与层内油水运动

储层内部不同的层理类型对层内油水运动有明显的控制作用。层理构造因沉积物的粒度、成分、结构、颗粒排列方式等差异性而显示出来，对渗透率以及流体运动规律有重要影响，从而控制层内油水运动及分布。

1. 不同类型层理的优势渗透率方向

单向斜层理各纹层是基本平行的，颗粒的排列也是基本平行纹层界面。单向斜层理渗透率分布受颗粒排列方式的较大控制，所以油水的优势流动方向是沿着纹层流动。纹层界面和层系界面对油水运动起到一定的阻碍作用。

交错层理颗粒的排列也是基本平行于纹层，但总体来讲，其排列方式较单向斜层理的复杂。纹层在各部位倾向不同，各层系间渗透率的方向存在差别。如槽状交错层理，在纵剖面上，渗透率的方向受颗粒排列的影响，基本平行于古水道；在横剖面上，渗透率优势方向呈弧形，各层系之间相交，比较复杂（图4-3-1）。

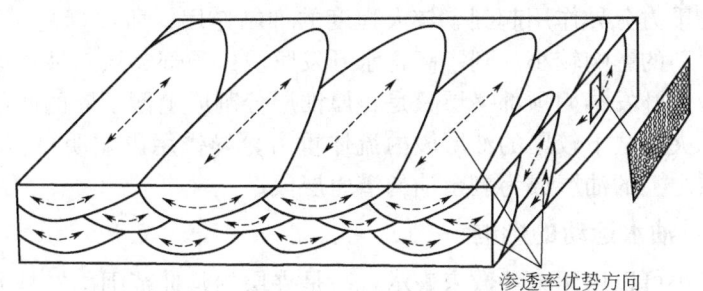

图4-3-1 槽状交错层理渗透率优势方向（据吴胜和，2011）

2. 不同类型层理的水淹特征

大庆油田对不同层理的砂岩储层进行了注水模拟实验，测量出不同方向上的渗透率和最终采收率。实验结果表明，不同层理类型的渗透率和最终采收率差别较大（表4-3-2）。斜层理顺层理倾向的渗透率高，水淹快，最终采收率低。交错层理砂岩的渗透率相对较低，水淹均匀，最终采收率高。平行层理砂岩渗透率高，水淹较均匀，因此最终采收率较高。

表4-3-2 不同层理的砂岩注水模拟结果（据吴胜和，2011）

层理类型	渗透率,$10^{-3}\mu m^2$	最终采收率,%
斜层理（顺倾向）	723	21.3
交错层理	221.3	42.7
平行层理	816.2	31.8

对于斜层理砂岩，不同方向注水驱油的效果相差悬殊。顺层理倾向注水，注入水容易沿层理面窜进，驱油效果最差。逆沉积层理倾向注水，驱油状况显著改善，驱油效率提高1倍多。垂直层理方向注水，驱油效果进一步得到改善，其采收率最高（表4-3-3）。对于河道砂岩来讲，斜层理的倾向指向下游，一般在河道中央注水，河道两侧采油效果最佳。

表4-3-3 斜层理砂岩不同注水方向的驱油效率（据吴胜和，2011，有修改）

注水方向	无水采收率,%	最终采收率,%	注入水占孔隙体积倍数
顺层理倾向	2.84	21.3	1.07
逆层理倾向	19.4	48.5	2.5
垂直层理	34.6	53.2	1

（三）层内夹层对油水运动的影响

层内夹层对油水渗流普遍具有不同程度的影响和控制作用。

夹层对厚油层的开发效果影响比较大。对厚油层而言，分布相对稳定的夹层从长期来看有利于油田的开发，夹层的存在将厚油层分割成几段，这样就抑制了水在垂向上的窜流，存在夹层的厚油层一般水淹速度慢，所以最终厚油层波及系数要高于无夹层的油层，从而提高了厚油层的开发效果。

1. 夹层发育部位对油水运动的影响

夹层在层内的发育部位不同，对油水运动的影响程度也不同。一般来说，中部夹层对油水运动的影响首先体现，这是因为中部夹层将厚油层分成基本相等的两部分，分隔作用明显，并且对流体的重力分异作用起到了较大程度的抑制作用，所以提高了油层的动用程度。底部夹层对油水运动的影响较小。到了高含水开发阶段，顶部夹层对油水运动的影响才能有明显体现，这是因为开发早期顶部夹层只是将厚油层分割成上薄下厚的两部分，夹层之上的油层基本不水淹，夹层之下较厚的油层段内流体重力分异作用影响明显，水淹越来越明显；到开发后期，夹层之上的油层成为剩余油的潜力层段。

2. 夹层规模对油水运动的影响

夹层的规模大小可以用两个参数来表示：一是夹层的延伸范围，二是夹层的厚度。一般来讲，夹层的规模越大，对油水运动的影响也越大。夹层的厚度越大，在注水开发过程中，就越不容易被外部附加压力压穿，所以夹层的厚度越大，其分隔作用的效果也就越好。但并不是夹层厚度越大越好，夹层厚度过大，就代表着沉积时水动力条件较弱，上下砂岩的泥质含量过高，会降低渗透率，可能形成难以驱替的死油区。夹层延伸越远，其控制范围也就越大，那么其分隔作用的影响范围也就越大，所以夹层延伸范围越大，对厚油层的开发越有利。总体来讲，适当的夹层厚度和延伸范围对厚油层的开发是有利的。

二、层间油水运动规律

一个开发层系往往由多个含油小层组成，少则几个，多则十几个，每个小层的性质都不同，这就存在储层性质层间非均质，在注水开发过程中就表现出油水运动的层间差异。对层间油水运动起主要作用的是层间储层物性和压力状态的差异。

（一）注水井中的层间差异和层间干扰

1. 层间吸水差异

注水井中层间差异的主要表现是：在同一压力笼统合注条件下，各油层的性质不同，吸水能力相差悬殊。如某油田共射开 25 个层段，吸水剖面显示，吸水能力强的有 10 个层，微弱吸水的有 5 个小层，另外 10 个层不吸水。

层间吸水的差异程度受控于层系内层间地层系数（有效厚度与有效渗透率的乘积）的差异。地层系数越大，吸水能力也越大。各单层之间的非均质性主要表现为渗透率差异，并且渗透级差可以达数倍或数十倍，所以层间地层系数的差异主要受控于渗透率差异。这样，在注水井合注时，渗透率高的层相对吸水量很高，而渗透率差的层吸水很低（图 4-3-2）。

2. 注水井单层突进

导致注水井中不同层吸水状况不同的原因，除油层本身性质差异外，还有在笼统注水条件下层间干扰的影响。在多层合注的情况下，注水层段越多，层间差异越大。在油层性质不同和层间干扰的双重影响下，注水井中层间吸水差异悬殊，甚至有相当数量的油层不吸水。我国各油田都进行了大量的吸水剖面测试，取得了丰富的吸水资料，是研究注水井中层间差异状况的重要依据。

层间渗透率差异越大，层间干扰越严重。较高渗透层水驱启动压力低，容易水驱，而低渗透层不容易水驱。所以在多层合注的情况下，注入水往往沿着高渗透层形成单层突进；其

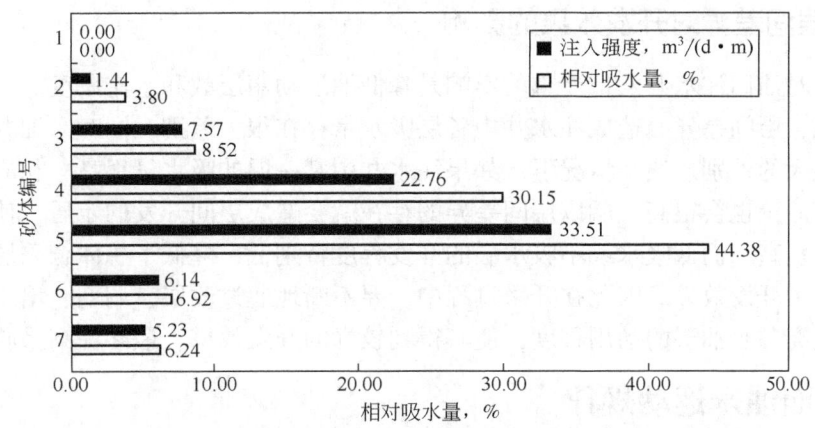

图 4-3-2 某油田不同单层间油层吸水差异（据吴胜和，2011）

他低渗透层位流动阻力大，生产能力往往受到限制，水洗效果差。这种单层突进现象随着开发的不断进行，会变得越来越严重。因为随着不断的开发，高吸水层因吸水量多，受到的冲刷作用也越强，导致物性不断变好，更加剧了层间的非均质程度，所以越到开发后期，注水井单层突进的现象越严重。

（二）产油井中的层间差异和层间干扰

1. 多层合采时的层间差异

生产井在多层合采时，由于层间地层系数和生产压差的差异，各层之间的产液量存在非常大的差别。物性好、生产压差大的层段产液量高，而物性差、生产压差小的层产液量低，从而造成各油层动用程度上存在较大的差别，有些层已经高含水，而另外一些层却未动用。所以在油气田开发时，要将储层性质相似的油层组合在一起，组成统一的开发层系。

2. 生产井流压与层间干扰

对于合采生产井，生产井的井底流压等于井筒附近各层流压最大者。如果井的井底流压大于某一层的油层压力，这时井筒中的流体就会倒流进入油层压力小的油层中，发生倒灌现象。造成这种现象的主要原因是分层配水不当，某些层注水量特别大，导致该层地层压力升得很高。一般在开发层系的划分过程中，同一层系内的压力系统应基本保持一致。在同一口井中，合采时各层的流压不能相差太大。因为只有各层有大致相同的生产压差，才可以缓解层间干扰和防止流体倒灌现象（图 4-3-3）。

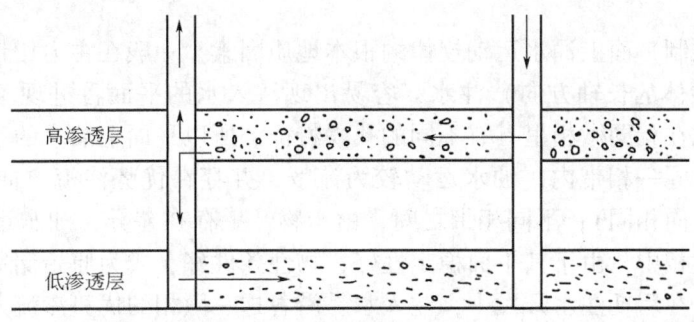

图 4-3-3 井筒中流体倒灌示意图（据姜汉桥，2011）

（三）层间差异对开发效果的影响

层间差异对油田注水开发最严重的影响是降低油层动用层数和水淹厚度。

综上所述，层间差异会造成注水井中各层吸水量存在很大差别，同时采油井中的各层产液量也存在很大的差别。通常情况下，如果注水井中某一层的吸水量很高，相应地，该层在产油井中的产液量也会很高。所以层间差异的存在就会造成层间开发的矛盾，使得高吸水层的开发程度特别高，而低吸水或不吸水层的开发程度特别低，降低了总体合采层系的水淹厚度，也就降低了开发效果。因此在开采过程中，要不断地通过改层、调剖、堵水等措施降低层间差异，提高各个油层的动用程度，使其得到较好的开发效果，最终提高采收率。

三、平面油水运动规律

（一）注入水平面舌进

注入水平面舌进在油藏注水开发过程中是较为常见的，它反映的是储层平面非均质性和注采系统之间的不匹配。注入水平面舌进受砂体几何形态以及平面高渗透带等平面非均质性的严格控制。

1. 砂体几何形态

砂体的几何形态受沉积相控制。一般来看，即使属于同一个大相，砂体几何形态及非均质性也有差异。在冲积平原区沉积的砂体，长轴方向一般顺物源方向，与高渗透带的方向一致。在湖岸—浅湖区，砂体几何形态受到两种水动力的控制：一是河流作用，二是湖浪作用。当河流起主要作用时，砂体的长轴方向与物源方向一致，颗粒的排列也受河流的影响，是顺物源方向排列的，所以砂体的长轴方向与高渗透带的方向一致；当湖浪起主要作用时，砂体的长轴方向垂直于物源方向，同时砂岩颗粒在沉积时受湖浪的作用，排列方向平行于湖岸，所以此时高渗透带的方向仍然平行于砂体的长轴方向。所以一般情况下，沿砂岩的长轴方向容易形成注入水的平面舌进。

2. 平面高渗透带

平面高渗透带是影响流体平面运动最直接的因素，它是平面物性非均质性的一种反映。平面上，高渗透带地区渗流能力强，水线沿着高渗带推进的速度要比其他部位快得多，水洗好；在低渗透带，水线推进慢，水洗差。所以由于平面上渗透率的差异，注入水水线沿高渗透带首先到达油井，其水线前缘呈舌状，造成油井过早见水，无水采收率降低，含水率上升过快。

沉积微相是控制平面上油水运动规律的根本地质因素。一般在主力相带中，沿高渗透带的方向（一般是砂体的长轴方向）注水，容易出现注入水的平面舌进现象。由于沉积时的水动力不同，因此在相同微相里具有不同的孔渗特征。所以平面上油水的运动总体上受沉积相带的严格控制：同一相带内，油水运动较为流畅，并存在优势渗流方向（优势渗流方向一般与古水流的方向相同）；不同相带之间，由于物性上存在差异，油水运动受阻。一般在发育砂岩的主要微相中，由于其平面稳定性好，物性条件好，成为原始储集油气和后期油气运动的主要场所。在后期注水开发中，注入水易沿着这一微相的优势渗流方向向前突进，从而造成平面上的注入水舌进。如在河流相中，顺着河道方向注水时，平面上主河道易被水淹，而天然堤和决口扇等孔渗性较差的微相中往往不易被水驱。所以平面上不同部位砂体生产效果差别很大，处于主河道上的油井产能较高，生产效果较好；相反，处于边缘相如天然堤、决口扇上的生产井生产效果很差。

（二）渗透率的方向性与平面油水运动

1. 常规储层渗透率方向性

渗透率的方向性是指同一岩样不同方向所测得的渗透率不同，最突出的是平行于层理面方向的渗透率和垂直于层理面方向的渗透率不同，也就是垂直渗透率和水平渗透率的差异问题。同是水平渗透率，不同的方向，渗透率也不同，如顺古水流方向层理倾向和颗粒排列等因素引起的渗透率各向异性。这是由于储集岩石都是在不同水流的条件下沉积的，再加上成岩作用的影响，就造成了储层的各向异性。这种现象在河道砂体中相当普遍。不同方向储层物性和渗流特性显著不同，若沿着古流线的方向注水，注入水沿着古流线的方向舌进，而侧缘的储层水驱程度较低，使平面差异显著，矛盾更加突出。

2. 断层和裂缝方向性

断层和裂缝对平面油水运动的影响很大。裂缝的存在使储层具有双重介质的特点，裂缝中的渗透率明显要高于孔隙中的渗透率。在开发过程中，裂缝中的流体首先通过生产井排出，而孔隙中的流体首先进入裂缝，再从裂缝进入生产井。裂缝的发育将加剧渗透率的方向性。油藏开发时，裂缝的存在使注入水沿着裂缝的走向快速推进，而垂直于裂缝方向的油井则受效很差，动用程度低或无动用，所以在开发存在裂缝的油藏时，注水方向垂直于裂缝的走向时开发效果较好。

在油田注水开发过程中，油藏地层压力的变化或注入水使黏土矿物受水膨胀，导致地应力发生变化，有可能诱使某些断层复活，导致断层不密封、注入水沿断层发生垂向水窜，造成大量注入水的损失。

（三）井间干扰

在同一个油层上的油井或者注水井开井时，某一口油井或注水井改变工作制度，对相邻的油井或者注水井的产量、压力、注水量等都会产生影响，这种现象即井间干扰。井距越小，井间干扰越严重。一般在新井投产或者投注时，由于其对油水运动的方向起到了调整作用，导致老井产量或者注水量下降明显。所以在油田注水开发过程中，必须选择合理的井距和工作制度，才能使井间干扰的程度降到最低。

（四）井网控制程度与平面油水运动

井网控制程度的好坏可以从两个方面进行判断：一是油藏内井网的分布均匀程度，二是井网密度。井网分布越均匀，井网密度越大，井网的控制程度越高；反之，井网控制程度越低。

油藏内井网不均匀时，如生产井和注水井集中在油藏的某一片区域，而油藏的另外一些区域并没有井网分布，在这种情况下，油藏的油水运动也是不均匀的，在开发井网区域油从生产井采出，动用程度高；非井区的油因为缺少井网，很难受到注水井的波及，成为未动用区，油基本上没有发生运动。而在井网分布均匀时，油藏中流体的动用较为均匀，油水运动的规律性也较强。

第四节　注水开发过程中储层的变化

在油藏开发过程中，储层岩石和流体与外来流体（注入剂）接触，从而发生各种物理或化学作用，使得原始油藏的储层性质和流体性质发生动态变化，这种变化又反过来对开发过程中的油水运动产生一定的影响。特别是进入高含水或特高含水开发阶段的注水开发油田，储层与流体的动态变化不可忽视。

一、储层性质的动态变化

（一）岩性参数的变化

黏土矿物在储层中起着重要的作用，对储层骨架颗粒起胶结的作用。在注水开发过程中，注入水对储层内部黏土矿物有水化作用和机械搬运—聚积作用，对造岩矿物也有溶蚀作用，通常采出水的矿化度总是高于注入水，说明水在驱油过程中总是溶解了一部分盐类，并把它带出地面。在一些胶结疏松的油藏，生产井出砂严重，说明流体流动已经将岩石颗粒直接带出地面了。这些都说明在长期的注水开发过程中，随着注入水的大量冲刷和油层压力的变化，储层岩石结构都发生了变化。这种变化在埋藏浅、胶结疏松的高孔高渗油藏中最为常见。下面以胜利油区新近系馆上段油藏为例，阐明长期注水开发后期储层岩性参数的变化特征。

胜利油区新近系馆上段油层属河流相正韵律沉积，油层为高渗透率、高孔隙度、高饱和度的疏松砂岩，岩性以粉砂岩、粉细砂岩、细砂岩为主。利用孤岛油田三个不同时期几十口取心井的粒度分析资料，选择泥质含量按实验室粒度分析小于0.01mm进行的质量分数来计算。根据泥质含量（V_{sh}）与粒度中值（M_d）的回归分析，发现三个不同开发时期之间均具有良好的负相关性。随着注水开发，泥质含量有所降低，粒度中值相对增大（表4-4-1）。

表4-4-1　孤岛油田不同开发时期的馆陶组储层岩性参数变化（据李阳，2007）

开发时期及参数 岩性	低含水开发期		中、高含水开发期		特高含水开发期	
	V_{sh},%	M_d,mm	V_{sh},%	M_d,mm	V_{sh},%	M_d,mm
粉砂岩、粉细砂岩	10~20	0.1~0.14	8~12	0.11~0.15	<5	0.14~0.18
细砂岩、中细砂岩	8~12	0.13~0.16	5~8	0.14~0.21	<5	0.16~0.25

经岩石薄片观察，馆陶组砂岩的胶结类型为孔隙式和孔隙接触式，以原生粒间孔为主，孔隙内主要为黏土矿物充填。经扫描电镜观察，黏土矿物多呈小鳞片集合体，鳞片直径比孔喉小，因此，长期的注水开发破坏了孔隙内原有的黏土矿物结构，致使小粒径的泥质随水洗而被带走，使岩石粒度中值提高。

泥质含量的变化是由储层中黏土矿物在注水过程中的变化造成的。在水驱油过程中，注入水的酸碱度与地层水总是有差别的，黏土物质发生物理或化学变化，会改变黏土矿物的结晶格架，有的黏土矿物会分解被水冲刷而移位，有的黏土矿物如蒙脱石类遇水易膨胀并堵塞孔喉，这些因素致使储层的孔喉网络发生变化。

表4-4-2是胜坨油田二区黏土矿物成分及含量变化统计表。随着含水阶段的变化，高

岭石相对含量减少,伊利石相对含量增加。高岭石是片状晶体集合体,一般呈蠕虫状,在注水驱动力作用下,尤其是在注水强度大,长期受注入水浸泡的情况下,这种集合体晶体格架遭破坏,从而形成细小的微粒,这些微粒容易随采出液带出油层。而绿泥石、伊利石一般呈膜状附贴于颗粒表面或环绕颗粒,结晶格架较紧密,不易遭到破坏,故随着开发程度的加深,这些黏土矿物的相对含量会增加。在胜坨油田二区内,蒙脱石含量并不高,只占伊蒙混层的 $1/4\sim1/2$,在镜下未见到蒙脱石堵塞孔喉的图像。

表 4-4-2 胜坨油田二区黏土矿物成分及含量变化统计表(据李阳,2007)

层位	含水阶段	流动单元	黏土含量平均值,%	黏土矿物组分相对含量,%					
				伊蒙混层	蒙脱石	伊利石	高岭石	绿泥石	伊蒙混层比
1²	初	2	7.1						
	中	2	7.0	12	(6)	4.5	74	5	50
	高	2	2.5	14	(5.8)	7.5	65	8.5	42
	特高		3.2	2	(0.4)	17	67	14	20
8³	初	2	8.3	10	(5.5)	2.8	82	5	55
		3	7.8	4.2	(1.2)	2	88	5	30
	中	2	6	6.8	(2.5)	2	87	5	38
		3							
	高	2	7.5	22.7	(10.6)	6.3	65	6	46.7
		3	6.0	6	(1.5)	1.7	1.7	3.7	25
	特高	2	5.4	16.3	(4.1)	5.6	73	4.7	25
		3		21	(4.6)	5.5	69	4.5	22

注:蒙脱石有向伊利石转化的趋势,故蒙脱石含量加括号。

(二)储层孔隙度和渗透率变化

油层经过注入水长期冲洗后,孔隙度和渗透率都会发生变化。一般孔隙度变化幅度较小,渗透率变化显著。

根据胜利孤岛油田中一区 8 个井组 16 口加密调整井的测井解释资料与邻井对比的结果,与开发初期相比,含水 88%时,孔隙度平均增大 5.3%(相对值),渗透率平均提高 13.43%(表 4-4-3)。

表 4-4-3 孤岛油田中一区储层参数变化统计表(据王乃举,1999)

储层参数	开发初期		特高含水期(含水 88%)		增大或减少的平均值		增大或减少的百分数,%	
	Ng^3	Ng^4	Ng^3	Ng^4	Ng^3	Ng^4	Ng^3	Ng^4
孔隙度,%	34.63	34.43	36.52	36.24	1.89	1.81	5.46	5.26
粒度中值,mm	0.1505	0.1500	0.1595	0.1557	0.009	0.0057	5.98	3.8
渗透率 $10^{-3}\mu m^2$	1111	1085	16078	15645	14966	14559	13.46	13.41
泥质含量,%	7.97	8.01	1.40	1.44	-6.57	-6.57	-82.4	-82.0

对胜利胜坨田 14 口井正韵律沉积储层和 15 口井反韵律沉积储层的岩心分析资料进行了统计（表 4-4-4）。从表中可以看出，特高渗透层的渗透率明显增大，提高了 20%~80% 左右；而较差的层渗透率为下降趋势，减小 33% 左右。

表 4-4-4　胜坨油田沙二段不同含水阶段储层物性参数统计（据王乃举，1999）

层位	能量带	含水阶段	孔隙度,%		渗透率,$10^{-3}\mu m^2$		泥质含量,%		粒度中值,mm	
			块数	平均	块数	平均	块数	平均	块数	平均
沙二 3^4	特高渗透层	开发初期	42	31.0	43	3539	44	5.7	44	0.11
		中含水期	58	31.6	57	4440	79	2.9	79	0.22
		高水期	75	31.2	64	5554	81	3.3	81	0.26
		特高含水期	10	30.9	8	6652	4	1.1	4	0.33
沙二 8^3	中渗透层	开发初期	72	27.5	72	291	50	7.5	50	0.09
		中含水期	114	29.1	125	257	128	7.5	128	0.09
		高含水期	72	29.0	76	237	76	6.7	76	0.08
		特高含水期	24	28.7	22	194	15	5.9	15	0.11

（三）油层孔隙结构参数的变化

油层孔隙结构参数的变化比较复杂。由于孔隙结构是属于微观层面的，在同一单层内不管平面上还是纵向上，储层孔隙结构本身就变化较大。通过大量的开发后期取心检查井与开发初期取心井的岩心对比，目前能够得出大致的认识。

据胜利胜坨油田 35 组相邻井岩心样品分析，水驱油实验前后平均渗透率增加 27.6%，孔隙度提高不明显。油层孔隙特征参数也有变化，K/ϕ 值增加 26.5%，结构系数（G）减小 12.20%，特征结构系数（$\frac{1}{DG}$）增加 26.4%，退汞效率降低 40.5%。绝大多数岩样退汞效率下降，说明水驱以后油层非均质性更为严重。

在注水过程中，由于低矿化度水对油层颗粒及其表面的黏土、盐类胶结物及附着物的机械冲刷破碎、水解稀释等物理作用，受到注水长期洗刷后的强水淹油层，氯化盐含量一般要比水淹前降低 50%~80%。油层经注入水长期冲刷后，岩石孔隙半径（主要是沟通孔隙的喉道半径）明显增大，渗透率相应增高。注水后，孔隙结构另一变化是退汞效率降低，由水洗岩心测得的退汞效率普遍低于未水洗岩心测得的退汞效率（表 4-4-5）。

表 4-4-5　不同水洗程度岩样退汞效率变化（据吴胜和，2011）

井号	216		316		418	
水洗程度	未水洗	强水洗	未水洗	强水洗	未水洗	强水洗
岩样块数	6	6	5	5	4	5
退汞效率,%	63.36	22.47	80.94	73.5	55.4	36.72

（四）油层润湿性变化

通过对检查井岩心的大量分析发现，油层润湿性随着水洗程度的提高逐渐发生变化，一般是从亲油性向亲水性方向转变。

根据大庆油区密闭取心井的资料，当油层含水饱和度大于40%时，大部分岩石的润湿性从偏亲油转化为偏亲水；当含水饱和度大于60%后，全部转化为亲水（图4-4-1）。

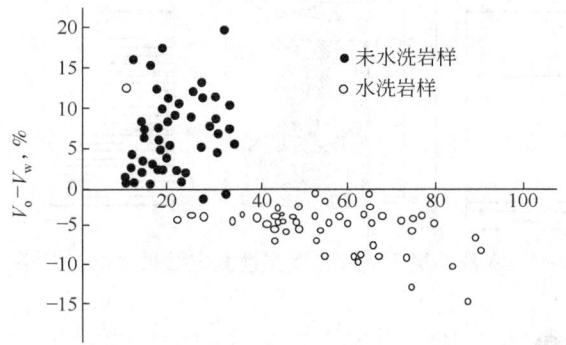

图4-4-1　润湿性变化与含水饱和度关系图（据王乃举，1999）

对不同含水期润湿性研究的成果分析表明（图4-4-2），亲水性增强最明显的阶段是在中含水期之前。在油层平均含油饱和度变化达到10%时，油层润湿性已有了明显的变化。

室内水洗实验结果也表明，每次注入水冲刷后，岩样吸水量都有增加，而吸油量下降。冲刷时间增加，亲水表面逐渐增加，亲油表面逐渐减少，岩石润湿性逐渐由亲油向亲水方向转化。

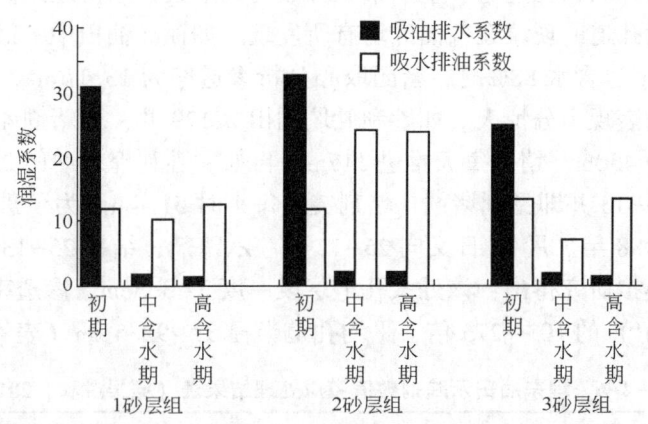

图4-4-2　不同注水开发时期油层润湿性对比图（据王乃举，1999）

油层润湿性变化的主要原因是：由于注入水的长期冲刷和含水饱和度的增加，岩石表面上的油膜逐渐变薄或被冲走，同时，岩石表面覆盖的黏土矿物很容易被水流冲走，附在其表面的油膜也会随之被冲走，从而裸露了更多的亲水性岩石表面。此外，大庆油区注入水是低矿化度的碱性水，水中的氢氧离子与原油中的环烷酸和羧酸等反应，生成表面活性物质，可以降低油水间的界面张力，提高洗油能力，使岩石表面上的油膜被剥落，从而增强油层的亲水性（王乃举，1999），如图4-4-3所示。

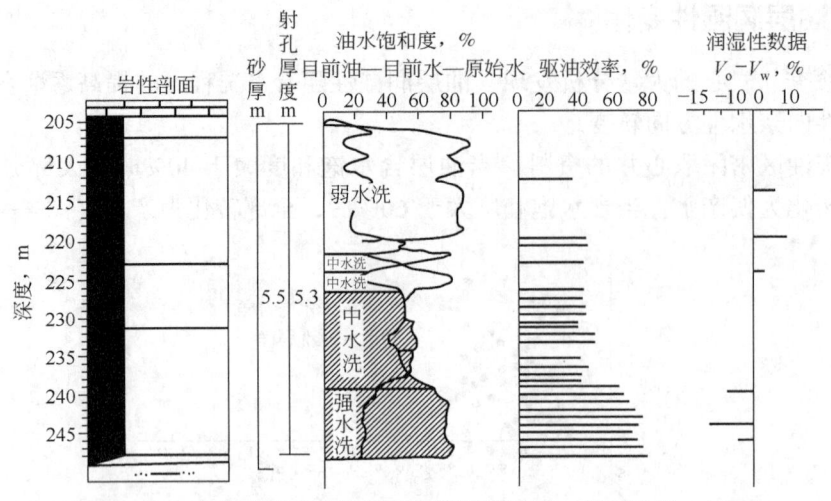

图 4-4-3 水洗油层不同部位润湿性测定结果（据王乃举，1999）

（五）大孔道现象

大孔道是由于开发中后期储层中矿物及胶结物的溶解作用较强，颗粒溶孔发育，三维连通孔隙增多，尤其是在物性好、粗粒级、渗透率较高的砂岩中，储层由于渗透率的差异，加上油水的重力分异作用，经过注入水长期冲刷而形成的孔隙度较大、渗透率特别高的高渗透条带。大孔道半径一般在 $30\mu m \sim 5mm$ 之间（胡书勇等，2006），因其对油藏开采影响非常严重，故予以单独讨论。注水开发过程中，一旦形成大孔道，注入水将优先沿此条带向油井突进，逐渐形成油水井间相互连通、呈条带状分布的高渗透强水洗通道。

油层内部产生大孔道的现象在各油区均有所发现。如孤岛油田中一区馆 3 组油层，原始空气渗透率为 $1.1\mu m^2$，含水 88% 时，密闭取心分析渗透率为 $13.1\mu m^2$，增大了十几倍。大孔道现象在生产中的表现十分惊人。如胜利胜坨油田 22179 井，注堵剂 4 天后生产井就见到大量堵剂，两井相距 450m，堵剂每天推进 117m。再如，胜利埕东油田 25-12 井注堵 7 小时后，相距 360m 的 25-13 井即见到堵剂，堵剂突进每小时 51.4m。为了进一步落实地下是否存在大孔道现象，1988 年 7 月 25 日又向 25-12 井注示踪剂，结果 25-13 井 6.5 小时后就见到示踪剂。经数值模拟研究得出：该处大孔道层段厚度 2~3.5cm，渗透率 $146 \sim 388\mu m^2$，为原始渗透率（$1.4\mu m^2$）的 103~275 倍，平均孔道半径 57~92.5μm（表 4-4-6）。

表 4-4-6 埕东油田示踪剂数值模拟处理结果表（据吴胜和，2011）

注入井号	试验日期	最先见剂井号	见剂时间 min	数值模拟处理		
				大孔道厚度，cm	渗透率 μm^2	平均孔道半径，μm
25-12	1988 年 7 月 25 日	25-13	390	2.0	146	57
23-101	1990 年 8 月 17 日	23-10	75	3.5	388	92.5

大孔道形成后，注入水沿此方向大量流走，同层位其他方向很难受效，形成极其严重的

平面差异，水淹面积系数也难以提高。地下油层内部存在如此大的孔道，使注入水形成低效甚至无效循环，很难再扩大波及体积、提高驱油效率，严重影响油田稳产和采收率。

为减少大孔道的影响，改善注水开发油藏效果，各油田在封堵大孔道方面做了大量试验研究，特别是深度调剖堵水技术和整体调剖堵水措施成效比较显著，大大降低了特高渗透大孔道层的吸水能力，提高了其他层的吸水量，改善了注水效果（表4-4-7，视频4-2）。

视频4-2　调剖堵水

表4-4-7　大庆油田喇嘛甸区块4口井调堵试验前后数据（据何奇等，2020）

试验井	调堵前			调堵后		
	日产液,t	日产油,t	含水率,%	最低含水率,%	最大含水率降幅,%	累积增油,t
A	46	0.4	99.1	95.8	3.3	420
B	27	1.0	96.3	89.3	7.0	153
C	45	0.9	98.0	93.3	4.7	80
D	20	1.0	95.2	89.4	5.8	184

二、流体性质的动态变化

油藏内流体性质是由油藏的形成条件、构造特征、储层非均质性等因素共同决定的，而油田的开发过程对油藏内的流体性质也有一定的影响。在油藏注水开发过程中，由于注入水与地层流体的长期接触，油藏内部各种流体的原始平衡状况被破坏，从而导致地层内流体性质发生变化，尤其是原油物理和化学性质变化较为明显。这种复杂的变化使得油藏内流体的非均质性增强。流体非均质性对水驱油效率的影响在注水开发初期表现不太明显，但在注水开发中后期表现得越来越明显，成为影响油田水驱油效率和地下剩余油分布的一个十分重要、不可忽视的因素。

（一）开发过程中流体性质的监测

随着油田的注水开发，在注入水的驱替作用下，油层流体性质将会发生不同程度的变化。含油饱和度随水洗程度的增加明显下降，含水饱和度明显增加；地层水的矿化度也发生变化，其变化程度与注入水的性质、原地层水矿化度的高低有关。为了及时掌握地层中流体的这些变化规律，在油田投产初期就要建立流体性质监测系统，选择有代表性的井点进行高压物性取样。大庆油田的经验是开发初期选择1/3的井点作为高压物性取样点，构造顶部和断层附近适当加密取样，作出全油田较完整的饱和压力平面分布图；多数井对原油、天然气及地层水的性质进行分析化验，每年或每隔半年分析一次，并且选择固定测点，以便进行对比分析（谢丛姣，2004）。

1. 流体性质监测

注水开发过程中，油层含油饱和度会随水洗程度的增加而明显下降，含水饱和度会逐渐增加。对原油性质的监测通常是在实验室里对深井原油取样进行高压物性分析，确定其饱和压力、压缩系数、含气量、密度、体积系数、析蜡温度、在不同温度下原油的气化过程等。对地下原油取样进行物性变化的研究还可以用光电变色仪、色谱仪、微量元素分析等快速方法。

2. 地层水性质监测

开发过程中，对地层水性质变化的监测可以用对深井取样或井口取样进行化学分析的办法来实施。水分析可以在标准实验室进行，也可以在野外水化学实验室里进行。对地层水的性质研究首先应确定其 Cl^-、SO_4^{2-}、HCO_3^-、Ca^{2+}、Mg^{2+}、Na^+ 含量，以及水的密度和 pH 值。

注入水可溶解地层中某些放射性盐类，或化合生成新放射性盐类。若吸附这些物质的泥质被冲到井眼附近而附着于水泥环和套管出口处，将会产生放射性高异常，而泥质被冲走的层则可能出现比原来更低的放射性异常。

对比不同日期地下水分析结果，可以搞清注水过程中地层发生的变化，预防意外现象发生，比如井底附近析出石膏等，可提前采取措施。

3. 气体性质监测

用深井取样器或在井口分离器处取样，并在实验室条件下进行分析，可以测定气体组分。对于不含凝析油的气体组分分析，可以用气相色谱仪。气相色谱仪在气体沿着吸附层流动时可将复杂的气体混合物划分为单组分，得到一系列的气相色谱。气相色谱为按碳序排列的峰，其中每一个峰表示一定组分在气体混合物中的百分含量，对气样进行气相色谱分析一般只需 6min。对于含凝析油的气体组分监测必须进行两次，即凝析物不稳定分离和凝析物稳定分离。

（二）流体性质的动态变化

1. 原油性质的变化

在油藏注水开发过程中，储层中原油与注入水长期接触，产生一系列物理化学反应，使原油性质发生变化。

通过大量分析化验资料可以看出，随着含水率的升高，采出原油的密度、黏度、含蜡量、含胶量和凝点都有不同程度的增大，甲烷含量、体积系数和溶解系数明显下降，其中以原油黏度变化幅度最大。

如胜坨油田沙二层含水上升到 95% 时，原油黏度从 $160\sim190\text{mPa}\cdot\text{s}$ 增大到 $390\sim480\text{mPa}\cdot\text{s}$，升高 1 倍多。大庆萨中地区原油黏度的变化趋势也与此类似。

造成原油性质变化的原因，归纳起来主要有以下几点：

1) 原油中轻组分流动性好，优先采出

原油是烃类物质的复杂混合物，其中的轻组分流动性较重组分好，容易从地层深部（或远处）流向井底并优先采出。这就导致油田开采越到后期，油藏中的重组分含量会逐渐增高，原油黏度与密度会逐渐上升。

2) 注入水对原油的氧化

油田注入水一般都含有一定量的溶解氧，大庆油田注入水中溶解氧含量为 $3\sim7\text{mg/L}$，而采出水中基本不存在溶解氧，说明注入水中的溶解氧已全部消耗在油层中。胜坨油田二区注入的黄河水溶解氧含量为 $3\sim8\text{mg/L}$，而采出的污水中溶解氧含量仅为 $0.01\sim0.6\text{mg/L}$，损失的氧与原油发生了氧化作用。大庆油区对检查井不同水洗程度油层的原油进行了详细分析，发现强水洗层原油中的含氧化合物、环烷酸含量和相对分子质量都有较大幅度的增加，说明氧化作用比较明显。

氧化作用使原油的相对分子质量增大，胶质含量增加，这明显会使原油密度与黏度上升，使原油的流动性变差，使开发效果受到影响。

许多油田都有边底水入侵使油水接触带原油氧化密度增加的例子，如美国堪萨斯油田油水接触带原油密度增高的报道。注入水显然要比边底水含氧量高，其氧化作用应更强烈。

3) 注入水对原油轻组分的溶解

原油中烃类化合物在水中有一定的溶解度，不同烃类在水中的溶解度不同。一般而言，烷烃溶解度最小，芳香烃最大，环烷烃居中。各族烃类在水中的溶解度均随相对分子质量的增大而减小。大庆油田通过对采出水中的溶解有机物进行分析发现，采出水有机物含量达 $1.388 \sim 1.6904 \text{g/L}$，其中除含有 56%~59% 的烷烃化合物外，还含有 23%~26% 的芳香烃化合物与 17%~19% 的非烃化合物。由于注入水对原油轻组分的溶解，原油平均相对分子质量增大，密度、黏度增加。环烷酸能很好地溶于水，随着注入水对环烷酸的溶解流失，原油中环烷酸含量下降是必然的。

4) 微生物作用

硫酸盐还原菌等微生物的作用也会给原油性质带来一些伤害，因而水质处理特别是除氧工作十分重要。

此外，地层压力下降和边部原油向内部渗流也会导致原油性质变差。

2. 地层水性质的变化

在油气藏投入开发之前，油田水主要为原始油藏地层水，其性质与油气藏水文地质条件密切相关；在油气藏投入开发之后，油田水成分比较复杂，既有原始地层水，又有注入水，此时地层水的特征既受原始油藏地层水的影响，又受非油层补充地层水和注入水的影响。在注水开发过程中，如果注入水与地层水不配伍，在储层内会发生物理化学反应，如黏土矿物的膨胀、分散运移、产生化学沉淀等，可能伤害油层。此外，油层水直接与油气接触，对地层中原油的物理性质、化学组成都有一定的改造作用。

例如，中原胡状集油田胡十二块油藏各层位地层水的化学组成，随着油田开发时间的增长，各参数越来越接近，层间非均质变小。这主要是由于注入水占地层水的比例已经达到 90% 以上，产出水的性质主要反映了注入水的性质，各井间产出水化学组成的差异主要由注入水所占的比例（注入水侵入程度的差异）决定。

复习思考题

1. 注水开发动态分析的内容有哪些？
2. 注水开发油层动态规律是什么？
3. 影响油田开发效果的地质因素有哪些？
4. 不同韵律油层的驱油效果有哪些差异？
5. 注水开发中层间差异的主要特征是什么？
6. 注水开发中平面差异的主要特征是什么？
7. 注水开发过程中储层物性会发生什么变化？
8. 注水开发过程中储层孔隙结构参数会发生什么变化？
9. 注水开发过程中流体性质会发生哪些变化？

第五章

油气层的伤害及保护

第一节 油气层的伤害机理

油气层的伤害机理就是油气层伤害产生的原因和伴随伤害发生的物理、化学变化过程。不同的油气层具有不同的特征,造成伤害的机理也不相同。

在原始的地层条件下,油气层岩石、矿物和流体在一定的物理、化学环境下处于一种物理、化学的平衡状态。开发油气层时,钻井、完井、修井、注水和增产等作业都有可能改变原来的环境条件,使平衡状态发生改变,可能造成油气层渗透率降低、油气井产能下降,导致油气层伤害(视频5-1)。所以,油气层伤害是在外界条件影响下油气层内部性质发生变化造成的,即油气层伤害的原因可分为内因和外因。

视频5-1 作业过程

油气层伤害的内因是指受外界条件影响而导致油气层伤害的内在因素,如岩性、物性、孔隙结构、岩石的表面性质和油气层流体性质等。油气层伤害的外因是指在施工作业时,任何能够引起油气层微观结构改变或流体原始状态发生改变,并使油气层渗透率降低的各种外部作业条件。各种外部条件是各作业过程中对油气层造成伤害的环境因素,即破坏油气层原始的平衡状态的各种因素,主要指压差、温度、作业时间和入井流体的性质等等。

内因是油气层伤害的客观条件,也称为油气层伤害的潜在伤害因素或潜在可能性。这些潜在可能性只有在一定外因的作用下才起作用,即使潜在伤害成为真实伤害。

油气层伤害是内因与外因综合作用的结果,主要是外来流体和油气层岩石及油气层流体的相互作用,根据它们的适应性的匹配程度,决定着产生什么样的伤害及伤害程度。

一、油气层自身潜在的伤害因素

因受外界影响而导致油气层渗透性降低的内在因素为潜在伤害因素,包括储渗空间特征、敏感性矿物、岩石表面性质和储层流体性质等。

(一)油气层储渗空间特征

孔隙是油气层的主要储集空间,油气的渗流通道主要是喉道。喉道是指两个颗粒间连通的狭窄部分,是易受伤害的敏感部位。孔隙和喉道的几何形状、大小、分布及其连通关系,称为油气层的孔隙结构。对于裂缝型储层,裂缝既是储集空间又是渗流通道。孔隙结构是从微观角度来描述油气层的储渗特性,而孔隙度与渗透率则是从宏观角度来描述油气层的储渗特性。

1. 油气层的孔喉类型

不同的颗粒接触类型和胶结类型决定着孔喉类型,一般将油气层孔喉类型分为五种(图 5-1-1),并将孔喉类型与油气层伤害的关系列为表 5-1-1。

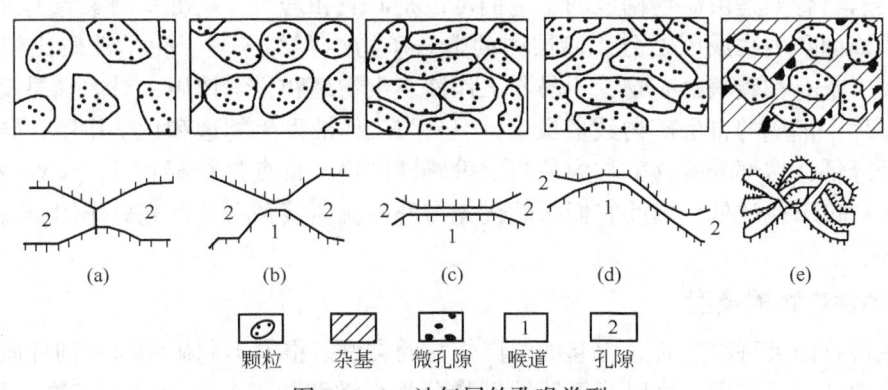

图 5-1-1 油气层的孔喉类型
(a) 缩颈喉道;(b) 点状喉道;(c) 片状喉道;(d) 弯片状喉道;(e) 管束状喉道

表 5-1-1 孔喉类型与油气层伤害关系

孔喉类型	孔喉主要特征	可能的伤害方式
缩颈喉道	孔隙大,喉道粗,孔隙与喉道直径比接近于 1	固相侵入、出砂和地层坍塌
点状喉道	孔隙大(或较大),喉道细,孔隙与喉道直径比大	微粒运移、水锁、贾敏、固相侵入
片状(或弯片状)喉道	孔隙小,喉道细而长,孔隙与喉道直径比中到大	微粒堵塞、水锁、贾敏、黏土水化膨胀
管束状喉道	孔隙和喉道成为一体且细小	水锁、贾敏、乳化堵塞、黏土水化膨胀

2. 油气层岩石的孔隙结构参数

孔喉类型是从定性角度来描述油气层的孔喉特征,而孔隙结构参数则是从定量角度来描述孔喉特征。常用的孔隙结构参数有孔喉大小与分布、孔喉弯曲程度和孔隙连通程度。一般来说,孔喉越大,不匹配的固相颗粒侵入的深度就越深,造成的固相伤害程度可能就越大,但滤液造成的水锁、贾敏等伤害的可能性较小。相反,孔喉越小,如果主要流动喉道被堵塞,则对渗透率的伤害很大。孔喉弯曲程度越大,外来固相颗粒侵入越困难,侵入深度越小,而地层微粒越易在喉道中阻卡,微粒分散或运移的伤害潜力增加,喉道越易受到伤害。孔隙连通性越差,油气层越易受到伤害。

3. 油气层的孔隙度和渗透率

孔隙度是衡量岩石储集空间多少及储集能力大小的参数,孔隙度越大,储集空间及储集能力越大。渗透率是衡量油气层岩石渗流能力大小的参数,渗透率越大,岩石的渗透能力越大。油气层的孔隙度和渗透率是从宏观上表征油气层特性的两个基本参数。其中与油气层伤害关系比较密切的是渗透率,因为它是孔喉的大小、均匀性和连通性三者的共同体现。对于一个渗透性很好的油气层来说,可以推断它的孔喉较大或较均匀,连通性好,胶结物含量低,这样它受固相侵入伤害的可能性就较大;相反,对于一个低渗透性油气层来说,可以推断它的孔喉小或连通性差,胶结物含量较高,这样它容易受到黏土水化膨胀、分散运移及水锁和贾敏伤害。

（二）油气层的敏感性矿物

1. 敏感性矿物的定义和特点

油气层岩石骨架是由矿物构成的，它们可以是矿屑和岩屑，从沉积物来源上讲，有碎屑成因、化学成因和生物成因之分。储层中的造岩矿物绝大部分属于化学性质比较稳定的类型，如石英、长石和碳酸盐矿物，不易与工作液发生物理和化学作用，对油气层没有多大伤害。成岩过程中形成的自生矿物数量虽少，但易与工作液发生物理和化学作用，导致油气层渗透性显著降低，这部分矿物就称为油气层敏感性矿物，特点是粒径很小（$<37\mu m$），比表面大，且多数位于孔喉处。因此它们必然优先与外界流体接触，进行充分作用，引起油气层敏感性伤害。

2. 敏感性矿物的类型

敏感性矿物的类型决定着其引起油气层伤害的类型。根据不同矿物与不同性质的流体发生反应造成的油气层伤害，可以将敏感性矿物分为水敏和盐敏矿物、碱敏矿物、酸敏矿物、速敏矿物四类。

水敏和盐敏矿物，指油气层中和水相作用产生水化膨胀或分散、脱落等，并引起油气层渗透率下降的矿物，主要有蒙脱石、伊利石/蒙脱石间层矿物和绿泥石/蒙脱石间层矿物。

碱敏矿物指油气层中与高 pH 值外来液作用产生分散、脱落或新的硅酸盐沉淀和硅凝胶体，并引起渗透率下降的矿物，主要有长石、微晶石英、各类黏土矿物和蛋白石。

酸敏矿物指油气层中与酸液作用产生化学沉淀或酸蚀后释放出微粒，并引起渗透率下降的矿物。酸敏矿物分为盐酸酸敏矿物和氢氟酸酸敏矿物。前者主要有含铁绿泥石、铁方解石、铁白云石、赤铁矿、菱铁矿和水化黑云母；后者主要有方解石、石灰石、白云石、钙长石、沸石、云母和各类黏土矿物。

速敏矿物指油气层中在高速流体流动作用下发生运移，并堵塞喉道的微粒矿物，主要有黏土矿物及粒径小于 $37\mu m$ 的各种非黏土矿物，如石英、长石、方解石等等。

3. 敏感性矿物的产状

敏感性矿物的产状是指它们在含油气岩石中的分布位置和存在状态，对油气层伤害有较大影响。尤其是黏土矿物，会以分散质点式、薄膜式和搭桥式存在于储层孔隙之中（详见第一章第四节中的相关内容，即黏土基质对储层储渗性能和产能的影响），或者产生水化膨胀，减少孔喉，甚至引起水锁伤害，或者造成微粒运移，或者被酸蚀后，形成凝胶体，堵塞孔喉，引起油气层伤害。

4. 敏感性矿物与伤害程度的关系

一般而言，敏感性矿物含量越高，由它造成的油气层伤害程度越大；在其他条件相同的情况下，油气层渗透率越低，敏感性矿物对油气层造成伤害的可能性和伤害程度就越大。也有学者认为，敏感性矿物的产状相较其含量往往对储层伤害的影响更大。

（三）油气层岩石的表面性质

当储层中流体与岩石相互接触时，岩石的表面性质就显得十分重要，因为它直接影响着流体在孔隙中的分布与渗流。因此，了解岩石的表面性质有助于认识储层潜在的伤害。与储层潜在伤害因素有关的表面性质有岩石比表面、润湿性及毛细现象等。

1. 岩石比表面

岩石比表面是指单位体积的岩石内颗粒的总表面积，或单位体积岩石内总孔隙的内表面积。岩石中的细颗粒越多，则岩石比表面越大。比表面越大，流体与岩石接触面越大，岩石与流体的作用越充分，造成的伤害也就可能越大。

2. 岩石的润湿性

岩石表面被液体润湿（铺展）的情况称为岩石的润湿性。岩石的润湿性一般可分为亲水性、亲油性和混合润湿性三大类。油气层岩石的润湿性有以下作用：

（1）控制孔隙中油气水分布。对于亲水性岩石，水通常吸附于颗粒表面或占据小孔隙角隅，油气则占孔隙中间部位；对于亲油性岩石，刚好出现相反的现象。

（2）决定着岩石孔道中毛细管力的大小和方向。毛细管力的方向总是指向非润湿相一方。当岩石表面亲水时，毛细管力是水驱油的动力；当岩石表面亲油时，毛细管力是水驱油的阻力。

（3）影响着油气层微粒的运移。油气层中流动的流体润湿微粒时，微粒容易随之运移；否则微粒难以运移。

3. 毛细现象

润湿性在毛细管中的作用就是毛细现象。毛细现象实际上就是润湿相在毛细管中上升的现象。储层岩石具有十分复杂的孔隙系统，可把它看成是一套不规则的毛细管网络。特别对于平均孔喉半径小的储层，毛细现象将显得更为突出。如生产中不加注意，很容易导致由毛细现象造成的水锁及贾敏伤害。

（四）油气层流体性质

与油气层伤害关系最为密切的是地层水的性质，其次是原油与天然气的性质。

1. 地层水的性质

地层水的性质主要指矿化度、离子类型和含量、pH 值和水型等。当油气层压力和温度降低或外来流体与地层水不配伍时，会生成 $CaCO_3$、$CaSO_4$、$Ca(OH)_2$ 等无机沉淀。高矿化度盐水可引起进入油气层的高分子处理剂发生盐析。

2. 原油的性质

原油的性质主要包括黏度、含蜡量、胶质、沥青、析蜡点和凝点。石蜡、胶质和沥青可能形成有机沉淀，堵塞孔喉；原油与入井流体不配伍形成高黏乳状液，胶质、沥青质与酸液作用形成酸渣；注水和压裂中的冷却效应可以导致石蜡、沥青在地层中沉积，堵塞孔喉。

3. 天然气的性质

与油气层伤害有关的天然气性质主要是 H_2S 和 CO_2 腐蚀气体的含量和相态特征。腐蚀气体会腐蚀设备造成微粒堵塞，H_2S 在腐蚀过程中形成 FeS 沉淀，造成井下和井口管线的堵塞。

相态特征主要是针对凝析气藏而言的。当开采时压差过大或气藏压力衰竭时，井底压力低于露点压力，此时凝析液在井筒附近积聚，使气相渗透率大大降低，形成油相圈闭。

（五）油气藏环境

油气层伤害是在特定的环境下发生的。内部环境包括油气藏温度、压力、原地应力和天然驱动能量；外部环境有工作液的流速、化学性质、固相颗粒分布、压差、流体的温度等。

油气层潜在伤害因素相对一个特定的时间段而言，是油气层的固有特性。当油气层被钻开以后，由于受外界条件的影响，它的孔隙结构、敏感性矿物、岩石润湿性和油气水性质都会发生变化。因此油气层潜在伤害因素在不同的生产作业阶段可能是动态变化的。在分析储层潜在伤害时，不能只考虑单一的影响因素，而要考虑储层的矿物特征、储层物性及储层的流体性质等，只有这样才能得到客观的分析和判断。

二、外因作用下引起的油气层伤害

在不同的生产作业过程中由外因诱发造成的油气层伤害机理是各种各样的。本书仅介绍各生产作业环节中油气层伤害机理的共性。

（一）外界流体进入油气层引起的伤害

1. 流体中固相颗粒堵塞油气层造成的伤害

入井流体常含有两类固相颗粒：一类是为达到其性能要求而加入的有用颗粒，如加重剂和桥堵剂等；另一类是岩屑和混入的杂质及固相污染物质，它们是有害固体。固相堵塞伤害的机理是：当井眼中流体的液柱压力大于油气层孔隙压力时，固相颗粒就会随液相一起被压入油气层，从而缩小油气层孔道半径，甚至堵死孔喉，造成油气层伤害。

2. 外来流体与岩石不配伍造成的伤害

1) 水敏性伤害

当进入油气层的外来液体与油气层中的水敏性矿物（如蒙脱石）不配伍时，将会引起这类矿物水化膨胀、分散或脱落，导致油气层渗透率下降，这就是油气层水敏性伤害。储层的水敏性伤害与储层中黏土矿物类型、含量、存在状态、储层物性、外来液体的矿化度大小、矿化度降低速度及阳离子成分等因素有关。

油气层水敏性伤害的规律有：

（1）当油气层物性相似时，油气层中水敏性矿物含量越多，水敏性伤害程度越大。

（2）油气层中常见的黏土矿物对油气层水敏性伤害强弱影响顺序为：蒙脱石>伊利石/蒙脱石间层矿物>伊利石>高岭石、绿泥石。

（3）当油气层中水敏性矿物含量及存在状态均相似时，高渗油气层的水敏性伤害比低渗油气层的水敏性伤害要低些。

（4）外来液体的矿化度越低，引起油气层的水敏性伤害越强；外来液体的矿化度降低速度越大，油气层的水敏性伤害越强。

（5）在外来液体矿化度相同的情况下，外来液体中含高价阳离子的成分越多，引起油气层水敏性伤害的程度越弱。

2) 碱敏性伤害

高 pH 值的外来液体侵入油气层时，与其中的碱敏性矿物发生反应造成分散、脱落、新的硅酸盐沉淀和硅凝胶体生成，导致油气层渗透率下降，这就是油气层碱敏性伤害。

油气层产生碱敏伤害的原因为：

（1）黏土矿物的铝氧八面体在碱性溶液作用下，使黏土表面的负电荷增多，导致晶层间斥力增加，促进水化分散，堵塞储层孔道，降低渗透率；

（2）隐晶质石英和蛋白石等较易与氢氧化物反应生成不可溶性硅酸盐，这种硅酸盐可在适当的pH值范围内形成硅凝胶而堵塞孔道。

影响油气层碱敏性伤害程度的因素有：碱酸性矿物的含量、液体的pH值和液体侵入量。其中液体的pH值起着重要作用，pH值越大，造成的碱敏性伤害越大。

3）酸敏性伤害（视频5-2）

油气层酸化处理后，释放大量微粒，矿物溶解释放出的离子还可能再次生成沉淀。这些微粒和沉淀将堵塞油气层的孔道，轻者可削弱酸化效果，重者导致酸化失败。这种酸化后导致油气层渗透率的降低就是酸敏性伤害。造成酸敏性伤害的无机沉淀和凝胶体有：$Fe(OH)_3$、$Fe(OH)_2$、CaF_2、MgF_2、氟硅酸盐、氟铝酸盐沉淀以及硅酸凝胶。这些沉淀和凝胶的形成与

视频5-2 酸化

酸的浓度有关，其中大部分在酸的浓度很低时才形成沉淀。控制酸敏性伤害的因素有：酸液类型和组成、酸敏性矿物含量、酸化后返排酸的时间。因此，储层酸化效果的好坏，要看有利的溶解反应与不利的沉淀反应哪个起主导作用，若有利因素起主导作用，则酸化有效；反之，则无效。目前，各油田已采取了多种措施（如使用缓蚀酸、络合酸等），来尽量避免酸敏性伤害的产生，从而改善酸化效果。

4）润湿性反转造成的伤害

储层岩石可以是亲水性（水润湿）、亲油性（油润湿）或混合润湿性，这主要取决于原油中极性组分的含量和天然岩石的表面性质。因化学处理剂的作用，岩石的润湿性发生改变的现象，称为润湿性反转。润湿性改变后，储层的孔隙结构、孔隙度、绝对渗透率均不改变，但却严重影响油、水的相对渗透率。岩石由水润湿变成油润湿后，油由原来占据孔隙中间部分变成占据小孔隙角隅或吸附颗粒表面，大大地减少了油的流道，同时使毛细管力由原来的驱油动力变成驱油阻力。这样不但使采收率下降，而且大大地降低了油气的有效渗透率，据报道，可使油相渗透率降低15%~85%。对润湿性改变起主要作用的是表面活性剂，影响润湿性反转的因素有：pH值、聚合物处理剂、无机阳离子和温度。

3. 外来流体与地层流体不配伍造成的伤害

当外来流体的化学组分与地层流体的化学组分不相匹配时，将会在油气层中引起沉积、乳化或促进细菌繁殖等，最终影响储层渗透性。

1）结垢

（1）无机垢。

如果外来液体与油气层流体不配伍，可形成$CaCO_3$、$CaSO_4$、$BaSO_4$、$SrCO_3$、$SrSO_4$等无机垢沉淀。

影响无机垢沉淀的因素有：

① 外界液体和油气层液体中盐类的组成及浓度。一般来说，当这两种液体中含有高价阳离子（如Ca^{2+}、Ba^{2+}、Sr^{2+}等）和高价阴离子（如SO_4^{2-}、CO_3^{2-}等），且其浓度达到或超过形成沉淀的要求时，就可能形成无机沉淀。

② 液体的 pH 值。当外来液体的 pH 值较高时，可使 HCO_3^- 转化成 CO_3^{2-}，引起碳酸盐沉淀的生成，同时，还可能引起 $Ca(OH)_2$ 等氢氧化物沉淀的形成。

(2) 有机沉淀。

外来流体与油气层原油不配伍，可生成有机沉淀。有机沉淀主要指石蜡、沥青质及胶质在井眼附近的油气层中沉积，这样不仅会堵塞油气层的孔道，而且还可能使油气层的润湿性发生反转，从而导致油气层渗透率下降。

影响形成有机垢的因素有：

① 外来液体引起原油 pH 值改变而导致沉淀，高 pH 值的液体可促使沥青絮凝、沉积，一些含沥青的原油与酸反应形成沥青质、树脂、蜡的胶状污泥。

② 气体和低表面张力的流体侵入油气层，可促使有机沉淀的生成。

2）乳化堵塞

外来流体常含有许多化学添加剂。这些添加剂进入油气层后，可能改变油水界面性能，使外来油与地层水或外来水与油气层中的油相混合，形成油和水的乳化液（乳状液是一种或多种液体分散在另一种与它不相溶的液体中形成的多相分散体系），这样的乳化液造成的油气层伤害有两方面：一方面是比孔喉尺寸大的乳状液滴堵塞孔喉；另一方面是提高流体的黏度，增加流动阻力。

影响乳化液形成的因素有：(1) 表面活性剂的性质和浓度；(2) 微粒的存在；(3) 油气层的润湿性。

3）细菌堵塞

油气层原有的细菌或者随着外来流体一起侵入的细菌，在作业过程中，当油气层的环境变成适宜它们生长时，它们会很快繁殖。油田常见的细菌有硫酸盐还原菌、腐生菌、铁细菌。由于它们的新陈代谢作用，可能在三方面产生油气层伤害：

(1) 它们繁殖很快，常以体积较大的菌落存在，这些菌落可堵塞孔道。

(2) 腐生菌和铁细菌都能产生黏液，这些黏液易堵塞油气层。

(3) 细菌代谢产生的 CO_2、H_2S、S^{2-}、OH^- 等，可引起 FeS、$CaCO_3$、$Fe(OH)_2$ 等无机沉淀。影响细菌生长的因素为：环境条件（温度、压力、矿化度和 pH 值）和营养物。

4. 外来流体进入油气层影响油水分布造成的伤害

外来水相渗入油气层后，会增加含水饱和度，降低原油的饱和度，增加油流阻力，导致油相渗透率降低。根据产生毛细管阻力的方式，可分为水锁伤害和贾敏伤害。水锁伤害是由非润湿相驱替润湿相而造成的毛细管阻力，从而导致油相渗透率降低；贾敏伤害是由非润湿液滴对润湿相流体流动产生附加阻力，从而导致油相渗透率降低。影响这两种伤害的因素有：外来水相侵入量和油气层孔喉半径。对低渗油气层来说，水锁、贾敏伤害明显，应引起重视。

（二）工程因素和油气层环境条件发生变化造成的伤害

在油气层生产和作业过程中，除前面讨论的外来流体进入油气层造成伤害外，生产或作业压差、油气层温度变化和生产或作业时间等工程因素，以及油气层环境条件都可能引起新的油气层伤害或者加重油气层伤害的程度。

1. 生产或作业压差引起的油气层伤害

1) 微粒运移产生速敏伤害

大多数油气层都含有一些细小矿物颗粒。这些微粒在流体流动作用下发生运移，并且单个或多个颗粒在孔喉处发生堵塞，造成油气层渗透率下降，这就是微粒运移伤害。使油气层微粒开始运移的流体速度叫临界流速。只有流速超过临界流速后，微粒才能运移，发生堵塞。由于油气层中流体流速的大小直接受生产压差的影响，即在相同的油气层条件下，一般生产压差越大，流体产出或注入速度就越大，因此，虽然微粒运移是由流速过大引起的，但其根源却是生产压差过大。

2) 油气层流体产生无机和有机沉淀物造成伤害

油气层流体在采出过程中，必须具有一定的生产压差，这就会引起近井地带的地层压力低于油气层的原始地层压力，从而形成无机和有机沉淀物而堵塞油气层，产生结垢伤害。此时，生成的无机垢和有机垢可能与流体不配伍时产生的垢相同，但是，垢形成的机理却不同。压力降低时的结垢机理为：

（1）无机垢的形成是由于油层压力的下降，它的流体中气体不断脱出，在脱气之前，油层中的 CO_2 以一定比例分配在油水两相之中，脱气之后 CO_2 就分配在油、气、水三相中，使得水相中的 CO_2 量大大减小。CO_2 的减少可使地层水的 pH 值升高，这将有利于地层水中 HCO_3^- 的解离，使平衡向 CO_2 浓度增加的方向移动，促使更多的 $CaCO_3$ 沉淀生成。

（2）有机垢的生成是因油气层压力降低，使原油中的轻质组分和溶解气挥发，使蜡在原油中的溶解度降低，促使石蜡沉积，造成堵塞。

3) 产生应力敏感性伤害

油气层岩石在井下受到上覆岩石压力（p_V）和孔隙流体压力（即地层压力 p_R）的共同作用。上覆岩石压力仅与埋藏深度和上覆岩石的密度有关，对于某点岩石而言，上覆岩石压力可以认为是恒定的。油气层压力则与油气井的开采压差和时间有关，随着开采的进行，由于生产压差的作用，油气层压力下降。这样岩石的有效应力（p_V-p_R）就增加，使孔隙流道被压缩，尤其是裂缝—孔隙型流道更为明显，导致油气层渗透率下降而造成应力敏感性伤害。影响应力敏感伤害的因素是：压差、油气层自身的能量和油气藏的类型。

4) 压漏油气层造成伤害

当作业的液柱压力太大时，有可能压裂油气层，使大量的作业液漏入油气层而产生伤害。影响这种伤害的主要因素是作业压差和地层的性质。

5) 引起出砂和地层坍塌造成伤害

当油气层较疏松时，若生产压差太大，可能引起油气层大量出砂，进而造成油气层坍塌，产生严重的伤害。因此，当油气层较疏松时，在没有采取固砂措施之前，一定要控制使用适当的压力进行开采。

6) 加深油气层伤害的深度

当作业压差较大时，在高压差的作用下，进入油气层的固相量和滤液量必然较大，相应的固相伤害和液相伤害的深度加深，从而加大油气层伤害的程度。

2. 油气层温度变化引起的油气层伤害

油气层温度变化可能引起如下两方面的油气层伤害：

1）增加伤害程度

一般来说，油气层的温度越高，表现出的各种敏感性的伤害程度就越强，并且温度越高，各种作业液的黏度就越低，作业液的滤液就更容易进入油气层，从而导致更为严重的伤害。

2）引起结垢伤害

温度变化时，也可能引起无机垢和有机垢沉淀，从而造成油气层伤害。此时的伤害机理为：当温度降低时，放热沉淀反应生成的沉淀物（如 $BaSO_4$）的溶解度降低，析出无机沉淀，当原油的温度低于石蜡的初凝点时，石蜡将在油气层孔道中沉积，导致有机垢的形成；当温度升高时，吸热沉淀反应（如生成 $CaCO_3$、$CaSO_4$ 的沉淀反应）更容易发生，从而有可能引起无机垢伤害。

3. 生产或作业时间对油气层伤害的影响

生产或作业时间对油气层的伤害可产生两方面的影响：(1) 生产或作业时间延长，油气层伤害的程度增加，如细菌伤害的程度随时间的增加而增加，当工作液与油气层不配伍时，伤害的程度随时间的延长而加剧；(2) 影响伤害的深度，如钻井液、压井液等工作液，随着作业时间的延长，滤液侵入量增加，滤液伤害的深度加深。

油气层自钻开直至开采枯竭的任何作业中都可能发生伤害，且每一种作业的伤害原因可能有多种。在进行油气层保护时要完全防止各种伤害，一般来说，在工艺或技术上是很难实现的。为了推荐和制定切实可行的保护技术，在分析各种作业的油气层伤害原因时，要用系统工程方法找出主要的伤害作业过程；在分析具体作业中的油气层伤害原因时，要找出主要伤害原因。

第二节　钻井过程中的保护油气层技术

钻井过程中防止油气层伤害是保护油气层系统工程的第一个工程环节，其目的是交给试油或采油部门一口无伤害或低伤害、固井质量优良的油气井。油气层伤害具有累加性，钻井中对油气层的伤害不仅影响油气层的发现和油气井的初期产量，还会对今后各项作业伤害油气层的程度以及作业效果带来影响。

一、保护油气层的钻井液技术

（一）保护油气层对钻井液的要求

钻井液是石油工程中最先与油气层相接触的工作液，其类型和性能的好坏直接关系到对油气层的伤害程度，因而保护油气层的钻井液技术是搞好保护油气层工作的首要技术环节。钻开不同油藏使用的钻井液类型不同，但其基本要求却相似，即它一方面必须具有钻井液的功能，另一方面又要满足保护油气层的要求。

钻开油气层的钻井液不仅要满足安全、快速、优质、高效的钻井工程施工需要，而且要满足保护油气层的技术要求，保护油气层对钻井液的要求主要有以下几个方面：

1. 钻井液密度可调，满足不同压力油气层近平衡压力钻井的需要

我国油气层压力系数从 0.4 到 2.87，部分低压、低渗、岩石坚固的油气层需采用负压差钻进来减少对油气层的伤害,因而必须研究出从空气到密度为 $3.0g/cm^3$ 的不同类型的钻井液才能满足各种需要。

2. 钻井液中固相颗粒与油气层渗流通道相匹配

钻井液中除保持必需的膨润土、加重剂、暂堵剂等外,应尽可能降低钻井液中膨润土和无用固相的含量。依据所钻油气层的孔喉直径,选择匹配的固相颗粒尺寸大小、级配和数量,用以控制固相侵入油气层的数量与深度。此外,还可以根据油气层特性选用暂堵剂,在油井投产时再进行解堵。对于固相颗粒堵塞会造成油气层严重伤害且不易解堵的井,钻开油气层时,应尽可能采用无固相或无膨润土相钻井液。

3. 钻井液必须与油气层岩石相配伍

对于中、强水敏性油气层,应采用不引起黏土水化膨胀的强抑制性钻井液,例如氯化钾钻井液、钾铵基聚合物钻井液、甲酸盐钻井液、两性离子聚合物钻井液、阳离子聚合物钻井液、正电胶钻井液、油基钻井液和油包水钻井液等。对于盐敏性油气层,钻井液的矿化度应控制在两个临界矿化度之间。对于碱敏性油气层,钻井液的 pH 值应尽可能控制在 7~8;如需调控 pH 值,最好不用烧碱作为碱度控制剂,可用其他种类的对油气层伤害程度低的碱度控制剂。对于酸敏性油气层,可选用酸溶处理剂或暂堵剂。对于速敏性油气层,应尽量降低压差和严防井漏。采用油基或油包水钻井液、水包油钻井液时,最好选用非离子型乳化剂,以免发生润湿反转等。

4. 钻井液滤液组分必须与油气层中的流体相配伍

确定钻井液配方时,应考虑以下因素:滤液中所含的无机离子和处理剂不与地层中的流体发生沉淀反应;滤液与地层中的流体不发生乳化堵塞作用;滤液表面张力低,以防发生水锁作用;滤液中所含细菌在油气层所处环境中不会繁殖生长。

5. 钻井液的组分与性能都能满足保护油气层的需要

所用各种处理剂应对油气层渗透率影响小。应尽可能降低钻井液处于各种状态下的滤失量及滤饼渗透率,改善流变性,降低当量钻井液密度和起下管柱或开泵时的激动压力。此外,钻井液的组分还必须有效地控制处于多套压力层系裸眼井段中的油气层可能发生的伤害。

(二)屏蔽暂堵保护油气层的钻井液技术

屏蔽暂堵保护油气层的钻井液技术(简称屏蔽暂堵技术)是一项新技术。此项技术主要用来解决裸眼井段多压力层系地层保护油气层技术难题,即利用钻进油气层过程中对油气层发生伤害的两个不利因素(压差和钻井液中固相颗粒),将其转变为保护油气层的有利因素,达到减少钻井液、水泥浆、压差和浸泡时间对油气层伤害的目的。

屏蔽暂堵技术的技术构思是利用油气层被钻开时,钻井液液柱压力与油气层压力之间形成的压差,在极短时间内,迫使钻井液中人为加入的各种类型和尺寸的固相粒子进入油气层孔喉,在井壁附近形成渗透率接近于零的屏蔽暂堵带。此带能有效地阻止钻井液、水泥浆中的固相和滤液继续侵入油气层,其厚度必须大大小于射孔弹射入深度(我国目前常用的射孔枪 89 枪能射穿 400mm 以上,102 枪射孔深度超过 700mm),以便在完井投产时,通过射孔解堵。

二、保护油气层的钻井工艺技术

视频 5-3
井喷及控制

钻井过程中，针对钻井工艺技术措施中影响油气层伤害因素，可以多种措施来减少对油气层的伤害。具体包括：建立四个压力剖面，确定合理的井身结构，控制油气层的压差处于安全的最低值，降低浸泡时间，搞好中途测试，搞好井控以防止井喷井漏对油气层的伤害（视频 5-3），钻进多套压力层系地层采用保护油气层钻井技术，钻进调整井时采用保护油气层钻井技术、欠平衡钻井技术等。

三、保护油气层的固井技术

（一）提高固井质量

固井作业施工时间短，工序内容多，材料消耗大，技术性强，未知的影响因素复杂。因此要优质地固好一口井，必须精心设计，精心施工，严密组织，严格质量控制，在施工后形成一个完整的水泥环，使水泥与套管、水泥与井壁固结好，水泥胶结强度高，油、气、水层封隔好，不窜、不漏。为满足上述要求，确保固井质量，可通过改善水泥浆性能、采用合理压差、提高顶替效率、防止水泥浆失重引起环空窜流、推广应用注水泥计算机辅助设计软件等措施进行加强。

（二）降低水泥浆失水量

为了减少水泥浆固相颗粒及滤液对油气层的伤害，需在水泥浆中加入降失水剂，控制失水量使其小于 250mL（尾管固井时，控制失水量使其小于 50mL）。控制水泥浆失水量不仅有利于保护油气层，而且是保证安全固井、提高环空层间封隔质量及顶替效率的关键因素。

（三）采用屏蔽暂堵钻井液技术

钻开油气层时采用屏蔽暂堵钻井液技术，在井壁附近形成屏蔽环，此环带可在固井作业中阻止水泥浆固相颗粒和滤液进入油气层。

第三节　完井过程中的保护油气层技术

视频 5-4
砾石充填完井

完井是从钻开油层开始，到下套管、注水泥固井、射孔、下生产管柱、排液，直至投产的一项系统工程。完井作业是油气田开发总体工程的重要组成部分。和钻井作业一样，在完井作业过程中也会造成对油气层的伤害。如果完井作业处理不当，就有可能严重降低油气井的产能。使钻井过程中的保护油气层措施功亏一篑。

完井方法可分为常规完井方法和其他完井方法，其中常规完井方法是指目前国内外油气田用得最多的完井方法，主要有裸眼完井、射孔完井、割缝衬管完井、砾石充填完井（视频 5-4）。

一、射孔完井的保护油气层技术

射孔过程一方面可为油气流建立若干沟通油气层和井筒的流动通道，另一方面又会对油气层造成一定的伤害。因此，射孔完井工艺对油气井产能的高低有很大影响。

射孔完井的产能效果取决于射孔工艺和射孔参数优化设计。射孔工艺又包括射孔方法、射孔压差和射孔液。

（一）射孔方法

1. 正压差射孔的保护油气层技术

虽然负压差射孔具有显著的优越性，应尽量采用负压差射孔，但并不是说在任何油气井条件下都可以实施负压差射孔。在某些油气井条件下，仍然需要采用正压差射孔工艺。

正压差射孔的保护油气层技术，主要有两个方面：一是应通过筛选实验，采用与油气层相配伍的无固相射孔液；二是应控制正压差值不超过2MPa。

2. 负压差射孔的保护油气层技术

负压差射孔可以使射孔孔眼得到"瞬时"冲洗，形成完全清洁、畅通的孔道，可以避免射孔液对油气层的伤害。负压差射孔可以免去诱导油流工序，甚至也可以免去解堵酸化投产工序。因此，负压差射孔是一种保护油气层、提高产能、降低成本的完井方式。

负压差射孔的保护油气层技术，也可分为两个方面：一是和正压差射孔一样，也应通过筛选实验，采用与油气层相配伍的无固相射孔液；二是应科学合理地制定负压差值。

（二）射孔压差

负压差射孔时，首先应考虑确保孔眼完全清洁所必须满足的负压差值。若负压差值偏低，则不能保证孔眼完全清洁、畅通，降低了孔眼的流动效率。但若负压差值过高，则有可能引起地层出砂或套管被挤毁。因此，必须科学合理地确定所需的负压差值。

（三）射孔液

射孔液是射孔作业过程中使用的井筒工作液，有时它也作为射孔作业结束后的生产测试、下泵等的压井液。对射孔液的基本要求是：保证与油气层岩石和流体相配伍，防止射孔作业过程中和射孔后的后续作业过程中对油气层造成伤害；同时应满足射孔及后续作业的要求，即应具有一定的密度，具备压井的条件，并应具有适当的流变性，以满足循环清洗炮眼的需要。

（四）射孔参数优化设计

要想获得理想的射孔效果，使油气井的产能最高，除了需要合理选择射孔方法、射孔压差和射孔液以外，还需要进行射孔参数的优化设计。

射孔参数优化设计需要取全取准以下资料：（1）根据射孔弹穿透贝雷砂岩靶的有效深度和孔眼直径，计算出穿透实际油气层的孔深和孔径，并进行井下温度、套管钢级、枪套间隙等因素对孔深、孔径影响的校正；（2）根据裸眼中途测试或电测井或理论分析计算等方法，求取钻井液伤害深度和伤害程度数据；（3）根据岩心分析，求取油气层的各向异性系数K_v/K_h（垂直渗透率/水平渗透率）。

取全取准上述各项资料以后，将油气层钻井伤害参数、油气层物性参数、套管参数，以及现场所有可供选择或准备采购的射孔枪弹型号输入射孔参数优化设计软件。该软件将根据射孔井产能与诸影响因素的定量关系，从中优选出使油气井产能最高、受伤害最小（即总表皮系数最低）、对套管抗挤强度影响最低的某套射孔参数优化组合，并打印出射孔完井设计书，交付射孔队施工。

二、试油过程中的保护油气层技术

国内把从完井后至油气井正常投产为止所经历的各种工序总称为试油，具体包括：射孔前工序、射孔、测试、酸化解堵等投产措施及系统试井等。油气井根据具体状况，可能经历全部工序或者其中的若干工序。

有若干油气井，中途测试表明油气层受伤害并不严重，其产能较高，但完井投产后油气井的产能却很低，甚至完全丧失产能，因而有时误判为没有工业开采价值或为干层，常常延误了油气田的勘探、开发时机。其原因往往是忽视压井液长期浸泡油气层的危害，各工序环节配合不当。具体表现在：（1）压井液性能不良，对油气层伤害严重；（2）频繁起下管柱，增加压井次数；（3）各工序配合不紧凑，延长压井时间。因此在试油过程中应采取以下保护油气层技术。

（一）采用优质压井液

压井液所形成的液柱压力大于油气层孔隙压力。若压井液性能不良，必然会造成对油气层的伤害。

优质压井液必须具备以下性能：（1）与油气层岩石及流体配伍；（2）密度调节，以便能平衡油气层压力；（3）在井下压力和温度下性能稳定；（4）滤失量小；（5）有一定携带固相颗粒的能力。

压井液的选择要以油气层岩性、矿物成分和敏感性数据为依据。在模拟井下温度和压的条件下，通过室内评价实验选择无伤害或伤害最小的压井液。

（二）采用多功能管柱

为了减少在更换工序时反复起下管柱、反复压井伤害油气层的机会，应采用下一次管完成多个工序的多功能管柱。

目前国内外已有的多功能管柱有：（1）射孔和地层测试联作管柱；（2）射孔和解堵化联作管柱；（3）射孔和有杆泵生产联作管柱。

（三）各工序配合紧凑缩短压井等候的时间

油气井试油过程的各个工序应一个紧接一个尽快完成，一定要防止一个工序结束后长期压井等候另一个工序的现象，这是最容易被忽视的。压井液在井下时间越长，对油气层伤害越大。

第四节　油田开发过程中的保护油气层技术

采油与注水过程是油气层发生动态变化的过程。油气层一旦投入开发生产，油气层的压力、温度及其储渗特性都在不断地发生变化。同时，各个作业环节带给油气层的各类入井流体及固相微粒也参与了以上的变化，常常表现为固相微粒堵塞、微粒运移、次生矿物沉积、结垢、乳化堵塞、润湿反转、细菌堵塞、出砂等多种伤害方式，其本质是不断地改变油、气、水的相对渗透率。如果开发生产中措施得当，避免了伤害，保护了油气层，就可改善油气的相对渗透率，可望获得高的采收率；反之，若措施不当，伤害了油气层，则可能降低油、气、水的相对渗透率，导致采收率较低。因此，采油与注水过程中保护油气层技术的核心是防止油气层的储渗空间的堵塞和缩小，控制油、气、水的分布，使之有利于油气的采出。

一、采油过程中的保护油气层技术

油气田开采过程中，任何对油层进行操作的方法都可能给油层带来不同程度的伤害。对油层实施有效的保护是一项重要的增储上产措施。采油生产中的油层伤害与钻井、完井等过程中的油层伤害有显著的不同，外来流体不是引起采油生产中油层伤害的主要因素。流体向井流动过程中的油层伤害，主要是由近井地带流体、岩石本身状态参数（如温度、压力）的变化（可能是外部操作参数引起）引起的，其结果是油层孔喉堵塞、出砂、油井产能降低、油井设备腐蚀等，给油田生产带来极大危害。采油生产过程中油层伤害的因素可归纳为生产压差不合理、结垢、原油脱气和油层出砂四个方面。

（一）采油中保护油气层技术的思路

采油生产中油气层的伤害最主要的根源，一是生产压差过高，二是采油过程中原油流向井底时状态参数即压力、温度自然下降。前者与油气井工作制度有关，但降低生产压差将降低油气井产量；而后者在采油过程中几乎是不可避免的。因此，我们必须清楚地认识到，要达到既保护油气层又不影响原油生产计划的目的，必须做到两点：一是尽可能维持较高的地层压力；二是具有预测油层是否有结垢、出砂的能力，以便在出现油气层伤害前能够采取必要的预防措施，以正确选择完井方法，优化油井工作制度，达到经济效益最优的目标。

（二）合理确定采油工作制度

采用优化设计的方法是：初步确定生产压差和采油速率，并用室内实验和现场试验对优化方案进行评价，然后推广应用。

根据油气层的储量大小、集中程度、地层能量、压力高低、渗透性、孔隙度、疏松程度、流体黏度、含气区与含水区的范围，以及生产中的垂向、水平向距离，通过试井和试采及数模方案对比，优化得出采油工作制度。然后进行室内和室外矿场评价，最终确定应采用的工作制度。值得强调的是：若新区投产，所采用的基础数据是投产前取得的数据；若老区改造，其数据为改造前再认识油气层的数据。要充分重视采油过程中伤害的"动态"特点。

（三）保持地层压力开采

保持油气层在饱和压力以上开采，可使油井维持较高的井底压力，充分延长自喷期，降低生产成本。同时，保持地层压力可以延缓或减少原油中溶解气在采油生产中的逸出时间，并减缓油层的出砂趋势，提高采收率。保持地层压力开采，可避免气相的出现和压力降低引起有机垢及无机垢等伤害发生。我国多数油田采用早期注水开发以保持油气层压力，这是对保护油气层是十分有利的措施之一。

（四）采油生产中油层伤害的防治

每个油气层的岩性和流体都有自身的特点，应采取的预防伤害措施也各有不同，因此不能一概而论。例如，当油气层为低渗或特低渗时，预防采油过程中的伤害更为重要。因此，要尽可能地保持油气层压力开采，避免出现多相流，防止气锁和乳化油滴的封堵伤害。当油气层为中、高渗的疏松砂岩时，应正确地选择完井方法、防砂措施、合理的生产压差，以减少油气层伤害。对于碳酸盐岩地层，要尽量避免在采油过程中产生碳酸钙沉淀，堵塞孔道。除了采用合理的生产压差和采油速度外，有时可适当地投放添加剂，例如乙胺四醋酸可破坏产生碳酸钙沉淀的平衡条件，防止产生碳酸钙沉淀。对于中、低渗的稠油层，要尽可能地预防有机垢如沥青质、胶质、蜡从稠油中析出，保持油层压力开采，若技术条件允许，使用热油开采更为有效。

特别需要指出的是，不论哪种采油方法，如果油层有出砂或结垢问题，若能提早防治，则既主动又可减少经济损失。

二、注水过程中的保护油气层技术

（一）注水中保护油气层技术的思路

注水中保护油气层技术的思路，实际上是开发过程中保护油气层技术思路在注水中的具体化，只是注水过程涉及油气层深部，涉及地面和井筒各类设备，范围更宽，注水作业周期也较其他作业更长，注水作业在油气田开采中应用得十分广泛。注水中保护油气层技术的主要内容有：（1）油气层伤害诊断；（2）配伍性评价；（3）选择保护措施；（4）矿场评价和成本核算。

（二）建立合理的工作制度

1. 注水强度的确定

注水强度过大有可能造成油气层伤害。一般而言，只要控制注水速度在临界流速以下，可防止速敏伤害的发生。控制注水、注采平衡可以有效地防止指进或减缓指进、水锥的形成，防止乳化堵塞，提高驱油效果。

2. 注入压力的确定

通常注入压力低于地层的破裂压力。实践证明，高压注水后，会使地层中闭合的垂直裂缝张开，水窜入泥岩地层，引起泥岩的膨胀，使套管变形或破坏。从保护油层出发，注水压力应在低于地层破裂压力下进行，然而地层的真实破裂压力是随着注水工艺变化的，这一点有时是不可忽视的。

注水时，尤其是在冬季注水，注入水会引起油层温度较大的变化。温度变化会导致岩石应力的降低，使岩石在低于破裂压力条件下就可以产生裂缝。

（三）控制注入水水质

注入水水质是指溶解在水中的矿物盐、有机质和气体的总含量，以及水中悬浮物含量及其粒度分布。水质指标可分为物理指标和化学指标两大类。通常，物理指标是指水的温度、相对密度、悬浮物含量及其粒度分布、石油的含量，化学指标是指盐的总含量、阳离子（如钙、镁、铁、锭、钠和钾等）的含量、阴离子（如碳酸氢根、碳酸根、硫酸根、氯离子、硫离子）的含量、硬度与碱度、氧化度、pH值、水型、溶解氧、细菌等。对于某一特定的油气层，合格的水质必须满足注入水与地层岩石及其流体相配伍的物理和化学指标。

一般注入水应满足以下要求：
(1) 机械杂质的含量及粒径不至于堵塞喉道；
(2) 注入水中的溶解气、细菌等造成的腐蚀产物、沉淀不造成油气层堵塞；
(3) 与油气层水相配伍；
(4) 与油气层的岩石和原油相配伍。

目前，我国有关部门已制定了注入水水质标准，但是不同的油气层应有与之相应的合格水质，切忌用一种水质标准来对所有不同类型的油气层的注入水水质进行对比评价。

（四）正确选用各类处理剂

各种水处理添加剂，如防膨胀剂、破乳剂、杀菌剂、防垢剂、除氧剂等，许多都具有表面活性。在注入水水质预处理时应考虑两个原则：（1）选用一种处理剂时，严格控制该处理剂与地层岩石和地层流体的相溶性，防止生成乳状液及沉淀和结垢，伤害地层；（2）同时使用几种处理剂时，严格控制处理剂相互之间发生的化学反应，防止生成新的化学沉淀，从而伤害地层。

第五节 增产措施中的保护油气层技术

酸化压裂作为油气井增产和投产的重要措施，在全国各油田已得到了广泛的应用，尤其在低渗透油藏中，把压裂酸化作为投产措施，能够解除近井地带的堵塞，恢复原有产能，提高开发效果。

然而压裂酸化措施也会对地层造成新的伤害，尤其在酸液和压裂液与地层或地层流体不配伍、施工规模及施工参数不当时，不但不能提高油井的产量，还会使原有的产量下降。

在酸化工艺上，一般根据储层的岩性分为碳酸盐岩酸化和砂岩酸化两大类。碳酸盐岩酸化常用的酸液包括盐酸、泡沫酸、乳化酸、稠化酸、低伤害酸、潜在盐酸等。砂岩酸化常用的酸液包括土酸、浓缩酸、氟硼酸、复合酸、低伤害酸、潜在土酸等。酸液添加剂包括黏土稳定剂、缓蚀剂、铁离子稳定剂、助排剂、互溶剂、暂堵剂、抗酸渣剂等，在对油气井进行酸化处理时，必须搞清油气层特征和岩石物性，筛选与之相配伍的各种酸液和添加剂，并对施工参数进行计算机优化设计，才能最大限度地解放油气层，达到增产效果。

在压裂工艺上，根据储层的敏感性特征，将压裂液分为水基压裂液、油基压裂液、乳化压裂液等，根据不同添加剂在压裂液中所起的作用分为增稠剂、交联剂、破胶剂、杀菌剂、黏土稳定剂、助排剂、pH调节剂、激活剂等，各种压裂液及其添加剂都在向对地层产生低伤害的方向发展，在压裂施工设计上采用三维压裂优化设计，使各项施工参数更趋于合理，提高压裂增产效果。

一、酸化中的保护油气层技术

（一）正确选择酸液

通常选择盐酸作为主要的酸液，应用中浓度盐酸（28%）优于稀盐酸（15%），浓酸的溶解力大，可产生大量 CO_2，有助于措施后的快速返排。浓酸溶解同样的岩石矿物所需用量少,因而施工时间短,滤入储层的残酸液少,可减小伤害。此外,浓酸变为残酸后的黏度更大,对减少滤失及悬浮酸化中产生的微粒一起返排均有好处。因此,在缓蚀及酸液与储层流体配伍问题很好解决时,可采用高浓度盐酸。

(二)优选酸液添加剂

采用盐酸直接酸压的主要问题是滤失,酸化初期缝壁很快形成溶蚀孔,可能导致有效作用距离过短,达不到解堵的目的。因此,在伤害半径很大时,也可考虑采用前置液交替酸压技术及泡沫酸、胶化酸、乳化酸酸压技术,或在酸液中加入有效的降滤剂。酸液添加剂最重要的是缓蚀剂及酸的降滤剂,应视具体的酸液及储层条件选择有效的缓蚀剂及降滤失剂,根据不同的要求选好其他添加剂。

(三)优选施工参数

酸液浓度,通常应结合室内试验、现场经验及酸压模拟计算综合确定。

酸液排量应大于储层吸收量。在地面设备允许的条件下,提高排量有助于形成裂缝,增加酸液有效作用距离。排量过小,酸液将主要沿溶蚀孔滤失,裂缝不再延伸。

(四)保证施工中质量

酸化前洗井,把地面管线、井筒内的残渣、锈垢等清洗干净。配酸用水要清洁。配酸池、储酸罐、运酸罐等最好用一定的稀盐酸冲洗后,用清水冲净。

称准量好所需酸量及添加剂量,严格按设计配方配酸,应配备专门的化验员检查把关。酸液配好后,应尽快施工,若因特殊原因放置过久,应取酸样分析,确保酸液性能不变方能施工。

有条件的应采用精细过滤技术,让酸液经过 2mm 和 10mm 筛网并联过滤,消除酸液中固相颗粒的影响。

施工中严格控制注酸排量,不能压裂储层。施工后彻底排除残酸液。

二、压裂中的保护油气层技术

压裂是油气井增产、水井增注的有效措施之一,特别适于低渗透油气藏的整体改造,也是解除储层伤害、恢复油气井产能的重要手段。理论上讲,压裂形成的高导流能力填砂裂缝,大大改善了储层流体向井内流动的能力,因而压裂后必然提高油气井产能。然而,在实际压裂施工中,并非每口压裂井都获得成功,有的井经压裂后增产幅度很小,有的甚至造成减产。

事实上,压裂作业中压裂液进入储层后,总会干扰储层原有平衡条件,给储层带来某些伤害。压裂措施本身包含了改善储层和伤害储层双重作用,当前者占主导时,压裂增产;反之则造成减产。为了获得增产效果,就应充分发挥其改善储层的作用,尽量减少伤害储层的因素。

(一)选择与油气层岩石和流体配伍的压裂液

1. 水基压裂液

它是以清水为基液,通过加入各种添加剂改性而成。

2. 油基压裂液

它以油为基液加入各种添加剂制成。对某些水敏性地层，使用水基压裂液可能引起黏土膨胀，造成储层伤害。对这类储层，可使用油基压裂液。

3. 乳状压裂液

它是由两份油和一份稠化水组成的，外相由水溶性聚合物和含有表面活性剂的淡水、盐水或酸液配制而成。

乳状液基本上结合了油基压裂液和水基压裂液的优点（摩阻低，黏度高，热稳定性好，悬砂能力强，滤失低和压裂效率高）。由于其含水少，进入储层的水不多，加入防膨剂后可较好地防止黏土膨胀，加入表面活性剂可使乳状液在地温下几小时后能完全破乳，也易返排，但要注意防止水与储层油相遇后再次乳化而伤害储层。

4. 泡沫压裂液

泡沫压裂液的基液可用淡水、盐水、原油或成品油以及聚合物水溶液，气相用氮气、二氧化碳气、空气及天然气，发泡剂多用非离子型活性剂制配而成。泡沫压裂液适用于含气砂岩或页岩储层和渗透率较低的水敏性储层。

泡沫压裂液具有易于返排、滤失低、造缝能力强、悬砂性能好、摩阻低、热稳定性好及对储层伤害小等优点；其不足是压裂过程中需要较高的注入压力，施工工艺难度较大，砂液比不能过高。

（二）选择合理的添加剂

根据不同的油层和压裂工艺的要求，通过加入适当的添加剂来提高和改善压裂液的性能。压裂液添加剂有两个作用，一是提高造缝和输送支撑剂的能力，二是减少油层的伤害。

对不同的压裂要求，通过加入适当的添加剂可以大大改善压裂液性能。常用的添加剂有（1）pH值调节剂；（2）降滤剂；（3）降阻剂；（4）黏土稳定剂；（5）冻胶稳定剂；（6）破胶剂；（7）防乳、破乳剂；（8）消泡及防泡剂；（9）杀菌剂。

上述压裂液添加剂，并非都需加在压裂液中，实际中应根据需要确定，并要注意各添加剂之间以及与基液和成胶剂之间的配伍性。

（三）选择合理的支撑剂

理想的支撑剂应满足：(1) 密度低，最好低于$2g/cm^3$；(2) 能承受闭合压力到140MPa；(3) 在200℃的盐水中呈化学惰性；(4) 圆度应接近1；(5) 按体积计，应与砂子同价。

这些要求难以满足，故一般选用满足如下要求的砂子：

(1) 粒径均匀。目前使用的砂子多半是40~20目（0.42~0.84mm）；有时也用少量的20~10目（0.84~2mm）。要求砂子筛析组成比较集中，以提高砂子的承压能力，提高填砂缝的渗透性。

(2) 强度高。各地产的砂子由于其风化、搬运及沉积条件不同，虽都是石英砂，但强度也不一样。据大港石油管理局的试验数据，国内石英砂按其强度排序为：兰州砂、福州砂、江西砂、岳阳砂。陶粒具有很高的强度，在70MPa的闭合压力下，陶粒所提供的导流能力约比砂子高一个数量级，深井压裂常使用陶粒，但价格较贵。

(3) 杂质含量少。砂子中的杂质是指混在砂中的碳酸盐、长石、铁的氧化物及黏土等矿物质。可用清水及酸液（盐酸或较低浓度的土酸）冲洗以除去杂质。砂子中的杂质对裂缝的导流能力影响较大。

（4）圆球度好。带棱角的砂子渗透率差，且易破碎，破碎下来的小粒会堵塞孔隙，降低渗透率。

对于浅地层，因闭合压力不大，使用砂子作支撑剂是行之有效的，在储层条件下用实验方法确定满足压裂效果的粒径及浓度。深度增加，闭合压力也增加，砂子的强度会逐渐不能适应。研究表明，在高闭合压力下，粒径小的砂子比粒径大的砂子有较高的导流能力，单位面积上浓度高的裂缝比浓度低的裂缝有较高的导流能力。因此，可采用较小粒径的砂子多层排列以适应较高闭合压力的储层压裂。对于更高闭合压力的储层，只有采用高强度支撑剂，例如陶粒。近年发展的超级砂，是在砂子或其他固体颗粒外涂上（或包上）一层塑料，这是一种热固性材料，进入裂缝后先软化成玻璃状，然后在储层温度下硬化。这种支撑剂虽在高闭合应力下会破碎，但能防止破碎后所产生的微粒的移动，仍能保持一定导流能力。

现场应用表明，陶粒作为支撑剂，无论就几何形状（圆度、球度）或强度都比较理想，而且耐高温（可达2000℃），抗化学作用性能好，用于储层压裂可大大减少由于支撑剂性能不好所带来的储层及填砂裂缝的伤害。

（四）保护油气层的压裂工艺技术

1. 缝端脱砂压裂

缝端脱砂压裂技术是近年来用于中、高渗透率地层压裂改造和重复压裂及地层防砂的一种新型压裂工艺技术，其特点是：有意在一定缝长的端部形成砂堵，阻止裂缝继续向前延伸，同时以一定的排量继续泵入不同支撑剂浓度的压裂液，迫使裂缝"膨胀"，获得高导流能力的宽短裂缝，减少微粒影响，并克服了支撑剂嵌入问题，从而使油井增产数倍，有效增产时间长。

缝端脱砂压裂技术主要用于中、高渗透油藏和不稳定疏松地层的油井解堵及增产作业。对于常规水力压裂技术无能为力的这类地层，应用缝端脱砂压裂技术可以形成一条导流能力很高的裂缝，从而获得很好的作业效果。

2. 限流压裂

限流压裂技术能在一次施工中，在同一井口压力下压开多个油层。因此，多油层同时压裂时，采用限流压裂技术可减少压裂施工次数，简化压裂施工工艺，提高压裂经济效益。

限流压裂的实质是限定射孔孔眼的数目和直径，使压力增加到可压开破裂压力较高的层段。因此，地层破裂压力低的层段，射孔孔数较少；而地层破裂压力高的层段，射孔孔数多（或孔眼直径大）。

限流压裂主要适合油田早期开发时使用，即要求油井尚未射孔时，根据地应力资料来确定各层的射孔孔数。

3. 高能气体压裂

高能气体压裂技术（脉冲压裂）是从爆炸压裂和聚能射孔发展而来的。自19世纪末就已开始采用爆炸压裂技术。爆炸压裂产生的冲击波太快，导致近井地带压实和破裂，但使用推进剂可大大降低冲击波速度。

高能气体压裂工艺通过推进剂爆燃或化学燃烧，产生一种高速气压脉冲并通过炮眼作用于地层岩石上,从而压开多条裂缝并使已有的裂缝进一步延伸。随着压力脉冲逐渐减弱,裂缝略微闭合并通过地层破碎颗粒支撑保持一条通道,增大了近井地带的导流能力,从而提高了油气产量。

在石油工业中,高能气体压裂常用于许多不同的作业,最普遍的是用于降低或清除近井地带的伤害,其他用途还有:(1)天然裂缝性储层增产;(2)水力压裂前预处理;(3)酸化前预处理;(4)存在底水问题时的增产。

4. 高砂比压裂

高砂比压裂是水力压裂的改进,它是采用有高携砂能力的压裂液,使砂液比高达 1200～6000kg/m^3,裂缝中的支撑剂铺设质量浓度在 10kg/m^3 以上。这种压裂工艺的特点是支撑缝宽,产生的高导流能力的宽裂缝可减少微粒对裂缝导流能力的影响,并克服了支撑砂嵌入的问题,从而使油井增产,有效增产时间增长。

高砂比压裂技术是改造低渗透和特低渗透油层的有效措施,使用该技术进行初次压裂和重复压裂,均能收到显著效果。

5. 水力化学压裂

水力化学压裂是充分利用已压开的裂缝,通过物理化学作用有效地处理基岩,提高岩石渗透率。该技术的优点是产量稳定,因为在压裂过程中,近井底地带聚积了弹性能量和气体能量,并且通过压开的裂缝可使基岩投入有效的开采。

水力化学压裂的施工顺序是:注入加有表面活性剂的盐酸溶液,注入加有原油、砂子和石灰砂的碱性溶液,接着注入组分与前者相同但不带砂子的替挤液、盐酸溶液、质量分数为 5% 的碱性替挤液。实验表明,注入的化学溶液和砂子量越多,水力化学压裂的效果就越好。

水力化学压裂技术适用于低渗透层和特低渗透层的增产。

6. 分层压裂

对多油层或厚油层,需要分层(段)压裂以保证压开需要造缝的层段。

分层压裂的方法有:

(1)封隔器卡分法。

(2)堵球。堵球是用来堵塞炮眼的,一般使用尼龙球或包以橡胶的铝球。堵球随液流进入井内并坐在炮眼上,将井底压力憋起,压开另外的裂缝,施工结束后,井底压力降低,堵球在压差的作用下,可以返排出来。

(3)暂时堵塞剂。裸眼井或射孔段套管变形的井不宜用封隔器卡开,有的井套管虽然完好,但固井质量不佳,容易窜槽,此时都可采用堵塞剂使分层压裂得到较好的效果。

7. 深度水力压裂

这种方法能成倍地提高低渗透油气层采收率,是强化开发低渗透油藏最具前景的工艺措施。

国外现场试验研究结果表明,强化开发低渗透储层的最佳水力压裂裂缝长度与地层渗透率成反比,渗透率越低,则要求的裂缝长度越长。据此,要对渗透率为 $(1～30)×10^{-3}\mu m^2$ 的地层产生有效作用,必须形成半径在 100m 左右的裂缝,有时裂缝半径可达 1000m。在裂缝的作用下,不仅近井地带,较远的地层也会受到作用。由于渗滤面积急剧增加,渗流由径向变为线性,采收率因而成倍增加。

8. 分批混合压裂

分批混合压裂是一种用于低渗透低产油层的小型压裂方法，其特点是规模小，比大型压裂经济，施工作业能够避开受伤害的地层，在地层中形成裂缝。

用于该工艺的高浓度支撑剂用凝胶液在两个混合罐内预先混合成不同支撑剂浓度的砂浆，可以保证支撑剂在裂缝中均匀分布，支撑剂不受地面作业速度以及机械、人为因素的影响，从而改善了裂缝导流能力。

操作过程是从罐中抽汲出的前置液和替挤液汇集到立式混合拖车上的储存箱中，支撑剂携带液从拖车上的储存箱内分选出去。这些混合物直接从拖车加压输送到三缸压裂泵并注入井眼，最后挤入被压开的地层。拖车上专用的管汇和遥控阀使得液体和砂浆在压裂时可以分开。

此外还有控制支撑剂返排的工艺技术以及提高压裂液返排量并增加产量的技术等。

复习思考题

1. 油气层自身潜在的伤害因素是什么？
2. 外因作用下引起的油气层伤害有哪些？
3. 钻井过程中的保护油气层技术有哪些？
4. 完井过程中的保护油气层技术有哪些？
5. 采油过程中的保护油气层技术有哪些？
6. 注水过程中的保护油气层技术有哪些？
7. 增产措施中的保护油气层技术有哪些？

第六章

油气藏动态监测与分析

开发方案的实施和油气井投产，并不意味着开发工作已走上正轨，更不意味着油气藏研究工作已经结束。恰恰相反，由于早期油气藏评价阶段的资料十分有限，对油气藏的认识程度相当粗浅，所建立的油气藏地质模型还相当粗糙，更是由于动态资料的缺乏，对油气藏（井）动态特征的认识远不能代表油气藏的真实情况。在地质认识不充分的情况下，编制出来的开发方案不可能是一个理想的方案，按此方案实施，也不可能开发好一个真实的油气田。因此要对开发过程实施动态监测，监测压力、吸水剖面的变化。随着开发过程的不断深入，大量的有关油气藏的新信息不断涌现出来。为了有效地开发油气，有必要根据新获得的油气藏信息进行油藏动态分析，对原来的地质模型进行修正。

第一节 油气藏动态监测

一、油藏动态监测

油藏一旦投入开发，地下油水就处于运动状态。为了及时掌握地下的这种动态变化情况，在油田开发的全过程中，要运用各种监测手段和技术方法测取油层的压力、油水井的分层产油和吸水剖面、油水运动和油层产水特征以及井下技术状况等动态资料，为油藏动态分析和开发调整提供依据。

所谓油藏动态监测，是运用各种仪器、仪表，采用不同的测试手段和测量方法，测得油藏开采过程中动态和静态的有关资料，为油藏动态分析和开发调整提供第一手的科学数据。油藏动态监测是油藏开发中一项重要的基础工作，贯穿于油藏开发的始终。做好油藏动态监测，必须根据油田的具体情况，首先应建立起一套完整的油藏动态监测系统。在油藏开发的不同阶段，油藏动态监测的内容和要求是变化的，要根据开发需要的监测内容，确定监测井点，建立监测系统，取全、取准第一手资料。油藏动态监测系统的部署应遵循下列原则：（1）要确保动态监测资料的准确性、代表性和系统性；（2）油、水井要尽量进行对应配套监测，尤其是层（段）要尽量对应；（3）固定井系监测与非固定井抽样监测相结合，常规动态监测与特殊情况监测相结合；（4）既要做好地下动态监测，又要做好地面常规资料录取工作；（5）矿场监测与理论分析相结合，综合应用实测资料、经验公式和数值模拟计算，正确反映地下动态。油藏工程监测的主要内容有油气水产量、地层压力、产油（液）剖面、吸水剖面、产出流体性质、油气水界面运动规律、水驱前缘推进规律、地层含水饱和度等，并把监测结果整理成一系列的图表和曲线形式以便进行分析和对比。

（一）压力监测

目前油层压力是油藏某时期开发动态最敏感的参数之一，它是注水保持能量状况和注采平衡关系的直接反映，也是选用合理的开采方式和进行配产配注的主要依据。按一定的要求定期观测井底压力的一批井（观察井、油井、挂水井）及其监测制度，就构成了一个压力动态监测系统。此系统的部署，即测压井点的选择和具体的监测制度的制定，有一定的要求。油层压力监测要求在油田开发初期就测得油田的原始地层压力，绘制压力梯度曲线，以确定油藏的水动力系统；油田投入开发以后，每间隔一段时间（初期每季度测一次，以后每半年或一年测一次油层压力），定期测定油层压力变化，了解油层压力重新分布情况。油层压力监测系统要求能反映整个油藏的压力分布状况，一个比较大的油田不可能要求所有井都监测到油层压力，但选择的观测井要有一定的比例（一般要求有30%的油井和50%的注水井），比较均匀地分布，能够反映出油藏的真实情况。

1. 直接测压法

压力数据可由直接测压法和间接计算法得到。直接测压法是指选用合适的测压仪器（主要为各种压力计）下入井底，直接测取关井后的恢复压力值。压力计有许多种，其性能、特点均有所不同，所以必须选用合适的压力计。地面只读式电子压力计测试系统，是将各种压力传感器用电缆下入井内，通过压力传感器将被测压力转换成与压力成一定关系的电信号，经电缆传至地面，由地面压力测量系统将电信号放大，再转换为压力数据，并具有记录、显示、打印、绘图和处理等功能，是一种较为先进的测压技术。另外，抽油井环空测压法，是利用偏心井口从抽油井油套环形空间起下测压仪器，可方便、经济、可靠地获取压力，此项先进的测压技术目前已在我国许多油田得到推广应用。重复式地层测试器（简称RFT）是一种快速、精确、安全、方便的测压工具，可在开发调整井中进行裸眼测试，仪器一次下井可以在几小时内测得井内所有油、气、水层的分层压力，建立单井压力剖面，起到监测各分层目前地层压力的作用。

直接下入井底压力计测压的优点是较为准确，但存在的最大问题是需关井时间较长（一般为2~3天，低渗油藏则更长），影响油井产量，所以常用所测取的未达到完全稳定的恢复压力再经过间接计算法求得地层压力。

2. 间接计算法

1) 利用压力恢复数据求油井平均地层压力

这种方法实质上是对未达到完全稳定的压力恢复数据进行处理求地层压力的技术。在开发初期，地层压力可用霍纳法外推来获得，如图6-1-1所示。为了在有限的较短时间内获得地层压力，在压力恢复曲线出现直线段以后，通过适当的处理方法，即可求出地层压力。目前比较成熟的求解方法有MBH法等，具体求解过程详见有关试井专著。

2) 利用井筒液面计算法

此方法的实质是求出井筒内流体对井底产生的压力。基本的计算方法可表示为

$$p_s = 0.01(H_o - H_s)\bar{\rho} + p_g \tag{6-1-1}$$

$$p_f = 0.01(H_o - H_f)\bar{\rho} + p_g \tag{6-1-2}$$

式中　p_s——流压，MPa；

p_f——静压，MPa；
H_o——油层中部深度，m；
H_s——动液面深度，m；
H_f——静液面深度，m；
$\bar{\rho}$——井筒中混合液密度，g/cm³；
p_g——液面上气柱压力，MPa。

彩图 6-1-1

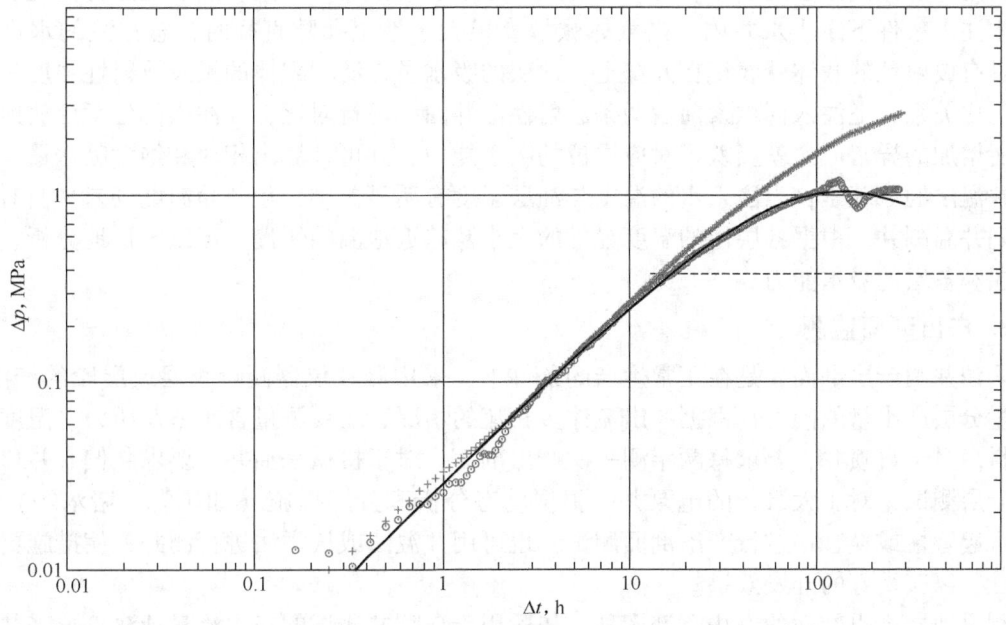

图 6-1-1 某油田压力恢复曲线图

此方法最关键的是要求准井筒内液面的高度和混合液体密度，目前液面高度主要用液面自动监测仪来测取。但据近年来的研究认为，液柱与其上气柱之间存在扩散，很难严格地求出一个分界面，且原矿场上常用套管压力来代替液面上气柱压力的做法，误差较大；液柱中的密度更难求准，不同的含水率下密度差异很大，且井中油、气、水的分布有多种情况，要针对具体的分布特征来求出一个合适的混合流体密度是较为复杂的。许多文献专门对此问题有探讨，这里因篇幅所限不再介绍。

3）油井生产资料计算法

利用油井生产数据，如两种工作制度下油井的稳定产量和流压或油井生产指示曲线等，在适当的条件下也可计算油层压力。

（二）吸水与产出剖面监测

所谓吸水与产出剖面监测，就是测得注水井分层吸水量和采油井分层产液量、产水量。

1. 吸水剖面监测

应用吸水剖面资料可分析出注水井的吸水层位和吸水能力，为注水井分层注水的层段划分及配水量的确定提供资料依据。对于已经分层注水的井，要求每个季度测试一次分层段吸水量资料，并且要根据配注水量进行调试。对于注水开发油藏，定期录取分层吸水资料，及时掌握分层水驱动用情况，不断调整层间矛盾，扩大注入水的波及体积，控制含水上升速度，才能不断地改善油田的开发效果。

目前测量注水井吸水剖面的方法主要有流量计法、放射性同位素载体法、井温法。

流量计法分为点测流量计和连续流量计法，适用于笼统注水井。在注水井下入分层配注管柱后，此法不再适用。

放射性同位素载体法是一种应用同位素示踪的方法。它的工作原理是：先用活性炭固相载体吸附放射性同位素离子，再与水配制成一定浓度的活化悬浮液，然后把这种活化悬浮液在正常注水条件下注入水井内；当载体颗粒直径大于地层孔隙直径时，悬浮液的水进入地层，具有放射性的载体就滤积在井壁上；地层的吸水量与滤积载体的量及放射性强度三者之间成正比关系，把注入同位素前后两条放射性测井曲线进行对比，在注入同位素后放射性曲线上所增加的异常值，就反映了对应层位的吸水能力，并可计算出相对和绝对吸水量。

井温法的原理是：当注入水的温度与油层温度有明显差别，且井筒温度场未平衡时，进行系列井温测井。根据各层位的温度异常的大小及趋近地温的快慢，可以定性地分析、判断吸水层和各层的吸水能力。

2. 产出剖面监测

采油井测产出剖面，是在正常生产的条件下，采用测井仪器测量小层或层段的产出量。在测量分层产出量的同时，根据产出流体多相流的情况，还要测量含水率及压力、温度等有关资料。对于自喷井，要求每两年测一次产出剖面；对于机械采油井，要求装偏心井口进行环空分层测试；对于大泵径的电泵井，根据动态分析和分层措施（如压裂、堵水等）的需要，可起管柱或换管柱进行产出剖面测试，也可用井温法或气举法进行测井，使措施更具有针对性，以获得好的开发效果。

测量油井产出剖面的方法有许多种，如适用于自喷井测试的找水流量计法、分采井管柱测试法，适用于抽油井的环空测试法、气举法等。

（1）找水流量计法：将流量计和含水率计组合使用，用电缆将仪器下到预定测点，测量分层产液量和分层含水率，通常也称为自喷井找水测试。这种测试适用于油水两相流，而当油气水三相流动存在时，则需使用放射性密度计分别求出各小层的产水量、产油量及产气量。

（2）分采井管柱测试法：是一种将测试仪下入分采井管柱内，测分层段的日产量、含水率和地层压力的自喷井测试方法。根据管柱的不同，分采井管柱可以分为中心式和偏心式两种，各自的测试特点也不尽相同。

（3）环空测试法：在抽油井正常生产情况下，从油套管环形空间起下专用的小直径测试仪器，在套管中测试。这是目前公认的最好的测试方法之一，测试前后不用作业，测试过程中不破坏油井的正常工作制度，测试周期短，所测分层含水和日产液结果较为可靠。

（4）气举法：是将抽油泵起出，下入气举管柱，气举降低流压，然后用自喷井测试仪器进行测试；存在的主要问题是工艺较复杂，从抽油变为气举后，测试结果不能代表油井正常抽油生产时的分层出油见水情况。

（三）流体界面和性质监测

油藏流体界面及其变化的监测，主要是油水接触面和油气接触面监测。在油田开发初期，流体界面主要是通过钻井的电测资料确定，也可以选择少数井进行试油来进一步核实。

油田投入开发后,油水界面发生变化,平面上的变化监测可通过分析靠近边水的采油井动态的变化,由于油层压力下降,采出了高矿化度的地层水,说明边水已经推过来了。

油藏流体性质变化监测,开发初期要选择部分有代表性的井点进行高压物性取样,经实验室分析,求得原油的高压物性资料。根据这些资料,绘制出油田饱和压力平面分布图和原始气油比图,掌握原油地下黏度、相对密度、体积系数、溶解系数等资料,还要对天然气进行分析化验,确定气组分和性质,确定水的类型、矿化度和氯离子含量。

(四)油水运动状况监测

1. 检查井取心分析研究油层水淹状况

为研究和检查地下油水运动规律,认识和检验油田注水开发状况,油田常常要在油井含水的水淹区钻专门的检查井,取心分析研究油层水淹状况。为避免取心污染,使所取岩心尽可能反映地下真实状态,多采用油基钻井液取心或密闭取心技术。一般通过重点观察分析岩心以下几点内容,反映油层目前水淹状况:

(1)岩心的油水相对渗透性。油田现场常用滴水实验来了解油层的油水相对渗透性。油层如果被水淹,那么岩心的含水饱和度会增大,水相渗透率也增大,油层亲水性会增强。据此,可以在岩心上滴水,然后观察水滴渗入岩心的情况(表6-1-1),判别油层的水淹程度(表6-1-2)。

(2)岩心含油状况。注入水对油层的水淹程度主要反映在岩心的含油状况上。含油程度高,说明水淹程度低;含油程度低,则水淹程度高。通过实际观察岩心的颜色、含油级别、油水在岩心中的分布特征、污手实验等,可以定性判断油层目前的水淹程度(表6-1-2)。

表6-1-1 岩心滴水实验级别标准(据刘静,2018)

滴水级别	水滴渗入情况	滴水级别	水滴渗入情况
1级	水滴于油砂上,立即渗入	3级	滴水后2min内水滴呈表玻璃状
2级	滴水后2min内渗入或留水痕	4级	滴水后2min内水滴呈表球状

表6-1-2 濮城油田油层水淹程度判断标准(据刘静,2018)

水淹级别	滴水实验级别	污手实验	颜色及含油水特征					氯化盐含量	与原始饱和度差值 %	目前驱油效率 %
未水淹	3~4	染手性强	深	含油饱满	颗粒表面不干净	渗出油珠	油味强	大	<5	
弱水淹	2~3								5~30	<35
中水淹	1~2						油味淡		30~45	35~55
强水淹	1	不染	浅	不饱满	干净	水珠	无味	小	>45	>55

(3)含盐量变化。油田注入水一般是低矿化度、低含盐量的淡水。在注水过程中,注入水不断淡化油层中氯化物盐类的含量。因此,分析岩样中氯离子含量的变化,可以判断油层的水淹状况。随着油层水淹程度的增强,岩样中氯化盐含量逐渐降低(表6-1-3),大庆油田采用的标准见表6-1-4。

表 6-1-3　不同水淹段氯化盐含量变化（据刘静，2018）

分段	1	2	3	4	5	6	7	8	9
厚度,m	1.5	0.2	3.1	0.5	0.3	0.4	0.2	0.2	0.3
水淹程度	水淹	弱淹	弱淹	弱淹	中淹	强淹	强淹	强淹	强淹
氯化盐含量 mg/L	6363	3877	5005	5775	4175	1759	1681	2314	1829

表 6-1-4　大庆油田划分油层水淹级别标准表（据刘静，2018）

指标 \ 水淹级别	强水淹	中等水淹	弱水淹
原始含油饱和度下降程度	>35%	20%~35%	<20%
试油含水率	>80%	40%~80%	<40%
氯化盐含量下降程度(系数)	1/2~3/4	1~1/2	<1

（4）含油（水）饱和度的变化。油层水淹后的本质特征就是含油（水）饱和度发生了变化。油层受水淹程度越高，目前含油饱和度与原始含油饱和度的差值（下降量）就越大，而未水淹油层的含油饱和度则无明显变化。这样，就可以根据对岩样所测的目前含油饱和度与开发初期未水淹时所测的原始含油饱和度的差异情况，做出对油层水淹程度的判断。

油层目前驱油效率也可作为判断油层目前水淹程度的一个定量指标，其公式为

$$R_e = \frac{S_{oi} - S_o}{S_{oi}} \times 100\% \tag{6-1-3}$$

式中　R_e——目前驱油效率,%；
　　　S_{oi}——原始含油饱和度；
　　　S_o——目前含油饱和度。

可见，油层的目前驱油效率表示了到目前为止油层被注入水驱替的程度。一般情况下，油层水淹程度越强，目前驱油效率越高。反过来，我们也可以用取心分析资料计算出目前驱油效率，来直接反映油层目前的水淹程度。

检查井取心分析法对研究纵向各油层或层段的目前水流状况有很好的效果，而要研究某油层在平面上的不同部位的水淹程度，需多口井的分析资料，通过横向对比分析，得出对油层平面水淹规律的认识。不过，一般油田的检查井数量很有限，它们虽可起到很好的控制点的作用，但要对油层在较大区域范围上的水淹程度变化情况有正确的认识，则需与其他方法相结合。

2. 水淹层测井法研究油水运动规律

国内外不少油田正在研究利用常规测井资料定量评价水淹层的方法，如通过求得储油层的可动水饱和度、产水率等参数，进行水淹程度识别。常用的测井方法有碳氧比、电阻率、自然电位、硼中子等。用各井眼的测井解释结果，在油层平面图上可直接勾绘出油层水淹状况图，直观反映油层不同部位的水淹程度。

3. 油水井生产动态观测法分析油水运动与分布

这种方法是油田开发工作者通过实际观测诸如因水井的投注、增注、停注、改变注入强度，油井的见效、见水、含水变化，产出水的矿化度变化等特征，来分析判断地下油水运动

和分布特征。它具有方便、经济、实用的特点，且有一定的可靠性，所以也常作为对其他方法研究结果的验证，如为分析判断见水油井的来水方向，可对某水井停注（或控注）后再注（或增注），若油井含水先趋于下降或不再上升，而后又明显上升，则说明该注水井是这个见水油井的主要来水方向；如果某注水井投注后，在其某方位的油井很快见效，压力反应最快，则该方向就是压力波传播最快的方向，也就是该注水井注入水推进最快的方向；若实际分析产水油井中产出水的矿化度随含水上升而降低的话，那么油井产出的就是注入水（注入水的矿化度明显低于地层水时），此时油井含水率越高，说明主产水层的水淹程度也越大。

综合分析油层上各井的注水、产油、含水等资料，就可得出对水线推进、水淹状况的判断。

4. 数值模拟法研究目前和预测未来某时刻的油层水淹状况

根据目前的井网条件和油水井动态资料，用数值模拟法不仅可得出油层目前的水淹状况，也可模拟出未来不同开发时间某油层的水淹变化特征，对油水运动与分布作出动态预测。表6-1-5为双河油田核三段IV_{1-4}油层分小层水淹状况模拟结果，结果表明：不同小层的水淹程度不同，同一小层在不同地区水淹程度相差较大，同时存在强、中、弱水淹区，且不同强度水淹区在平面上交错出现，在注水强度大的地区多为强水淹区，在井网不完善或注水强度低的地方多为弱水淹区，目前地下油水的分布是较为复杂的。

表6-1-5 分小层不同水淹程度统计表（据刘静，2018）

水淹程度 层位	弱水淹		中水淹		强水淹	
	面积,km^2	所占比例,%	面积,km^2	所占比例,%	面积,km^2	所占比例,%
IV_1^1	1.29	17.5	3.34	45.3	2.74	37.2
IV_1^2	0.83	14.2	2.82	48.5	2017	37.3
IV_2^{1-2}	0.76	17.0	2.07	46.4	1.63	36.6
IV_4^{1-2}	0.31	18.1	0.87	50.0	0.56	31.9

注：表中弱水淹指采出程度小于11%，中水淹指采出程度在11%~31%，强水淹大于31%。

5. 开发地震监测注水前线

近年来运用地震方法来监测注水前缘运动的研究已取得重要进展。King Dunlop（1988）、Seymour Marituold（1989）等人对陆上与海上油田运用地震测量直接监测井间注入水前缘运动状况进行了深入的探讨，并得出可以利用前后两次地震反射振幅比值和声阻抗等灵敏信息直接反映出储层中油水运动的结论，为研究油田在中高含水期油水运动和剩余油分布开辟了新的途径。不过，利用地震监测储层中的注水前缘受厚度分辨率的影响，目前只能对厚度10m以上油层中的水驱油状况进行较为有效的监测。为进一步提高地震监测的分辨率，更适应油田实际生产需要的一些具体方法技术尚在进一步探索之中。

（五）地应力和天然裂缝监测

在油田注水开发过程中，尤其是低渗透裂缝发育的油田开发，地应力场天然裂缝分布监测对井网部署、注水方式选择及压裂改造等措施的设计，都有非常重要的指导意义。主要研究方法有岩石力学法、古地磁研究方法、数学力学解析方法等。

二、气藏动态监测

（一）气藏动态监测所需数据

气藏动态监测就是研究气藏中流体和压力在储渗空间的纵横向上及举升过程中随时间变化的情况，由此对气藏的开采得出综合性认识，以便采取相应措施，充分发挥气藏的生产能力，保持高产稳产，从而提高采收率，其必需的基础资料有：

（1）静态资料。静态资料是进行动态分析的基础，具体包括各小层岩性及气田构造特点、各小层厚度及变化、各小层渗透率及变化、各小层间上下左右的连通情况、纵横向流体性质的变化情况、断层情况。

（2）动态资料。开发过程中要取好如下动态基础资料：压力资料（井口压力、地层压力）、产量资料（油、气、水的产量）、分析资料（油、气、水及砂样分析资料）、温度资料（温度梯度、气层温度、气流温度）、观察井的资料（地层压力、井温、液面位置）、试井试采资料。

（3）编制图表。根据已有数据资料编制的图表有：单井日（月）报表、气田月报表、单井采气曲线、气藏综合采气曲线、其他曲线（如地层压力系数与气藏累积产气量的关系曲线等）、其他图件（等压图、水线推进图等）。

（二）气藏动态监测的内容

气藏动态监测的目的是进一步了解气藏动态变化情况，保证开发方案的顺利实施，一旦气井或气藏出现意外情况能及时采取针对性措施，改善气井和气藏的开发效果。气藏动态监测的内容主要包括针对性的重点监测和常年性的常规监测。

1. 针对性的重点监测

（1）以核实气藏储量、开发效果及水侵量分析为主的气藏统一关井测压工作；
（2）以监测气井是否产地层水为主要对象的监测工作；
（3）以监测气水界面推进情况为目的的井下测试工作；
（4）以评价和监测地层储渗性能为目的的气井试井工作。

2. 常年性的常规监测

（1）气井每年取气样全分析三次，水样分析两次；
（2）生产气井每月实测两次以上稳定生产条件下的井口油管压力、套管压力，同时记录气温和井口温度；
（3）各生产气井每两年进行一次稳定试井工作，稳定试井一般在气藏统一关井后进行，保证有4个测点，测试产量均采用由小到大的顺序。

要做好动态监测工作，必须根据油气田具体情况建立一整套油气田动态监测系统，根据不同的内容，确定观测点，建立监测网。制订系统完善的油气田动态监测方案，按动态监测方案有计划、有步骤、系统地录取动态资料。

第二节　油气藏动态分析概述

油气藏动态指油气藏在开采过程中，流体由原始的静止状态变为运动状态以后，油气藏内部诸多因素的变化状况。这些因素的变化，在一定程度上会影响油井和油田的生产状况，主要有：油气藏储量变化、油气藏各分区压力和平均地层压力的变化、驱油气能力的变化、油气水分布状况的变化等。

地质人员主要承担油层细分对比、沉积微相研究、小层和油气藏储量计算、内部断层及油气水界面等静态的研究工作，为油气藏动态分析人员提供地质基础。油气藏动态分析人员则根据地质认识，分析研究地下油气层的驱替状况和油气水的运动变化态势，找出各种变化之间的相互关系及对生产的影响，作为制定开发调整政策和编制下一步生产计划的依据。

一、动态分析的目的

动态分析在油气田开发中处于中心和主导的地位，贯穿于油气田（油气藏）开发的全过程。在分析工作中需要进行大量的"去粗取精、去伪存真、由表及里、由此及彼"工作，通过分析来解释现象、认识本质、发现规律、解决生产问题。一个油气田在投入开发后，各个部门就分工协作，根据工作中的不同侧重点，针对动态分析中暴露的问题与矛盾，采取相应措施，努力巩固和改善油田开发效果。

采油队主要负责油水井生产管理及单井动态资料录取，重点工作包括：油水井的工作制度管理，油井产量、井口压力等资料录取，注入产出流体地面取样、液面测试、注水井注水量、压力及分层配注测试等工作，并对单井的生产情况及问题进行及时分析研究和采取针对性措施，以保证油水井的正常生产；同时根据各班每天提供的油水井生产情况班报，逐日整理编制油水井的生产日报，并在月末汇总编制油水井地质月报，将单井的生产动态资料规范整理成永久保存的档案资料。

采油厂开发研究所负责油田注采动态分析与制订生产方案，重点工作包括：油田生产方案、动态监测方案、各种注采措施的实施监督管理，油田日常地质资料录取的监督管理；全面监测、掌握和控制油藏（油田）的注采动态和生产情况，研究制订油田近期、中期与长期生产方案。

油田研究院负责油藏地质的深入认识与开发中的深层次问题研究，重点工作包括：油田地质再认识、开发技术政策界限、开发研究总结评价、区块综合治理、开发调整等专题研究。

总体来说，动态分析的目的是：分析一个油藏在开发过程中的各种变化，把多种现象有机地联系起来，反映出油藏内部流体的全面运动规律；在此基础上，充分发挥人的主观能动性，采取措施，提高采收率，达到多快好省地开发油气田的目的。

二、动态分析的资料

（一）地质资料

1. 油气藏（田）构造

用地质构造图和简要说明表示主要产油层的空间分布状况、埋藏深度、断层位置及类型、经过井斜校正的井位等。常用图件有：

（1）油田（油藏）地质综合图。这是集油藏构造井位图、叠合含油面积、油藏剖面示意图、综合柱状图为一体的综合地质图件。它能让人们大致了解一个油田（油藏）的构造、含油层位、油藏的含油面积和主要控制因素。

（2）油田（油藏）地质微幅度构造图。在井位构造图的基础上，通过小层精细对比，使用加密构造线可绘制油田（油藏）地质微幅度构造图，可以识别小断层。在油田高含水期，微构造高部位和小断层附近是剩余油分布的有利部位。

2. 有效厚度

用表列出各油层的单井砂层厚度及有效厚度，说明确定有效厚度的依据；在可能情况下，绘制分层的有效厚度等值线图并求得平均值；此外，还可以通过剖面图和栅状图来表示有效厚度的区域变化。栅状图是油层剖面图和单层平面图组合而成的立体形图幅，习惯上也叫油层连通图。它可以作为井组油水井动态分析、单井动态分析用图，也可以作为油田地质开发研究的综合图幅。应用栅状图可以了解每口井的小层情况，如砂层厚度、有效厚度、渗透率以及小层储量，明确注水井哪些层是无效注水，油井哪些层没有受到注水的影响，哪些层是单向受效，哪些层是多向受效，了解射开单层的类型，同时可研究分层措施。对于油井能采出而注水井注不进的小层，要在水井采取酸化措施进行增注，对水井能注进而油井产能低的小层，要在油井放大生产压差生产或进行酸化压裂；对于油井采不出、水井也注不进的小层，则要求油井与水井同时采取酸化、压裂措施，以改善油层的渗透条件。

3. 油水界面和油气界面的位置

用地质构造图和地层剖面图表示出原始的边水和含油带的界面位置、气顶的边缘位置和它们的海拔，并简要说明确定上述位置的依据，此外利用生产阶段所绘制的各种图表示在开采过程中这些界面的运动状况。

4. 原始油气层压力

列表说明各油层原始压力数值的分井测压资料，注明哪些井的资料是估算出来的，并计算出折算压力。如果分区分层的数值有显著差异，应该分别计算，对原始压力数值的可靠性作出评价。

5. 油层物理资料

（1）岩心分析资料，包括用油层岩心在实验室测定的整套数据，如孔隙度、渗透率、油水饱和度等基础资料，注明分析时所用方法；此外还有毛细管压力曲线、岩石孔径分布曲线、有效渗透率曲线、砂粒分选曲线等。上述资料在可能情况下用表列出分井数据，并用图表示出区域分布状况，求出各层的全区或分区块的平均值。

（2）测录井解释资料，包括用各种录井、测井方法测得的各项油层物理数值。

（3）生产试井资料，包括用系统试井资料和压力恢复试井资料算出的有关油层物理数值，如孔隙度、渗透率、井底完善程度等。

6. 有关油层连通性和非均质性的资料

这类资料一般是利用前述各种资料综合分析的结果，例如通过地质资料和注水注气情况判别断层分隔状况；根据试井和测压资料判断油层产油能力的差异等；特别有效的方法是通过压力恢复试井和干扰试井，判断断层封隔、油层尖灭和油层非均质的状况。

（二）油气水层流体性质

1. 脱气原油的实验室分析资料

这部分资料主要包括：原油在标准状态下的相对密度、原油在规定温度下的馏分、原油在标准温度和地层温度下的黏度、原油的含蜡量和含硫量及凝点。

2. 气顶气和伴生气的实验室分析资料

这部分资料主要包括：天然气的相对密度和天然气的组分及组成。

3. 油层地层水的实验室分析资料

这部分资料主要包括：地层水的化学类型、总矿化度及氯离子含量。

4. 油气混合物的高压物性（PVT）资料

这部分资料主要包括：地层原油原始饱和压力、地层原油体积系数、地层原油原始气油比（一次及多次脱气）、地层原油在地层温度下的黏度和地层原油弹性压缩系数。

（三）油水井的动态资料

（1）油藏的地下井位图，在图上标明井别、完井日期、完井方法、射孔深度和规格、井底设施等。

（2）油水井在一定时间的主要生产指标，包括油井产油量（日产和累产）、压力、气油比及含水等，以及水井的注入量（日注和累注量）、注入压力、分层注入量等。

（3）油藏综合采油曲线和压力监测资料。综合采油曲线是一组折线，在绘制时常绘成彩色曲线，在颜色的使用上，一般是将横坐标轴和坐标名称、坐标值绘成黑色，与产油有关的曲线绘成红色，与产水、含水有关的曲线绘成绿色，与注水有关的用蓝色，产液量用棕色，压力用粉红色等，纵坐标轴随曲线用同种颜色，如果绘制的曲线不是彩色线，还应在曲线末端的上、下或右方标明曲线名称，如图6-2-1所示。

彩图 6-2-1

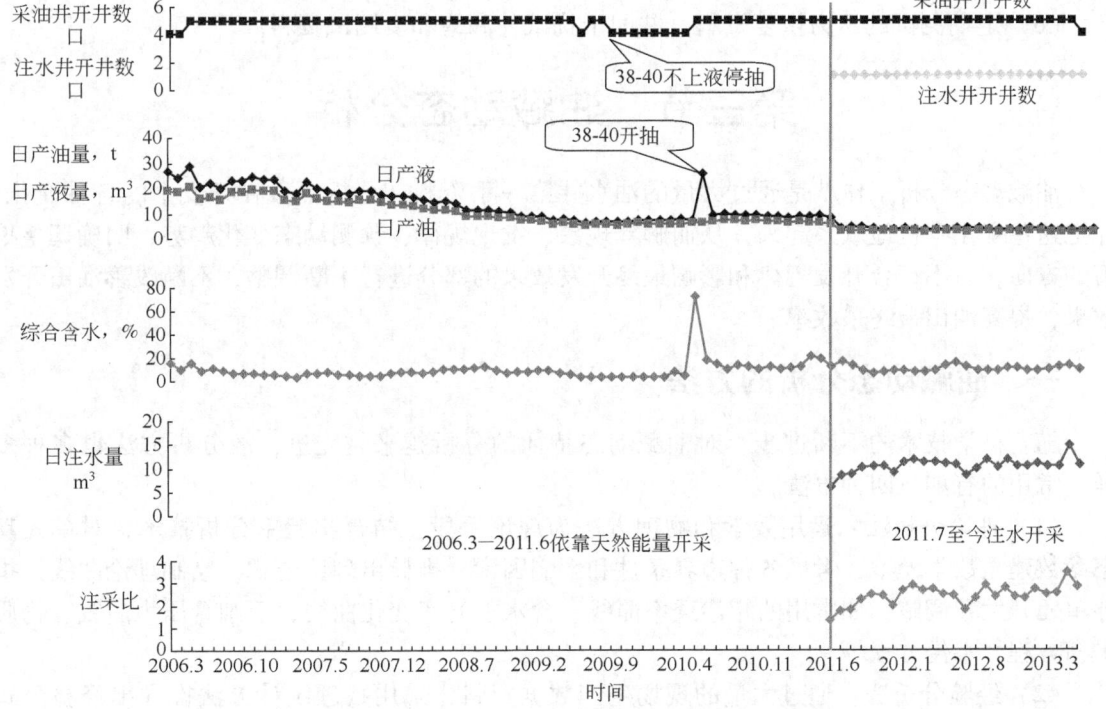

图 6-2-1　油藏综合采油曲线图

综合采油曲线一般由采油井开井数、注水井开井数、地层压力、流动压力、日（年）注水量、日（年）产液（水）量、日（年）产油量、综合含水、日（年）注采比、采油速度、采出程度等曲线组成。它是反映油田开发过程中各种参数随时间变化情况的，因此，其横坐标为时间。根据动态分析的需要，横坐标的单位可选择为年、半年、季和月度；有时也可以选为两个月（单月或双月）。月度开采曲线一般只绘制当年十二个月，每月一组数据点，但在实际工作中往往以上年十二月为起点，即绘制十三个月，以便与上年对比，最好连续绘制二十五个月，即上年十二个月和当年的十二个月，再加上前年的十二月份，这样既可观察当年的生产变化，又便于与上年同期相比较，更有利于动态分析。年度开采曲线一般绘制 2~3 个五年计划期间或前推至开发伊始，每年一组数据点。纵坐标的选取比较复杂，一般应根据所要绘制的曲线的类型来确定。曲线的排列顺序一般是自上而下为采油（注水）井开井数、地层压力、流动压力、注水量、产液（或产水）量、产油量，有时也可根据需要对曲线进行取舍，可去掉某些曲线，也可再增加一些曲线。在选取纵坐标时，常将同种类型的曲线选作同一坐标系，如采油井开井数和注水井开井数一般使用同一坐标，地层压力和流动压力用同一坐标，注水量、产液（或产水）量和产油量用同一坐标等。不论怎样取舍，应尽可能避免各条曲线相互交叉，在坐标左侧标出坐标的名称和单位，把纵坐标在曲线的左侧排列成两列或三列为宜。

综合采油曲线既是油田生产历史的记录，也能够直接反映出油田生产的基本特点，使动态分析和生产管理人员能够从中寻找动态变化的原因和油田开发中存在的问题，及时制订调整方案，采取恰当的对策进行生产组织协调，使油田均衡生产；此外，还可以用来预测近期的动态变化，是油田动态分析最常用的图件之一。

（4）有关全部油井的产油指数和全部注水井的吸水指数资料。
（5）有关全油藏分采分注井产液剖面和吸水剖面资料。
（6）定期测试的压力恢复资料、井间干扰试井和饱和度测试资料。

第三节　油藏动态分析

油藏动态分析工作就是通过大量的油水井第一手资料，分析油藏在开发中的各种变化，并把这些变化有机地联系起来，从而解释现象、发现规律、预测动态变化趋势，明确调整挖潜的方向，对不符合开发规律和影响最终开发效果的部分进行不断调整，不断改善油田开发效果，提高油田最终采收率。

一、油藏动态分析的方法

随着科学技术的不断进步，对油藏动态特征的分析越来越先进，故分析方法也多种多样，常用的有如下四种方法。

（1）理论分析法：运用数学和物理方法为理论手段，结合实验室分析技术，对单元动态参数建立数学模型，考虑各种边界条件和影响因素，推导出理论公式，绘制理论曲线，指导单元开发和调整，如常用的相渗透率曲线、含水上升率变化曲线、毛细管压力曲线、物质平衡方程、水侵方程等。

（2）经验分析法：通过大量的现场生产数据资料，采用数理统计方法推导出经验公式指导应用，也可以通过长期的实践经验，建立某两种生产现象之间的数量关系，指导生产实践，如常用的水驱特征曲线、递减曲线、经验公式等。

（3）模拟分析法：是随计算机技术发展而产生的一种方法，可以建立区块物理模型，进而建立数学模型，应用数学上的差分方法把模型分为若干个节点进行计算，模拟出今后一段时间内各动态参数的变化结果，为调整部署增强预见性，如常用的油藏数值模拟法。

（4）类比统计分析法：把具有相同或相近性质的油田（或区块）放在一起，通过大量的现场生产数据资料，采用统计方法进行定性的对比分析，比较其开发效果的好坏，总结经验教训，指导开发调整。

二、油藏动态分析的阶段性

油田在不同的开发阶段，油井、井组、单元所表现的开发特征与规律不同，反映的矛盾重点也各有差别，因此不同的开发阶段动态分析侧重点也不尽相同。

（一）准备阶段

该阶段的主要任务是落实油藏规模、综合评价油藏、编制开发方案、规定采油速度划分开发层系、部署基础井网、实施产能建设，主要侧重点是：

（1）收集整理钻井后的各种地质资料，分析油藏的地质特征及规模、油气水层的分布及相互关系、断层发育以及流体性质；

（2）油井投产后生产动态及地层压力的变化，分析边底水能量发育状况；

（3）分析对比油井的生产压差、见水时间、含水上升规律等特点，分析有无明显底水锥进，评价油井射孔方式、生产压差、采液强度等是否合理；

（4）对比采油井、井组、单元、油藏的开采效果，评价落实产能建设状况与方案设计的符合率，分析开采中存在的问题，提出下步调整的建议。

（二）稳产阶段

该阶段的主要任务是全面认识储层、转变开发方式、细分开发层系、细分流动单元加密调整，其目的是尽可能延长油藏稳产年限，主要侧重点是：

（1）不断加深对油藏生产规律、油层压力变化、油水运动规律的认识，特别是油水界面分布状况，评价开发技术政策的合理性，提出井网层系调整方案和注采系统调整方案；

（2）按阶段进行油藏全面的动态分析，明确存在的问题和潜力所在，通过多种手段（钻新井、老井措施、注水调整等）实现油田稳产；

（3）预测下一阶段开发指标和效果，提出提高油藏最终采收率的各种综合性措施。

（三）递减阶段

该阶段的主要任务是储层再认识、开展三维研究、寻找剩余油富集区、实施 EOR 技术，其目的是尽量延缓油藏递减，主要工作是：

（1）分析产量递减规律，确定递减类型；

（2）分析目前产量、含水和剩余可采储量；

（3）利用各种手段分析剩余油形成的机理及分布状况；

（4）采用多种手段综合调整挖潜，力争实现递减阶段的低速稳产。

三、油藏动态分析所需的资料

（一）收集的资料

1. 静态资料

（1）油田构造图、小层平面图、油藏剖面图、连通图、沉积微相图等。

（2）油层物理性质，即孔隙度、渗透率、含油饱和度、油层有效厚度、原始地层压力、油层温度、地层倾角等。

（3）油、气、水流体性质，即原油密度、黏度、含蜡、含硫、凝点、天然气组分，地层水矿化度，高压物性资料。

（4）岩心分析资料，如敏感性、润湿性、水驱岩心试验、压汞曲线、铸体薄片分析等。

（5）油水界面和油气界面。

（6）有关油层连通性和非均质性的资料。

2. 动态资料

（1）产量数据：单井、井组、区块（单元）的日产液、日产油、日产水、月产油、月产水、累积产油、累积产水等。

（2）含水数据：单井、井组、区块（单元）的综合含水。

（3）压力数据：油井静压、流压等。

（4）注水数据：注水井的注水压力、注水量、月注水量、累积注水量等。

（5）油水井主要技术措施实施情况及效果。

（6）动态测试数据：示功图、动液面、注水指示曲线、产液剖面测试成果、吸水剖面测试成果、剩余油测试成果、干扰试井、地层测试等。

3. 工程资料

（1）油井的工作制度：冲程、冲次、泵径、泵深等。

（2）钻井轨迹。

（3）固井质量。

（4）井下生产管柱结构、井筒状况（修井）。

（5）地面流程。

（6）热洗、加药、调参等资料。

（二）整理的资料

进行动态分析的数据资料不是现成的，大部分资料需要进一步处理才能应用。

1. 绘制表格

（1）油水井开采基础数据表；

（2）注采关系（连通关系）对应表；

（3）生产测试成果表；

（4）动态对比表；

（5）产量构成数据表；

（6）其他分析对比表。

2. 绘制曲线

（1）绘制单井生产曲线，主要包括液量、油量、含水、气油比、工作制度、开井时间等动态。

（2）绘制区块（单元）、油田的开发曲线，主要包括总井数、开井数、液量、油量、综合含水、累积产油、注水井数、注水量、注采比等。

（3）绘制单井采液（油）指数曲线、注水指示曲线等。注水指示曲线是表示在稳定流动条件下，注入压力与注水量、纵坐标之间的关系曲线。它是以注水量为横坐标、注水压力为纵坐标画出的曲线（图6-3-1）。注水指示曲线的形状和前后所测曲线的变化，可反映地层吸水能力变化，为分层配水提供依据，反映地层压力的回升情况，检验封隔器的密封情况，反映注水井井底干净程度。

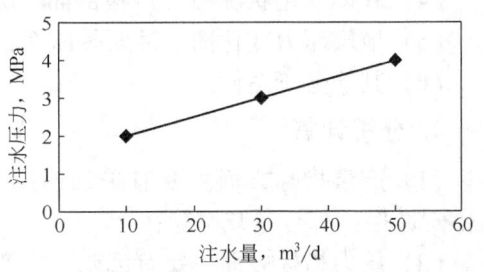

图6-3-1　某井注水指示曲线

影响注水指示曲线变化的因素较多，主要有地质条件、地层吸水能力变化、井下管柱工作状况、仪器仪表准确程度、资料整理误差等。常见的注水井指示曲线有直线、折线、垂线和上翘四种形状。直线形（图6-3-2）和部分折线形曲线（图6-3-3）一般为正常指示曲线。垂线形注水指示曲线（图6-3-4）可能存在仪表不灵或测量误差或注水管柱有问题、水嘴堵死等问题。上翘形注水指示曲线（图6-3-5）可能存在仪表不灵或测量误差或油层平面上的非均质性差别、油层的连通性差或不连通、黏土矿物的运移等。平行右移曲线表明，注水井层段地层压力下降，吸水能力增强。

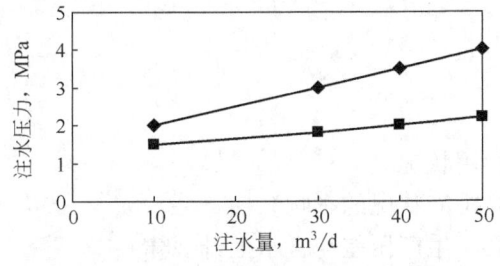

图6-3-2　直线形注水指示曲线

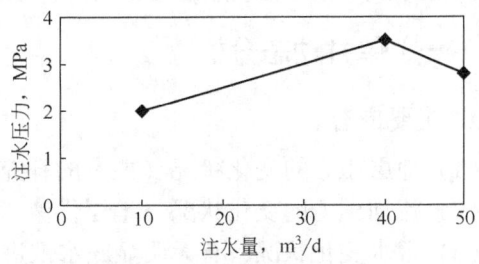

图6-3-3　部分折线形注水指示曲线

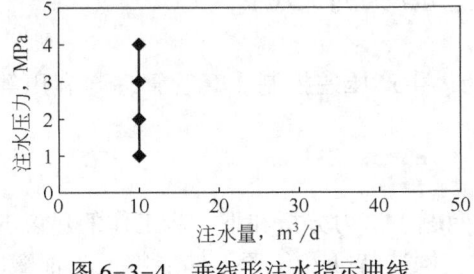

图6-3-4　垂线形注水指示曲线

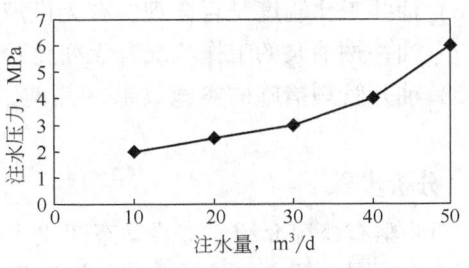

图6-3-5　上翘形注水指示曲线

（4）绘制产量构成曲线、措施构成曲线等。

（5）绘制水驱规律曲线、含水上升与采出程度关系图版等。
（6）绘制其他分析曲线。

3. 绘制图件

（1）油层渗透率、有效厚度等值线图；
（2）油藏开采现状图；
（3）油藏水淹状况图（含水等值线图）；
（4）砂体动用状况图（产液剖面、吸水剖面对应图）；
（5）地层压力变化图、油藏等压图；
（6）其他分析图件。

4. 分析计算

（1）产量指标方面主要有采油速度、采出程度、采液（油）指数、采液（油）强度、自然递减率、综合递减率等；
（2）压力指标方面主要有流压、生产压差、总压差、注采压差等；
（3）产水指标方面主要有综合含水率、阶段含水上升率、水油比、含水上升速度、注采比、水驱指数、存水率等；
（4）开发效果评价方面有井网控制程度、储量动用程度等；
（5）开发预测方面有含水、产液量、产油量、采收率、稳产年限等方面的预测计算（根据相关的曲线回归拟合得到经验公式）；
（6）其他方面的分析计算。

四、油藏动态分析的内容

根据动态分析的侧重点，可分为单井动态分析、井组动态分析、区块动态分析。

（一）单井动态分析

1. 主要内容

（1）地层压力的变化状况（能量的补充、利用状况）；
（2）流动压力的变化状况（地层供液、井筒排液状况的影响）；
（3）含水变化状况，有无明显底水锥进现象（生产压差与含水上升规律）；
（4）产液（油）指数及产液（油）量变化；
（5）纵向上分层（砂体）动用状况，油井增产措施的效果；
（6）油井工作制度是否合理，有无供液不足、沉没度过大现象；
（7）油井抽油泵的工作状况有无变化；
（8）油井管理措施的实施效果（热洗、加药、生产压差控制、套管管理与利用等是否到位）。

2. 分析步骤

分析步骤有概况介绍、主要动态变化、存在问题、潜力分析和下一步工作的建议五个方面。其中，概况介绍主要包括单井所处地理位置、构造特征及位置、储层特征、油藏类型、单井控制面积及地质储量动用状况、生产层位层号和工作制度、生产历史状况、主要开发历程、所采取主要措施实施效果和目前的开发现状。下面重点说明主要动态变化。

主要动态变化要先分析油井日产液量、日产油量、含水、气油比、压力等变化状况，再依次分析以下内容：

（1）日产液量变化：根据绘制运行曲线变化态势，主要分析日产液量在分析对比阶段呈现的变化趋势。总体上讲，日产液量变化趋势主要有液量上升、液量平稳、液量下降三种态势。日产液量上升的主要原因有油井工作制度调整、对应油井注水见效、作业及技术措施的效果、井下封隔器失效及套管破漏、加药热洗的效果、地面计量器具及流程管线影响等。日产液量下降的主要原因有工作制度的调整、井下深井泵工作状况变差（如漏失、结蜡、堵塞等）、油层受到污染（洗井、作业、开采等过程中产生污染等）、油层出砂导致砂埋、地层亏空导致能量下降、技术措施效果、地面计量器具及流程管线影响等。

（2）综合含水变化：即主要根据表格或曲线，分析综合含水在分析对比阶段呈现的变化趋势。总体上讲，综合含水变化主要有含水上升、含水平稳、含水下降三种态势。综合含水上升的主要原因有注水效果（注意，要结合产吸剖面分析有无单层突进，要结合邻井含水状况绘制水淹图分析有无平面指进，要结合地层压力状况分析有无超注，要结合水井吸水能力变化及注水井验封测试报告分析注水井有无封隔器失效状况等）、边水或底水侵入加快（重点分析工作制度及生产压差合理性。如生产压差过大可能导致含水上升加快）、作业及技术措施的效果、井下封隔器失效及套管破漏、作业或洗井等井液导致水锁现象以及其他影响因素。综合含水下降的主要原因有注水效果（注意，要结合注水井分注及测试调配分析单层突进是否缓减，要结合邻井调整分析平面指进是否缓解，要结合地层压力变化分析有无欠注等）、技术措施效果、套管破漏或管外窜等导致生产厚度增加、深井泵工作状况及工作制度变化（如漏失、参数调整等影响）、油层出砂砂埋，以及其他影响因素。

（3）日产油量变化：主要根据日产液量及含水变化，综合分析日产油量变化态势及影响变化的主要原因。

（4）压力变化：主要结合测压数据及动液面（折算流压）测试，分析地层能量状况，其中静压每半年分析一次、流压每月分析一次。压力变化态势主要有三种，即上升、平稳、下降。地层静压变化主要考虑注采比是否合理、天然能量发育及利用状况等，其主要用途是分析地层供液能力状况，流压变化或动液面变化，用于分析深井泵工作状况及评价油井生产压差的合理性等。

（5）气油比变化：重点对高气油比生产井及变化异常的油井，结合地层能量状况、动液面、示功图等变化分析有无地层脱气现象。

（6）注水井状况变化：主要有注水压力变化、注水量变化，在准确校验注水计量器具基础上，录取视吸水指示曲线及分层测试资料，综合分析注水井吸水能力变化。基本趋势主要有吸水能力增强、吸水能力不变、吸水能力变差三种。吸水能力变好的原因有储层经过措施改造（酸化、压裂、调补层）、井筒状况不正常（如套管破漏、井下封隔器失效、水喷刺漏等）、单层突进加剧（结合油井含水、液量变化进行综合分析）。吸水能力变差的原因有储层受到污染（如洗井不当、水质不达标、地层结垢、五敏性）因素、井筒状况不正常（如井筒结垢、水嘴堵塞等）、近井地带产生憋压现象（主要在低渗区块中较为常见）、实施调剖使得高渗透层封堵。

（7）机采系统状况：深井泵工作状况、技术措施效果主要在分析日产液量变化中阐述。存在问题及潜力分析这一部分工作主要分析以下问题：油井工作制度是否合理（生产压差是否合理、有无提液或控制含水的必要、有无气体影响、供液不足等现象）、机采系统状况是否正常（例如井下深井泵工作状况是否存在问题，如漏失、结蜡、堵塞等）、井筒状况是否存在问题（套管变形、腐蚀、破漏、窜槽、封隔器失效等）、注水井注水存在的问题（吸水能力、分注等）、产吸剖面是否对应、层间动用是否均衡、地层能量是否得到有效补充和充分利用（注采是否平衡、地层压力水平保持状况等）、储层是否存在问题（出砂、污染等）、地面集输系统及污水回注系统等是否存在制约生产的因素。

(8) 生产潜力分析：包括动态调配水及分层注水的潜力、储层改造潜力、卡堵水潜力、纵向上层间接替的潜力、优化油井工作制度潜力、加强管理的潜力（加药、热洗等）、提高机采效率及泵效的潜力、地面流程改进与完善的潜力。

（二）井组动态分析

井组动态分析实际是在单井动态分析的基础上进行的。"井组"的划分是以注水井为中心，与周围油井和注水井构成油田的基本开发单元。井组动态分析的核心问题，就是在井组范围内找出注水井合理的分层配水强度。在一个井组中，注水井往往起主导作用，它是水驱油动力的源泉。从油井不同的变化，可以对比出注水效果。因此，一般是从注水井入手，最大限度地解决层间矛盾，在一定程度上尽量调整平面矛盾，以改善周围油井的工作状况。必要时，再从油井入手，解决层间矛盾和井组内平面矛盾，作为相应的措施。

1. 主要内容

井组动态分析主要包括：(1) 注采井组连通状况分析；(2) 注采井组日产液量变化分析；(3) 井组综合含水变化；(4) 产油量变化；(5) 压力及压力场（静压、流压、生产压差、井组内地层压力的分布状况）变化；(6) 注水井注水能力变化；(7) 注采平衡状况分析；(8) 水淹状况分析（平面上、纵向上、层内水淹状况）；(9) 井组调整效果评价等。

2. 分析步骤

分析步骤分为井组概况、开采历史、动态变化、存在问题及潜力分析、下一步的工作建议五个方面。

下面重点叙述动态变化、存在问题及潜力分析两个方面。

首先来分析动态变化，总体上先阐述井组日产液量、日产油量、含水、压力、注水井注入能力变化，并分析影响的原因，再分析以下方面：

(1) 井组连通状况分析。编制井组注采关系连通图（油层栅状连通图），主要根据测井解释数据成果表、小层平面图等，初步建立注采井组空间三维立体模型。绘制小层渗透率、孔隙度、有效厚度等值线图，进一步建立储层模型。

(2) 注采平衡状况分析。重点分析注水量是否满足配注要求，注水层段是否按照分层注水要求进行注水。

(3) 能量保持及注水利用状况。重点分析注采井组存水率、注采平衡状况、地层压力平衡状况（包括地层平均压力水平的变化状况、不同油井之间地层压力水平的平衡状况）和井组动液面变化状况。

(4) 开采效果评价。首先，运用插值法绘制含水等值线图，分析水线推进状况，进一步分析油层水淹状况，寻找剩余油富集区。有条件时注意利用小层产吸剖面绘制不同小层的水淹状况图，可以使分析更为准确。其次，根据井组内各生产井采液强度、含水状况是否平衡，确定有无平面上的指进现象。再次，分析井组内油井纵向上层间动用状况是否平衡，有无单层突进现象，井组内油井层内水淹状况是否均衡，有无层内分段水淹特征。最后，对注采井组综合评价。注水效果好，表现为油井产量、油层压力稳定或上升，含水上升较为缓慢；有一定注水效果，表现油井产量、油层压力稳定或缓慢下降，含水呈上升趋势；无注水效果，表现为油井产量、油层压力下降明显，气油比也上升明显；注采不合理，表现油井很快见水且含水上升很快、产量下降快，存在明显的注水优势方向或单层突进现象。

存在问题重点分析方面则包括：注采对应状况是否正常合理（是否存在有注无采、有采无注等现象）、注水井工作是否正常（吸水能力变化、分注情况变化等）、注采平衡状况及压力场分布状况如何、井组层间动用状况是否均衡（有无单层突进、两个剖面不对应状况）、平面上水线推进是否均匀（有无优势水驱方向、采油强度是否均衡）、油井有无不正常生产。潜力分析包括：井网调整的潜力、注水井分注及动态调配水的潜力、油井技术措施潜力（卡堵水、酸化、压裂等储层改造）、井组内不同油井生产工作参数的调整潜力、井组日常管理的潜力（加药、热洗等）。

最后主要根据分析出的问题及潜力提出切合实际的调整工作建议。

（三）区块（单元）动态分析

1. 主要内容

（1）开发状况分析，主要分析日产液、日产油、含水、平均单井日产液、平均单井日产油、采油速度、自然递减、综合递减等；

（2）水驱状况及开发效果分析，主要分析水驱控制程度、水驱动用程度、水驱指数、存水率、注水量、分注合格率、水质状况、水线推进状况、水驱采收率、含水上升率及含水上升速度、油砂体（砂层组）水淹状况等指标的合理性；

（3）注采平衡及压力平衡状况，包括单元总体平衡状况、纵向上分小层注采平衡状况、平面上注采平衡状况及压力场分布状况等；

（4）开发调整效果分析评价，如注采系统的调整、层系的调整、油水井工作制度的调整、储层改造、油水井措施等。

2. 分析步骤

分析步骤有概况说明、开发指标的分析评价、生产历史状况简述、主要动态变化及开发调整效果分析评价、存在问题及潜力分析、下一步工作的建议六个方面。

概况说明主要阐述储量探明及动用状况、采收率标定及可采储量状况、油井数、开井数、日产液、日产油、含水、采油速度、注水井开井数、注水量、注采比等。

开发指标的分析评价主要分析日产液、日产油、含水、平均单井日产液、平均单井日产油、采油速度、注水量、自然递减、综合递减、含水上升率等开发指标与计划部署之间的差别。

主要动态变化及开发调整效果分析评价：首先从总体上阐述区块（单元）日产液、日产油、含水、压力等变化态势，简要分析变化的原因；其次分析重点井组动态变化，简要阐述分析变化的原因（具体参见井组及单井动态分析）；最后是重点，即开发效果的分析与评价。其中，开发效果的分析与评价包括：

（1）水驱状况（注水单元），重点分析水驱控制程度、水驱动用程度、水驱指数（或存水率）、注水量、分注合格率、水质状况等。水驱控制程度定义为油井中与注水井连通层的厚度与射开总厚度的比值。水驱动用程度，定义为测试的油水井所有吸水、产液层厚度与总测试厚度比值。

（2）注采平衡及压力平衡状况（注采单元），重点分析单元总体注采平衡状况、纵向上分小层注采平衡状况、平面上注采平衡状况及压力场分布状况等。

（3）水淹状况，运用插值法绘制含水等值线图，同时结合构造、沉积（微）相，分析水线推进状况，进一步分析油层水淹状况，寻找剩余油富集区。有条件时注意利用小层产吸剖面绘制不同小层的水淹状况图，可以使分析更为准确。

（4）水驱效果，运用水驱特征曲线、图版法、含水上升与理论曲线对比等方法评价分析区块（单元）水驱开发状况。当油藏综合含水高于50%时，运用水驱特征曲线计算分析采收率状况，利用分流量曲线回归出理论含水上升率与采出程度关系曲线，再与区块实际含水上升运行曲线对比，进而分析含水上升是否合理。

（5）稳产或递减状况，对产量进行实时监控及动态分析。

存在问题及潜力分析的关键是储层非均质性、开发方式的不均衡性，核心是寻找剩余油富集区，为指导调整挖潜提供依据。存在问题主要分析注采井网的适应性问题（井网对储量的控制程度）、开发层系划分的适应性问题、储量的动用状况（结合两个剖面进行具体分析）、注水的合理性（注采是否平衡、注入水是否有效利用、有无平面指进或单层突进等）、开发效果是否变差（含水上升是否异常、采油速度是否合理、压力水平保持是否合理等）等。潜力分析的重点是：注采系统的调整效果的潜力（如转注、分注、调配水等）、层系的调整潜力、油水井工作制度调整的潜力和油水井措施（储层改造、补孔调层、酸化提液、卡水、分注等）潜力等。

下一步工作的建议主要是根据分析出的问题及潜力提出切合实际的调整工作建议。

总之，油藏动态分析一般先由点到面（井点—井组—油藏），再由面到点（油藏—井组—井点），突出一个立足点，即"油井出问题，水井找原因"，原则是坚持五个结合：

（1）历史与现状结合——用发展、变化的观点分析问题；

（2）单井分析与油藏动态结合——处理好点与面的关系，统筹兼顾，全面分析与考虑问题；

（3）地下分析与地面设备、工艺流程结合——将地下、井筒、地面看成一个有机整体；

（4）地下分析与生产管理结合；

（5）油水井分析与经济效益结合——优选措施方案，提高经济效益。

第四节　气藏动态分析

气田开发的一项重要内容是气藏动态分析。掌握和分析气藏、气井的开采动态，研究其动态机理，是认识气藏、气井的主要工作，是开发好气田不可缺少的基础工作。气藏中主要流体是天然气和水，要研究流体在地下条件、地面条件下的各种特征，更要研究其在地下条件到地面条件下的变化过程及相应特征参数的变化规律。由于天然气的特殊性，不同组分的天然气的参数随压力、温度等条件的变化很大，随之引起其相对密度、黏度、体积系数等参数的变化，进而影响气田生产动态的变化，影响最终采收率。认识气藏，还要研究气藏储层的物理特征，诸如储层岩石的压缩系数、储层的渗透率、孔隙度、岩石的敏感性等特征、天然气随压力温度等的变化，进而描述气藏中流体的渗流环境及变化。研究认识气藏最重要的是研究气藏中流体的渗流规律，为合理开发气藏提供技术指导。

一、气藏动态分析的方法

气藏动态分析作为气田管理工程的一个重要部分，近年来随着以运筹学、控制论为主要手段的系统工程管理学科的发展，已经从传统的以个人习惯、个人经验、手工统计、计算绘图等为主的工作模式，逐渐发展到一门以系统工程和计算机技术为基础，强调数学模型和定量分析的管理科学，所以其内容的扩展和方法的创新是日新月异的。与油藏动态分析方法一样，常用于气藏动态分析的主要方法有渗流力学方法、物质平衡方法、经验统计方法、数值模拟方法等。

（一）渗流力学方法

该方法以渗流力学理论为基础，用描述地下流体运动规律的微分方程组及其在简化了的初始条件和边界条件下的解析解，来预测油田各项开发指标。这种方法理论上比较严谨，但因为假设条件和限制条件较多，一般用于开发初期编制开发方案，若用其预测复杂的开发过程中动态指标变化，就很难得出令人信服的结果。

（二）物质平衡方法

该方法的基本原理是将气藏看成一个容器，根据生产过程中表现出来的产量、压力，以及随压力而变化的气体性质来研究气藏内的物质，即气水在气藏开采前后的平衡和变化情况，从而对气层进行研究，实质上是能量守恒原理的应用，主要用来确定原始地下储量、预测压力和产量、计算天然水侵量、判断各种驱动能量的效果、分析瞬时和最终采收率。因该方法在建立物质平衡方程时进行了一系列的假设，故在用于复杂气藏时，与渗流力学方法一样难以让人信服。对于气藏，在应用物质平衡方法时，应根据具体气藏特征建立适当的物质平衡方程。

（三）经验统计方法

该方法通过总结生产实践，来研究气藏开发过程中各项主要开发指标的变化规律，从而进行预测，即系统地观察气藏生产动态，准确齐全地收集能表明生产规律的资料，在分析上述资料的基础上，发现其中的规律并进行数学处理，总结出经验公式，然后用其说明气藏本身的生产过程，对今后的生产动态进行预测。这种方法本身来源于生产规律的分析和总结，在气藏具有一段开发历史以后，应用此方法具有很多优点，如预测所需的各种参数容易取得，方法简便，预测的精确性高，目前很多国内外的气藏开发工作者都在努力研究这种方法。气藏中用得较多的是产量递减分析法，根据这种规律可以分析和预测气藏未来产量变化趋势。

（四）数值模拟方法

气田开发中用数值模拟方法代替数学解析方法，求解具有复杂边界条件和初始条件的微分方程组，只要建立的数学模型真正地描述了地下气层流体的运动情况，用数值计算方法求解方程组就能准确得到所需要的气田开发各项指标。该方法借助相应气藏工程软件实现，但也有其缺点和局限性，因为计算结果对气藏各计算点上物理参数的精确度有很强的依赖性，而有些气层参数目前还不能具体定量和准确确定，就难免要造成计算结果与实际生产之间产生较大的误差。

总的来说，上述四种方法目前在各气田均有采用，单从气田生产动态分析来讲，数值模拟方法具有更大潜力和发展前景，也是数学地质领域需要进一步攻克的难题。

二、气藏动态分析的内容和资料

气藏动态分析的任务是运用静、动态资料，结合气田的历史和现状，采取科学的方法，对开发动态进行综合分析，以揭示气藏内在的、实质性的矛盾，为气藏开发管理提供依据，检验气藏开发方案的可靠性，指导气田的合理开发。

（一）动态分析所需资料

进行气藏动态分析必须取全取准各项资料，所需的基础资料包括各项原始录取资料、试验资料等。这些资料可分为三类：

（1）气藏静态资料：气藏的构造及断裂分布，储层岩心分析及测井解释资料，各产层岩性、孔隙度、含气饱和度、含水饱和度，各层的连通情况，天然气与地层水的分布，气、水接触面的位置，隔层的分布、岩性、密封情况。

（2）流体分析化验资料：天然气组分，气、液相对密度，凝析油的组分随温度变化数据，地层水化学性质、类型、总矿化度及氯离子含量等，气、液两相相对渗透率试验资料，气、水高压物性资料。

（3）动态资料：气藏和气井产气量、产水量、压力、温度、井口压力、井口温度，采气曲线、气层压力图等，试井资料，井间干扰资料，压裂酸化等增产措施资料。

（二）动态分析主要内容

1. 气藏压力和温度研究

气藏压力和温度对天然气在地下储层的渗流、相态的变化具有重要的影响，掌握储层的压力、温度是气藏开发的基础。气藏是依靠储层能量开采的，而压力则是能量的直接表现，准确地研究和掌握气藏压力的变化、开发过程中的压降是优化生产的重要依据。确定气藏温度、压力的方法主要是用各类压力测量仪器在井下测试分析。

2. 储层参数的确定

气藏储层重要的参数是孔隙度、渗透率和含水饱和度，以及区域应力分布。评价这些参数的手段主要包括测井解释、岩心实验室研究、地层测试分析等方法。孔隙度主要通过实验室测定方法、图像分析方法、测井解释方法确定。在确定气藏储层孔隙度时，要用多种方法求得结果，相互验证，从而作出准确的评价。渗透率的确定主要有稳定驱替法、非稳定驱替法、不稳定脉冲测量法等。含水饱和度的分析确定方法主要是岩心分析法、测井资料计算法。区域应力分布是在储层中钻水平井或措施改造评价储层潜力的重要特征参数，获取应力的方法主要有从测井资料和岩心测试中计算岩石的弹性特征和地层应力、岩心弹性特征实验、实际应力测试等等。

3. 流体性质研究

气藏的流体性质研究主要研究气藏中天然气的组成、天然气的相态特性、天然气的黏度等。

4. 地层测试分析研究

通过地层测试分析可以获得气藏的渗透率、压力、产能、流体性质等资料。如果测试时间长，还可以探测气藏的边界，为气井的评价及气田的开发提供可靠的科学依据。

5. 试井解释

气井试井的首要目的是确定在不同的地层压力和井底压力条件下，气井的产气能力，为气田动态分析和制定开发方案提供依据；另一目的是确定表皮系数和储层参数，为实施增产措施提供依据。

6. 储量研究

气藏储量是确定气藏规模的重要参数，其计算方法常用的主要是容积法和物质平衡方法。

1) 容积法计算气藏储量

该法主要用于气藏评价和早期开发阶段，通过估算气藏中被烃类所占据的岩石孔隙体积确定原始天然气储量。利用容积法计算天然气原始储量可归纳为依次计算天然气储层体积，乘以孔隙度得到储层孔隙体积，再乘以含气饱和度（减去含水饱和度），得到储层中烃孔隙体积，再除以天然气体积系数，即得到天然气原始地质储量。

在计算上述各量中，要注意方法和技巧。如在计算储层总体积时，按照构造图上气藏的实际边界及气水接触位置确定计算范围，对于底部各处都是水的气藏，储层总体积完全由储层顶部构造图和气水接触面的位置确定；对于其他情况，还需要知道储层底部构造图才能确定储层的总体积。确定孔隙体积时，对于纵向或横向或纵横两个方向上孔隙度变化不大的气层，可采用简单的平均值法求得：先求出单井储层的纵向平均孔隙度，然后求取各井孔隙度的算术平均值，即为气藏平均孔隙度。如果气层孔隙度在纵向或横向或纵横向两个方向变化很大，则孔隙度应由等孔隙度—厚度图求得，该图画出孔隙度与厚度乘积的等值线，利用类似于通过构造图求储层总体积的方法求取孔隙度体积。气体体积系数取决于气藏的压力和温度及气体偏差系数 Z 值。通常情况下，压力和温度的变化所引起的地层体积系数变化很小。为减小误差，通常计算的是气藏中部深度下的地层体积系数。

2) 物质平衡法计算气藏储量

该法主要依据气藏的动态参数，需要一定的开采资料，所计算的储量也可以称为动用原始地质储量。一般认为，物质平衡法在采出储量的 10% 时计算结果是比较可靠的。

边底水不活跃、属弹性气驱的气藏，开发过程可视为纯体积衰竭，即衰竭过程中烃孔隙体积保持不变，则 p/Z 和累积产气量 G_p 之间可表示为线性关系方程。将这一线性关系作图，直线在 G_p 轴上的截距等于干气原始储量。利用这一特征，根据观测的气藏压力递减资料，即可确定原始储量。

对异常高压情况，应用物质平衡方法求取储量，必须进行必要的修正。在异常高压气藏的 p/Z—G_p 图上，初期和晚期常常显示不同的斜率。初期较小的斜率值反映了高压下评价的气体、岩石、水压缩系数的总体影响。在中低储层压力下得到的较陡斜率反映了生产后期已大幅增加的气体压缩系数项的独特影响。Hammerlindl 认识到异常高压 p/Z 图中直线的弯曲本质，提出了两种方法把早期 p/Z 线斜率调整到其真实值。应用物质平衡法来计算正常

压力和异常高压 p/Z 外推直线斜率的比率，对气体地层体积系数进行修正。

对于水驱气藏，应用物质平衡方法时，必须对水侵的影响进行必要的修正。研究表明，水侵引起 p/Z—G_p 图从斜向上直线趋势向右侧偏移，必须通过对地层压缩系数的修正来获得合理的储量估算。

7. 气藏驱动类型和最终采收率研究

气藏的驱动类型分为气驱和水驱。了解气藏的驱动类型可以帮助我们预测压力变化、气藏采收率、正确布井位置等。一般可以根据气藏的水文地质特征、水向气藏的推进监测、观察气藏压力变化和气藏动态分析来分析气藏的驱动类型。

常用来确定气藏采收率的方法有三种，即测定法、类比法和计算法。

影响采收率的因素是多方面的，如原始储量、气藏压力资料是否准确，气藏枯竭的标准。驱动类型也是影响采收率的因素之一，气驱气藏的采收率普遍高于水驱气藏的采收率。

复习思考题

1. 油藏动态监测的内容有哪些？采用的方法是什么？
2. 气藏动态监测的内容有哪些？采用的方法是什么？
3. 油气藏动态分析的资料有哪些？
4. 油藏动态分析的方法有哪些？分析内容包括哪些方面？
5. 气藏动态分析的方法有哪些？分析内容包括哪些方面？

第七章
剩余油研究及提高采收率技术

当今世界上油气开采储量的 3/4 以上来自对现有油气藏管理的改善，而仅有不到 1/4 来自新油气藏的发现。因此增加已开发油气藏的产量和提高油气采收率是满足国家能源需求的当务之急，而确定已开发油气藏的剩余油分布是关键。油气藏一旦投入开发，储集体的原始动态平衡即被破坏，内部流体分布开始发生复杂的动态变化，因此有必要研究剩余油分布。准确预测剩余油分布规律直接关系到油气藏开发方案的调整及采收率的提高。

剩余油储量对于增加可采储量和提高采收率具有巨大的潜力空间，提高采收率无异于找到新的油田。根据行业研究估计，只要石油采收率上升到 50%，就可使地球上的石油生产至少延续到 22 世纪。如果世界上所有油田的采收率提高 1%，相当于增加 2~3 年的石油消费量。因此从出现石油开采工业以来，寻找剩余油和提高采收率始终是开发地质工作者和油藏工程师的奋斗目标。

尽管国内外石油科技工作者已从不同侧面或角度研究和揭示不同储集体的剩余油分布，但由于剩余油形成与分布的复杂性、科技水平的局限性及认识程度的肤浅性，剩余油形成机理的研究与分布规律的准确预测仍是当今石油科技界一项高难度的学科前沿课题，也是油藏描述必须解决的重点问题。

第一节 剩余油概述

一、剩余油概念

油藏中聚集的原油在经过不同开采方式或不同开发阶段后，仍保存或滞留在油藏不同地质环境中的原油即为剩余油，这就是广义上的剩余油。其中一部分原油可以通过精细油藏描述加深认识、改善油田开采工艺措施、调整开发方案而被开采出来，这部分原油多称为可动剩余油，也就是狭义上的剩余油；另一部分原油是当前工艺水平和开采条件下不能开采出来的、仍滞留在储集体中的原油，这部分原油常称为残余油。因此，广义剩余油包括可动剩余油和残余油两部分。目前关于剩余油的这几个概念在学术界的不同场合均有使用，人们最为关心的是可动剩余油的分布，但可动剩余油分布受诸多条件影响而较难准确确定，因而目前使用较多的是广义剩余油概念，本书中除特别说明外均指广义剩余油。

我国东部油气田经过数十年的一次采油和二次采油，目前大多数油气田已进入特高含水开发阶段，综合含水率已高达 90% 以上，但采收率仅 30% 左右。因此，油藏中仍含有大量剩余油，但这些剩余油滞留在储集体的孔喉网络中，有的已被开发流体波及但未被完全驱出，有的尚未被开发流体波及。这部分剩余油的规模巨大，在储集体中多呈不连续分布，但可在油藏精细描述和微观驱油机理研究的基础上，采取有效措施开采出来。

二、剩余油研究的目的和意义

当今世界的油气勘探和开发主要围绕两大主题：一是提高油气探明率及勘探效益；二是提高采收率及开发效益。由于勘探难度和成本的增加，提高采收率对世界石油工业而言显得更为迫切。中国石油工业经过20世纪50年代的恢复和探索、60—70年代的高速发展和80年代以后的稳定发展三个历史阶段后，石油储量和产量均已进入世界石油大国行列。然而我国陆上油田（特别是东部陆上油田）已属勘探开发成熟度较高的地区，发现新的大油田难度较大，提高老油田的剩余油采收率对于我国石油工业的发展更具有现实意义。全国已开发油田的采收率大约只有1/3，仍有近2/3的原油储量尚未被开采出来，剩余油挖掘潜力相当大，但是相当一部分油田已经进入高含水乃至特高含水期开采阶段，地下油水关系十分复杂，剩余油分布既零散又相对富集，给剩余油开采带来挑战。在这种情况下，开展以提高采收率为目的的剩余油形成与分布研究是极有意义的。

第二节 剩余油形成机理和分布规律

剩余油形成机理一直是石油科技工作者探索和研究的问题。剩余油的形成与分布是多种地质因素和开发因素综合作用的结果。受沉积相带、微构造、断层封闭、储层非均质性及储层微观特性等因素的影响和控制，不同类型油气藏的剩余油分布规律和分布模式有所区别，但大量的科研和生产实践证实，剩余油分布存在一定的共性规律和模式。本节从宏观和微观两个方面对剩余油形成机理及控制因素进行初步分析。

一、宏观剩余油分布规律及模式

（一）剩余油平面分布模式

剩余油的平面分布受储集体平面非均质性及注采非均质性综合控制。

1. 沉积相平面变化与剩余油分布模式

平面上的沉积相变化是导致剩余油平面分布不均的沉积因素。沉积相平面变化包括沉积微相的转变以及同一沉积微相内部不同部位储集体物性的变化。不同沉积微相的物性差异以及同一沉积微相不同部位物性的差异，导致储集体中流体运动规律的非均一性。注入水总是优先进入高渗储集体或储集部位，并沿着高压力梯度方向突进，直到该方向压力梯度变小，才向两侧扩展，致使低渗储集体或储集部位水驱状况差，剩余油饱和度较高。

1) 河流相沉积砂体剩余油分布模式

河流相中不同沉积微相储集体剩余油分布规律不同。首先，由于重力作用，注入水易沿古河道坡度向下运动，形成自然水路。其次，河道中沉积的颗粒具有沿河道方向定向排列的趋势，造成注入水或注入气体向河道下游和上游方向运动速度快于两侧。再次，由河床中心下切带沉积的砂粒向河床边部沉积的砂粒由粗变细，由厚变薄，由非均质比较严重逐渐变成相对均匀。注水后，注入水总是首先沿河床中心运动，然后向两侧推进。一般认为，注入水沿主河道厚砂体方向快速突进，水淹程度高，而河道边缘薄层砂体渗透率相对低，水洗程度差，因此，在平面上河道边缘砂体中剩余油相对富集。

2) 三角洲相沉积砂体剩余油分布模式

三角洲体系也是我国重要的沉积体系之一，如胜坨油田沙河街组二段8砂组就是典型的三角洲沉积。在三角洲前缘河口坝中水淹较均匀，剩余油相对富集。在侧缘相带的油井往往含水低、产量高，驱油效率低，动用程度差，剩余油饱和度高，但油层薄，剩余油丰度一般较小。位于坝主体的储集体，渗透率较高，具有反韵律但级差相对较小，砂体内部夹层较少，因此，在水驱过程中，受反韵律影响，基本全层水淹。坝缘包括沙坝侧缘和沙坝前缘（远沙坝），垂向上也是渗透率反韵律层，但渗透率比坝主体低，而且层内夹层（泥质条带）发育。这种沉积性质导致其水淹特征具有以下两个特点：（1）储集体渗透率为反韵律，油层基本水淹，同时渗透率较坝主体低，因而水淹程度比坝主体低；（2）坝缘内泥质夹层发育，重力作用不明显，因而垂向上上部水淹程度相对较高，注入水易在高渗透条带中形成较强水洗带，而下部水洗程度相对较低，剩余油主要集中在渗透性较低的坝缘下部。例如，胜坨油田2-2-J1502井8层2160~2163m层段为沙坝侧缘沉积，顶部水淹级别为见水和水洗，平均驱油效率为38%，而底部因物性较差水淹级别为弱见水，平均驱油效率为23.4%。

2. 微构造区剩余油分布模式

微构造与剩余油分布存在密切关系，微构造高部位一般存在较多剩余油，易形成剩余油富集区。在油藏内部，当注水井周围方向上层内压力梯度、物性条件基本相同时，注入水在重力作用下，先向构造低部位（负向微构造）采油井突进，在构造低部位先形成水淹区，此时剩余油主要分布在构造高部位（正向微构造）。同样，处于微断鼻和微背斜构造上的油井，均为向上驱油，剩余油相对富集。

3. 断层组合与剩余油分布模式

断块内断层性质、断层组合对剩余油分布有明显的影响。开启性断层往往使油水易沿断层流动至浅层储集体中，但封闭性断层则直接遮挡油水向上继续流动而滞留于局部相对高部位，形成剩余油富集区。孙梦茹等（2004）研究胜坨油田剩余油分布规律时，建立了坨30断块由封闭性断层遮挡造成的四种剩余油分布模式：A模式——在单一方向受效情况下，断层夹持的地区剩余油相对富集；B、D模式——断块内部两条断层夹持的地区，受封闭性断层的影响，实际上仍为单一方向受效，在断层高部位剩余油富集；C模式——在断层控制的构造低部位，受注采井网等因素的影响，造成断层附近剩余油相对富集。

4. 注采井网不完善区剩余油分布模式

对于注采井网不完善区，平面上剩余油分布在井间分流线附近和井网控制差的部位，注采关系不完善的生产井排两侧附近剩余油饱和度普遍较高。

另外，注采压差的大小和注采比的高低，对采油速度起着决定性的作用，对油藏水淹和剩余油的分布有重要影响。注入水性质直接影响储层吸水能力，也影响注入水波及范围。酸化、压裂、调剖、堵水、增注、分注、提液及加密井网等增产措施，改变了油藏的水淹进程，使得垂向和平面上剩余油分布趋于平衡。在储层性质一定的情况下，布井方式对剩余油也有很大影响。

（二）剩余油垂向分布模式

剩余油的垂向分布受储集体沉积韵律及隔夹层分布综合控制。

1. 层内剩余油分布模式

层内剩余油分布受层内非均质性的控制。在正韵律地层中，下部粒度粗，物性好，再加上重力作用，注入水波及快，形成底部水淹（图7-2-1）。而反韵律地层刚好相反，其韵律性可以弥补重力作用的不良影响，驱油厚度大，驱油效率高（图7-2-2）。复合韵律介于两者之间：复合反正韵律可以分解成多个小型反韵律的组合，效果更好；复合正反韵律可以分解成多个小型正韵律的组合，形成多段多韵律的水淹特征，由于层内岩性、物性夹层的存在，可以形成多段水淹，垂向上水淹的厚度大，但是驱油效率不好（图7-2-3）。均质韵律油层的颗粒分选好、渗透性均匀，则层内各部位均有剩余油分布，水淹厚度大，驱油效率高，剩余油相对均匀（图7-2-4）。

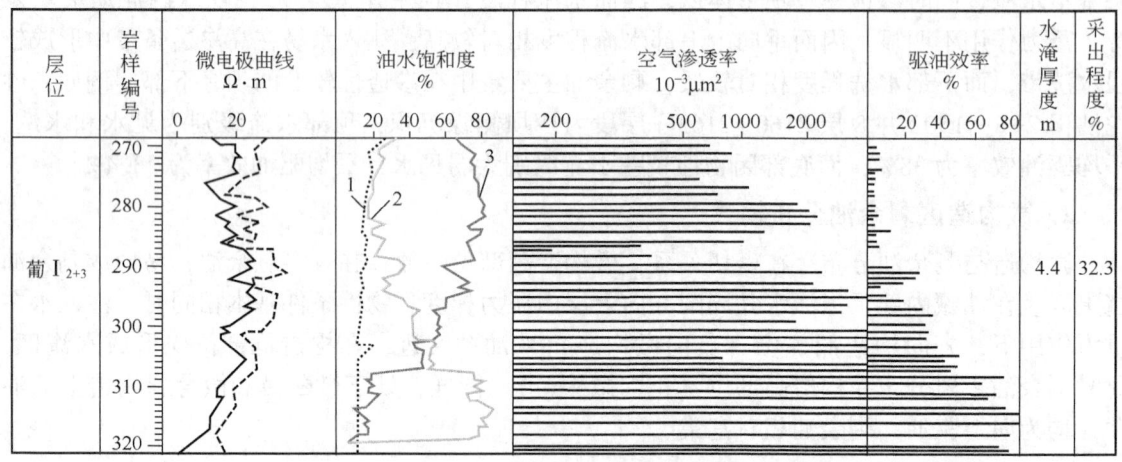

图 7-2-1　正韵律油层水淹特征（据夏位荣，1999）
1—原始含水饱和度；2—目前含水饱和度；3—目前含油饱和度

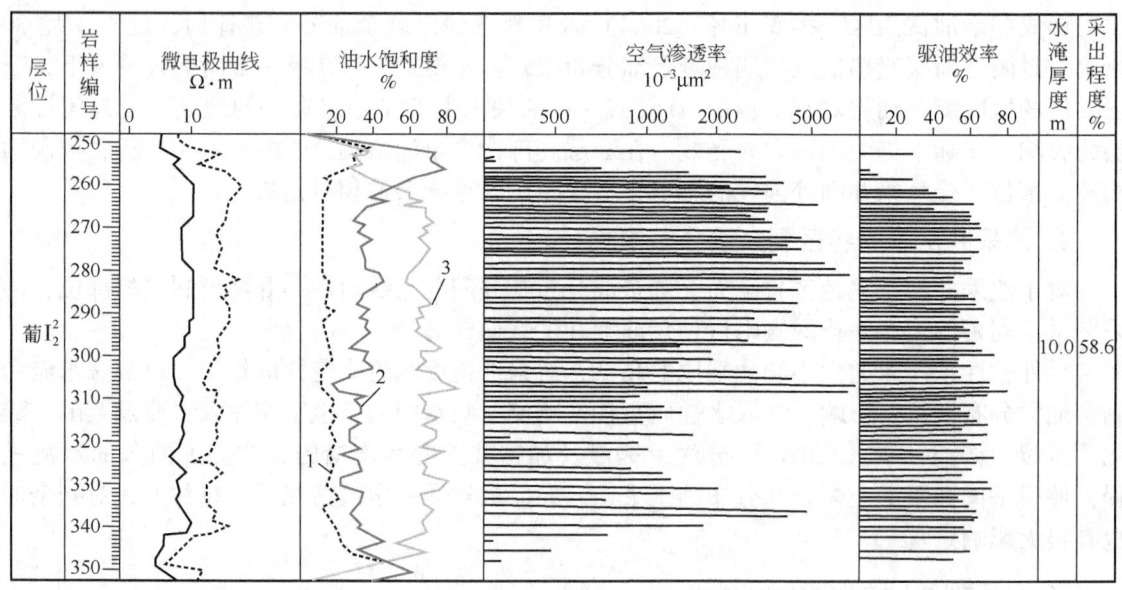

图 7-2-2　反韵律油层水淹特征（据夏位荣，1999）
1—原始含水饱和度；2—目前含油饱和度；3—目前含水饱和度

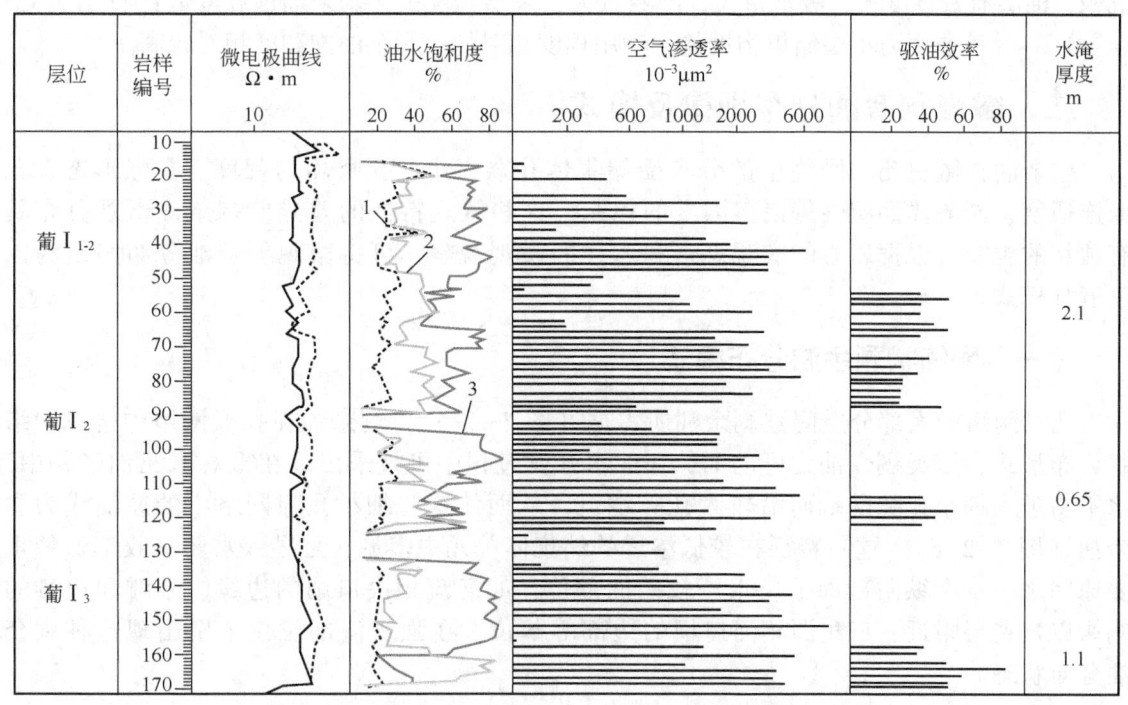

图 7-2-3 复合正反韵律油层水淹特征（据师永民，2004）
1—原始含水饱和度；2—目前含油饱和度；3—目前含水饱和度

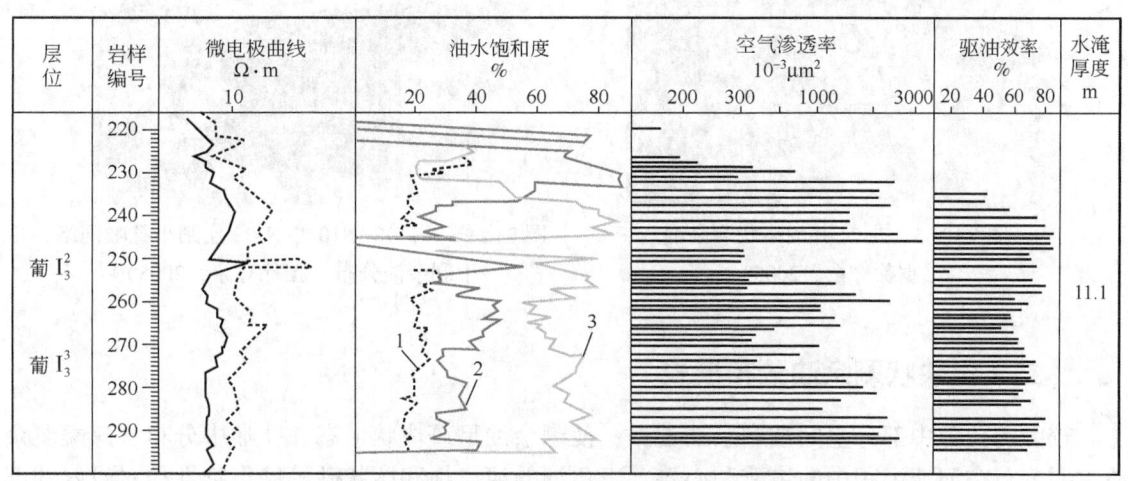

图 7-2-4 均质韵律油层水淹特征（据师永民，2004）
1—原始含水饱和度；2—目前含油饱和度；3—目前含水饱和度

2. 层间剩余油分布模式

在多层合注合采的情况下，开发层系内不同油层的物性差异会导致注采过程中水驱油过程的差异。高渗透层的注水启动压力低，注入水易沿高渗透层推进，动用程度高；而较低渗透层则启动压力高，动用程度低。在相同或相似注采条件下，层间纵向沉积相会控制油层层间剩余油分布。在垂向上，主力小层和非主力小层间存在明显的层间非均质性，决定层间剩余油分布模式。例如，孤岛油田中一区馆陶组 33、35、42、44 主力小层为曲流河边滩微相沉积，油层有效厚度大，吸水量大，产液量大，采出程度高，剩余油饱和度低；而31、32、34、41、43等非主力小层储集物性差，动用程度相对低，剩余油饱和度相对较高。

二、微观剩余油分布规律及模式

剩余油在微观孔喉网络中的分布受储集体孔喉大小、孔喉均匀程度、孔喉形态、孔喉连通度、储集体润湿性等诸多因素的控制，这些微观特征的差异使剩余油微观分布具有独特的规律。根据岩心的宏观观察和岩样的微观观察，可将微观剩余油分布归结为以下五种模式。

（一）网络状剩余油分布模式

孔喉网络的大部分空间被剩余油所占据（图7-2-5），剩余油在孔喉网络中构成网络状分布形式，该类剩余油为可动油，在注水开发过程中可被采出。在微观水驱油过程中，水不易进入细小孔隙网络而沿较大孔隙绕流，从而使这些细小孔隙网络中的原油成为剩余油（图7-2-6）。这一特征在较低渗透的储集体单元中多见，是导致水驱采收率低的重要原因之一。在纵向剖面上，水淹较差的部位，如河流相决口扇的边缘、心滩和边滩的侧缘以及夹层附近、三角洲相河口坝的边部等部位，在强水淹部位仅个别出现这种剩余油分布状态。

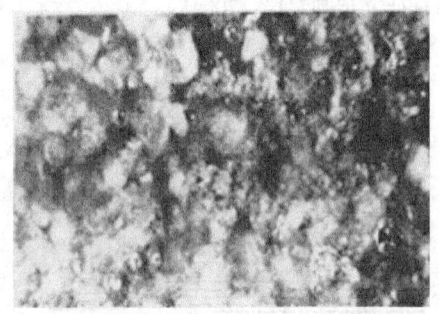
图7-2-5　2-74井网络状剩余油
（据徐守余，2005）

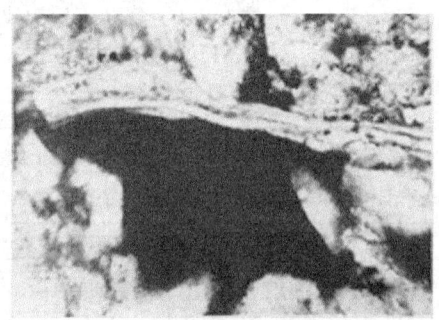
图7-2-6　中13-N10井Ng33层细小孔喉网络中剩余油分布（据徐守余，2005）

（二）斑块状剩余油分布模式

较大的孔隙中部分空间被剩余油占据，使剩余油呈斑块状形态在孔喉中分布，这类剩余油主要分布在河流沉积中的边滩和心滩、三角洲的河口坝和席状砂等储集物性相对较好的部位，是成岩作用和地应力活动等条件的差异使储层物性具有非均质性。另外，在一些大孔道中，因流速较低，冲刷能力较弱，当孔道中形成连续水相后，一些附着在孔道壁附近的原油不易被水驱走，常在孔喉网络中形成斑块状剩余油（图7-2-7和图7-2-8）。

（三）附着状剩余油分布模式

这类剩余油常附着在颗粒表面和孔壁表面，往往是由于颗粒表面具有较强的吸附能力且孔喉中形成连续水相，因此颗粒表面的剩余油不能被驱替而形成的（图7-2-9和图7-2-10）。

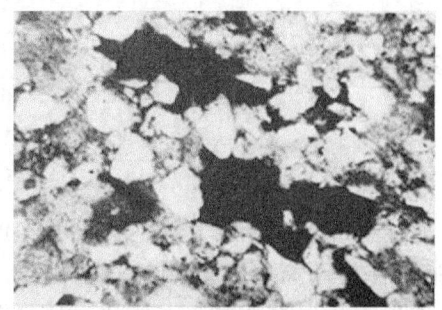
图 7-2-7　1-J1803 井 83 层斑块状剩余油（据徐守余，2005）

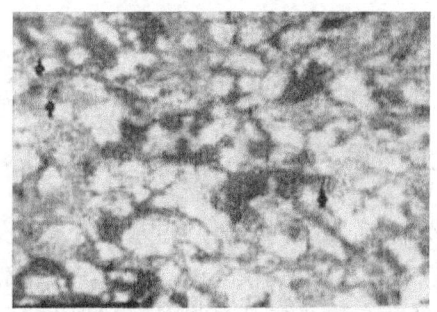
图 7-2-8　1-J1803 井 83 层云母遮挡形成的斑块状剩余油（据徐守余，2005）

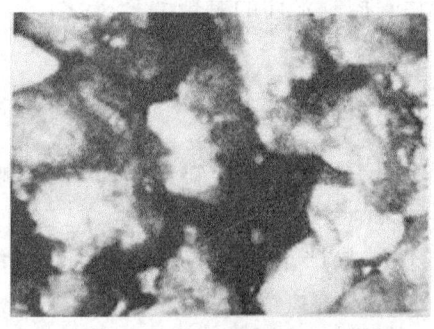
图 7-2-9　4-3 井砂二段河流相储集体附着状剩余油（据徐守余，2005）

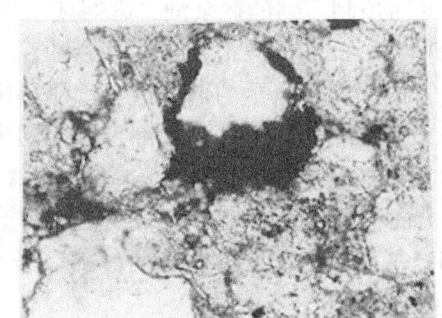
图 7-2-10　1-J1803 井沙二段附着状剩余油（据徐守余，2005）

（四）孤粒、孤滴状剩余油分布模式

在水驱油过程中，水不易进入细小孔隙网络而沿较大孔隙绕流，使细小孔隙网络中的原油保留在储集体中成为剩余油（图 7-2-11）。这类剩余油饱和度较高，但驱油效率较低，不易被采出，多属残余油。

（五）油水混相模式

长期注水冲刷使得储集体中的油和水混合形成混相剩余油。另外，在水驱油过程中，注入水沿较大孔隙绕流，使细小孔隙网络中的原油保留在孔喉网络中，形成水包油或油包水状剩余油（图 7-2-12）。这类剩余油数量少，在一定物理、化学环境下，油水可分离，并被开采出来。

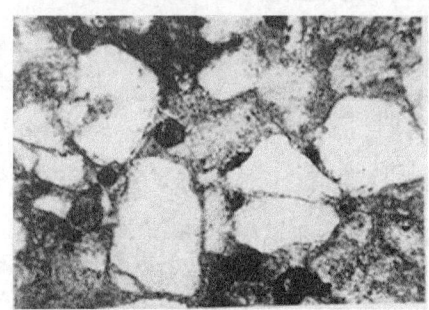
图 7-2-11　孤滴状剩余油分布（据徐守余，2005）

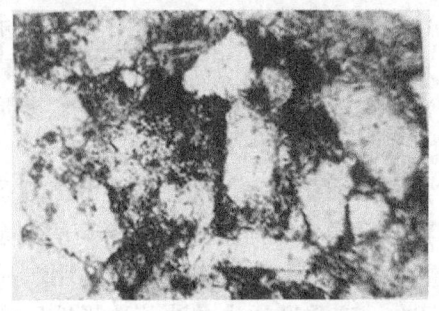
图 7-2-12　油水混相剩余油分布（据徐守余，2005）

第三节　剩余油类型及开发措施

一、基本未动用的剩余油

基本未动用的剩余油是指基本未受注水波及，油层孔隙中的油气未经注入水（或其他驱替剂）驱替，可能仅仅由于弹性能量或溶解气能量释放而有轻微动用的石油储量。这类剩余油的存在，往往是由井网控制程度不高或层间差异太大所造成的。基本未动用的剩余油主要有以下八种类型：

（1）井网控制不住的剩余油：①油藏边缘井网控制不住的剩余油；②油层尖灭带边缘局部，井网控制不到的剩余油；③封闭性断层附近井网控制不住的剩余油。

（2）局部低渗透区带存在的剩余油。

（3）层间差异严重的低渗透未动用层中的剩余油。

（4）两口相邻采油井中间部位存在的剩余油。

（5）局部微构造的正向构造部位存在的剩余油：①局部小背斜部位存在的剩余油；②上倾方向受断层、不整合界面或岩性遮挡部位的剩余油。

（6）平面水窜形成的剩余油：①渗透率各向异性差异严重形成的剩余油；②裂缝水窜形成的剩余油。

（7）水锥和气锥形成的剩余油。

（8）剖面上漏划和漏射的油层。

以上八种类型的剩余油，注入水难以波及，基本未受到驱替，是注水开发油田基本未动用剩余油的主要类型。它们都是宏观大片分布的未水洗储量，除第8种可以直接补孔开采外，一般都需要进行层系、井网的调整才能有效地驱替采出。

二、采出程度不高的剩余油

采出程度不高的剩余油是指已经受到注入水波及，主要孔道中的油气已经受到注入剂驱替，但驱替不充分，水洗程度不高，一些细小孔道可能尚未水洗到的剩余油。这类剩余油的存在，主要由层内非均质性与平面非均质性所造成。在平面上，这类剩余油主要分布在注入水推进的次要方向上，在某些特殊情况下也分布在裂缝发育区注入水水窜严重的主要推进方向上；在剖面上，这类剩余油主要分布在正韵律油层的中上部、厚油层的上部等油层内部难以水洗到的地方。采出程度不高的剩余油主要有以下六种类型：

（1）正韵律油层上部与中部存在的剩余油；

（2）厚油层上部或内部存在的剩余油；

（3）层间干扰造成低渗透层水洗较差形成的剩余油；

（4）局部夹层遮挡影响的剩余油；

（5）局部细孔细喉等部位存在的微观剩余油；

（6）岩石颗粒表面水洗程度不高的剩余油。

以上六种剩余油要得到进一步动用，一般不需要调整井网，而是通过注水井调剖、注入水平面调向、变强度注水、油井选择性压裂、选择性酸化等措施，以及实施提高采收率等工作（如化学驱、混相驱、物理法采油等）实现。

第四节　剩余油分布预测方法

一、开发地质学方法

开发地质学是剩余油预测的基础，其核心内容是通过油藏精细描述，揭示微构造、沉积微相及油藏非均质性对剩余油形成与分布的控制作用，应用储层相控建模、岩石物理相、流动单元、神经网络等研究手段寻找剩余油的富集区。现在用到的主要方法有微构造法、岩石物理相法、储层相控建模法、流动单元法、人工神经网络法和岩心分析法等。

（一）微构造法

在重力分异作用下，剩余油富集区不仅仅局限于高部位大型背斜内，低部位的正向微构造和小断层遮挡所形成的微型屋脊式构造也是剩余油集中部位。这类微构造包括油层的微小隆起（构造幅度小于10m）和处于油气运移通道上的侧向开启而垂向封闭的微小断层（断距小于10m）。因此，对于以上这两种微构造发育的油田来说，应该采用较密的井网资料和小间距等高线进行微构造研究，结合油水运动规律，寻找剩余油富集区域。

（二）岩石物理相法

近年来，在油气储层描述中出现了一个重要的概念——岩石物理相。该方法根据平面渗透率与剩余油的关系、主要流动孔喉半径与剩余油的关系等，应用地质统计学方法，将研究区划分为多个级别的岩石物理相，研究不同岩石物理相对剩余油形成与分布的控制作用，从而确定剩余油分布的岩石物理相区域。

（三）储层相控建模法

通过检查井取心的四性关系分析，形成关键井储层参数的三维数据体。在沉积微相边界的控制下，应用随机建模的方法勾绘沉积成因的三维储层参数图，研究储层参数的三维空间展布，从而形成在沉积微相控制下的储层三维可视化模型。

沉积微相—岩石相的类型可反映储层物性特征，可为更准确地预测油藏剩余油分布提供依据。例如，某研究区的油砂体以辫状水道和心滩为主，L小层以下砂体多为辫状水道沉积相，属于典型的正韵律砂体，在砂体的底部水驱程度较高，剩余油分布较为零散，在砂体的顶部即K小层剩余油相对较为富集；L小层以上砂体多为心滩沉积相，属于均匀韵律或反韵律砂体，在注水开发过程中，驱油效率较高，油层水洗厚度较大，只在井网不完善地区和井间带存在剩余油。从平面上看，该研究区沉积微相—岩石相的类型对剩余油分布的控制作用较为明显，可将研究区划分成心滩粉细砂岩相、心滩中粗砂岩相、心滩钙质砂岩相、辫状水道砂砾岩相、辫状水道钙质砂砾岩相和河漫滩微相六种类型。沉积微相—岩石相的类型体现了不同类型之间物性的差异，在注水开发过程中物性较好的心滩中粗砂岩相、辫状水道砂砾岩相首先被水淹，水洗程度较高，剩余油饱和度较低；心滩粉细砂岩相、心滩钙质砂岩相和辫状水道钙质砂砾岩相物性较差，在水驱过程中水洗程度较弱，剩余油饱和度高，形成水驱的波及程度低甚至未波及。

(四)流动单元法

该方法主要根据反映流动单元特征的储层参数,运用地质统计学方法将储层划分为不同级别的流动单元,在不同级别的流动单元中油水渗流和水淹特征各不相同,反映剩余油的分布是有差异的,从而对剩余油的分布作出判断和预测。

(五)人工神经网络法

人工神经网络法以丰富可靠的检查井资料和测井资料为基础,利用神经网络模式识别技术,实现任意井点薄差油层水淹程度的自动判别,其精确程度的高低取决于两个因素,即利用检查井资料所建立模型的可信度和输入、输出参数的精度。该方法的缺点是需要有足够数量的检查井提供资料,并且对剩余油分布的预测仅仅是定性的判别。此外,由于各油田和井区薄差油层的沉积环境、沉积特征、油水分布规律以及油水层动用程度的差异等,该方法的应用受到区域性的影响。

(六)岩心分析法

岩心分析法是唯一能够直接确定剩余油饱和度的方法,可与其他资料相互验证,提高综合评价的可靠性。目前确定和监测剩余油饱和度最常用的方法是密闭取心。我国在老油田开发井网中选取有代表性的部位钻检查井,在目的层部位进行密闭取心,并迅速送实验室内分析化验,以取得其含油饱和度数据。这可代表地下油层真实的剩余油饱和度资料,据此可以判定油层剖面剩余油的准确分布情况。结合检查井的平面位置与注采井网的平面分布,利用岩心分析法可进一步推断剩余油的平面分布情况,用分段试油检验证实。

剩余油的岩心取心方法包括常规取心、橡皮套取心、金属丝网取心、密团取心、压力密闭取心和海绵取心等。

二、油藏工程方法

(一)示踪剂测试法

示踪剂测试是目前应用较为广泛的预测剩余油分布的矿场技术,包括单井回流示踪剂测试和井间示踪剂测试两种方法,其理论依据是色谱理论,利用示踪剂测试得到的示踪剂产出浓度曲线,通过公式即可求出剩余油饱和度。该方法早期主要用于定性判断注水井与生产井之间的连通性及高渗透条带的存在与否。1984年,Abbaszadeh 和 Brigham 在五点井网中示踪剂流动特征的基础上,通过研制软件,定量求取注水井与生产井之间的厚度、渗透率等地层参数。通过井间示踪剂资料解释数值模拟软件,可以对油藏的高渗透层、低渗透层、水淹层以及剩余油饱和度的分布进行预测等。应用井间示踪剂技术确定剩余油饱和度分布,是目前国内比较常用的方法之一,无论在理论上还是实践上均比较成熟。

(二)水驱特征曲线法

水驱特征曲线法是天然水驱和注水开发油田中一种特别实用的可采储量计算方法,利用累积产油量、累积产水量、水油比、含水率和采出程度等开发指标的关系曲线的斜率、截距及极限含水率值即可计算原油可采储量。研究表明:甲型水驱曲线截距的倒数 $(1/a)$ 只与水驱动用储量有关，$1/a$越小，水驱程度越高，而$1/a$较大时，动用程度较低，是死油区或弱水淹区，因此只需找出油田或单元的甲型水驱曲线的代表性直线段，利用半对数回归方法就可以求出甲型水驱曲线的方程，从而求得$1/a$，绘制出油田或单元的$1/a$等值线图，此等值线图能定性反映油层潜力区的平面展布及油层的平面渗流特征。此外，通过各种类型的水驱特征曲线可以进行地质储量、可采储量等开发指标预测，从而进行油田总体区块、各小层的剩余油分布预测。

（三）试井法

通过不稳定试井，即压力恢复试井、压力降落试井以及干扰（或脉冲）试井资料分析，可以确定储层油、水和气的有效渗透率以及井眼伤害程度（如表皮系数、流动效率和伤害比），通过相对渗透率等实验室资料，将渗透率与原始饱和度联系起来，计算出剩余油饱和度。

研究剩余油的油藏工程学方法还有水动力学法、物质平衡法、生产资料拟合法等。油藏工程方法只能计算某个小层的剩余油饱和度平均值或剩余油分布的大致区域，而不能确切定量地反映剩余油饱和度平面分布的差异性，因而在应用上有其局限性。但该方法作为对单井调整或油田整体开发的宏观规划来讲，往往不失为很有效的依据，效果通常比较明显。

三、油藏数值模拟法

油藏数值模拟是定量研究剩余油分布的重要方法。该方法以地质模型为基础，利用油藏动静态资料，运用流体渗流理论，通过求解差分方程，获得储集体中网格节点的压力、剩余油饱和度等参数的数值，从而研究和预测各开发阶段剩余油的空间分布。

该方法是在准确建立油藏模型的前提下，通过历史拟合研究流体演化规律，并进一步模拟油藏的开发指标，求得剩余油饱和度、剩余储量、剩余可动油饱和度等参数。

四、测井评价法

测井技术是目前国内外确定剩余油在井剖面上分布广泛使用的方法，主要包括电法测井、核磁共振测井、电磁波传播测井、介电常数测井、脉冲中子俘获测井、硼中子寿命测井、碳氧比测井、重力测井、超导重力测井、中子寿命测井技术和生产测井等。

生产测井主要采用注水井吸水剖面测试资料与采油井产液剖面测试资料，判定油层剖面动用状况及剩余油分布情况。在油层射开的有效厚度层段中，主要的吸水层段与主要的出油层段应是储量动用好、剩余油最少的层段；多次测试不吸水、不出液的层段，应是动用最差、剩余油最多的层段；其余层段介于二者之间。国内油田生产测井资料一般较多，选取有历年多次测试资料的井，结合油藏静态资料进行分析研究，常能较好地判定剖面上主要的剩余油层（或潜力层）所在。

（一）注水井吸水剖面测井

吸水剖面常称注水剖面、注入剖面、吸入剖面。吸水剖面是指注水井在一定的注水压力和注水量的条件下，各射开油层井段吸水量的剖面分布情况。吸水剖面反映油层剖面的吸水能力变化、吸水层位和吸水厚度的分布。

吸水剖面测试一般采用放射性同位素进行示踪测井。将前后两条同位素曲线进行对比，在加入同位素后所测曲线上增加的同位素异常值井段，就反映其对应层段的吸水能力大小和数量。

在注水开发油田中，注水井的吸水剖面决定着采油井的产液剖面，因此可以根据注水井的吸水剖面资料，了解油层剖面吸水情况，监测油层水驱动态，分析油层剖面动用情况和剩余油分布。一般将注水井的吸水剖面资料与采油井同期所测的产液剖面资料进行对比分析，可以更好地判断油层剖面水洗动用情况和剩余油的剖面分布特征。

（二）采油井产液剖面测井

产液剖面也称为产油剖面、出液剖面或出油剖面。在采油井正常生产的条件下，测量各生产层段沿井深纵向分布的产出量、含水率、流体密度等参数，以判断油层剖面产出液性质和数量的测井，称为产液剖面测井或出液剖面测井。

由于产出物可能是油、气、水单相流，也可能是油水、油气、气水两相流，或油气水三相流，因此，在测量分层产出量的同时，根据产出的性质，还须测量含水率或含气率以及井内温度、压力和流体密度等参数。对于油水两相流的生产井，测出体积流量和含水率两个参数，即可确定产出剖面的产油量和产水量；如果是油气水三相流，利用密度曲线就可大体确定产出液性质。对单井或井组进行定期监测，对比分析所测资料，就能了解和掌握油层剖面各层段的储量动用情况和水洗程度，以及剩余油的剖面分布情况。

另外，研究井间剩余油分布规律的测井评价技术，是针对砂泥岩储层注水驱油的特点和储层油水运动规律，运用现代数学方法和计算机手段，推出的一套在相控条件下利用测井资料结合地质沉积、构造及开发等动静态资料预测剩余油分布的新方法，其技术特点包括：第一，应用神经网络模式识别技术自动识别沉积微相，准确率达 80% 以上，同时绘出沉积微相的平面分布图和剖面图；第二，应用人工智能技术，自动进行小层对比，符合率达 85% 以上，并画出小层对比栅状图、立体图；第三，应用决策模型进行三维相模拟，进行储层构建、砂体的空间展布以及属性三维模拟；第四，应用分形理论进行参数评价、连通程度评价以及井间剩余油分布描述。

五、高分辨率层序地层学法

高分辨率层序地层学是从成因地层学入手，对储层进行较为精细的对比，在油田或油气藏范围内，通过关键界面的认识和对比进行研究。该方法主要根据地层基准面原理，详细划分对比储层，建立高分辨率层序地层格架。这种地层格架与一定级次的流动单元相一致，控制了砂体内一定规模的流体流动，同时由于沉积物的体积分配与相分异，储层非均质性特征与基准面之间存在对应关系，为注水对应分析及剩余油预测提供了依据。

六、开发地震技术

开发地震技术是运用三维地震、高分辨率地震、井间地震等开发地震技术监测水驱前缘，判断剩余油的平面分布，是近年来兴起的剩余油预测新技术，对研究剩余油的空间分布有很大的应用前景。

七、微观模型实验法

微观模型实验法主要是以岩心分析为基础，利用各种分析方法研究微观孔隙内部以薄膜、大孔隙中的滞留和小孔隙中液滴等状态存在的剩余油分布，主要包括含油薄片分析技术、岩心仿真模型实验驱替方法、理想仿真模型实验驱替方法和随机网络实验模拟方法等。

根据目的层典型的铸体薄片资料，将孔喉系统复制刻蚀在玻璃表面，再现地层孔喉网络情况，然后进行水驱油的实验，并在显微镜下观察或录像。实验中油与水均进行适当着色，以增强观察效果。该方法可直观形象地看到水洗油过程和剩余油的微观分布情况，目前已发展到采用实际岩心制作孔隙模型的程度。

八、生产动态分析法

依据油田生产动态资料，通过分析油井见水、见效，以及产量、压力、含水、气油比的平面分布变化情况，再结合油藏静态地质特征和生产测井资料，来推断地下油水分布运动状况和变化趋势，据此判断储量动用状况和剩余油分布情况的方法，称为生产动态分析法。

目前，关于剩余油预测的方法和技术数不胜数，其中流动单元划分和油藏数值模拟是两项较为成熟的剩余油预测方法。流动单元体现了储层表征和建模的发展；油藏数值模拟是研究剩余油定量分布的主要手段。上述预测剩余油的方法，各具特点，又都有其局限性。如果能够综合应用以上各种方法进行剩余油研究，将大大提高剩余油研究认识的可靠程度。

当然，剩余油分布问题仍很复杂，一些特殊储层（如裂缝性储层、多重介质储层等）中的水驱过程及其剩余油分布至今还是研究的重心。随着石油工业的发展和研究检测技术的提高，相信剩余油分布的研究方法会有所突破，油气田开发地质工作者有着不容忽视的责任。

第五节 采收率的计算和影响因素分析

一、采收率定义

采收率是可采储量与原始地质储量的比值。可采储量是指在现代工艺技术和经济条件下，能从储层中采出的那一部分油气量。对油藏进行评价和开发可行性分析时，地质储量、可采储量及采收率是重要内容。采收率和可采储量是衡量油田开发效果和开发水平最重要的综合指标，也是油田动态分析中最基本的问题之一，是制定调整挖潜方案的依据。

随着对储层性质和开发状况的深入认识及开发技术的提高，在不同的开发阶段，及时对剩余可采储量和采收率进行计算和修正是必要的。对于正在开发的油田，确定剩余可采储量更有意义。

二、计算采收率的方法

在第二章第五节油气储量评价中，介绍了利用水驱特征曲线计算采收率的方法，这些方法需要有充分的水驱油田开发动态资料。一般在油田开发初期、动态资料比较少的情况下，采用经验公式法计算油藏采收率。不同类型的油藏有不同的采收率计算公式。本书根据不同文献，总结了常规砂岩油藏、低渗透砂岩油藏、碳酸盐岩油藏的采收率计算经验公式。

（一）常规砂岩油藏预测采收率方法

（1）陈元千（1996）给出的相关经验公式：

$$E_R = 0.058419 + 0.084612\lg(K/\mu_o) + 0.346\phi + 0.0003871S \tag{7-5-1}$$

式中 E_R——采收率；

K——平均空气渗透率，$10^{-3}\mu m^2$；

μ_o——地层原油黏度，$mPa \cdot s$；

ϕ——平均有效孔隙度；

S——井网密度，口/km²。

式(7-5-1)中各项参数的分布范围见表7-5-1。

表7-5-1 式(7-5-1) 各项参数的分布范围

参数	地层原油黏度 μ_o mPa·s	平均空气渗透率 K $10^{-3}\mu m^2$	有效孔隙度 ϕ	井网密度 S 口/km²
变化范围	0.5~154.0	4.8~8900.0	0.15~0.33	3.1~28.3
平均值	18.4	1269	0.25	9.6

式(7-5-1)的适用条件为：原油中等黏度，储层物性较好、相对均质。

（2）陈元千（1990）给出的相关经验公式：

$$E_R = 0.2143\left(\frac{K}{\mu_o}\right)^{0.1316} \tag{7-5-2}$$

（3）万吉业（1962）给出的相关经验公式：

$$E_R = 0.135 + 0.165\lg\frac{K}{\mu_r} \tag{7-5-3}$$

式中 μ_r——地层油水黏度比。

（4）俞启泰（1989）给出的相关经验公式：

$$E_R = 0.274 - 0.1116\lg\mu_r + 0.09746\lg K - 0.0001802hS^* - 0.06741V_K + 0.0001675T \tag{7-5-4}$$

式中 h——平均有效厚度，m；

S^*——井网密度，hm²/口；

V_K——渗透率变异系数；

T——油层温度，℃。

式(7-5-4)中各项参数的分布范围见表7-5-2。

表7-5-2 式(7-5-4) 各项参数的分布范围

参数	地层油水黏度比 μ_r	平均空气渗透率 K $10^{-3}\mu m^2$	平均有效厚度 h m	井网密度 S^* hm²/口	渗透率变异系数 V_K	油层温度 T ℃
变化范围	1.9~162.5	69~3000	5.2~35.0	2.3~24.0	0.26~0.92	30.0~99.5
平均值	36.7	883	16.7	9.4	0.68	63.0

（5）胜利油田给出的井网密度经验公式：

$$E_R = \left(0.698 + 0.16625\lg\frac{K}{\mu_o}\right)e^{-\frac{0.792K}{n\mu_o} - 0.253} \tag{7-5-5}$$

式中 n——生产井井网密度，口/km²。

(6) 美国 Guthrie 和 Greenberger (1955) 给出的相关经验公式：

$$E_R = 1.11403 + 0.2719\lg K - 0.1335\lg\mu_o + 0.255669 S_{wi} - 1.538\phi - 0.00115h \quad (7-5-6)$$

式中 S_{wi}——原始含水饱和度，%。

式(7-5-6)的适用条件为：油层物性较好，原油性质较好。

(7) 美国 API (1967) 给出的相关经验公式为

$$E_R = 0.3225\left[\frac{\phi(1-S_{wi})}{B_{oi}}\right]^{0.0422}\frac{K}{\mu_r}S_{wi}^{-0.1903}\left(\frac{p_i}{p_a}\right)^{-0.2159} \quad (7-5-7)$$

式中 B_{oi}——原始原油体积系数；

p_i——原始地层压力，MPa；

p_a——废弃压力，MPa。

式(7-5-7)的适用条件为：油层物性较好，原油性质较好，不适用稠油低渗油藏。

(8) 苏联的 Кожакин (1972) 给出的公式为

$$E_R = 0.507 - 0.167\lg\mu_r + 0.0275\lg K - 0.000855 S^* + 0.171 S_k - 0.05 V_K + 0.0018h \quad (7-5-8)$$

式中 S_k——砂岩系数。

式(7-5-8)的适用条件为：$\mu_r = 0.5 \sim 34.3$；$K = 0.109 \sim 3.2\mu m^2$；$S^* = 7.1 \sim 74 hm^2/口$（$1hm^2 = 10^4 m^2$）；$S_k = 0.32 \sim 0.96$；$V_K = 0.33 \sim 2.24$；$h = 2.6 \sim 26.9 m$。

(9) 苏联 Томзиков (1977) 给出的相关经验公式为

$$E_R = 0.195 + 0.082\lg K - 0.00278\lg\mu_r - 0.00086 S^* + 0.180 S_k - 0.054 Z + 0.27 S_{oi} + 0.00146 T + 0.0039h \quad (7-5-9)$$

式中 Z——过渡带的储量系数；

S_{oi}——原始含油饱和度，%。

式(7-5-9)的适用条件为：$\mu_r = 0.5 \sim 34.3$；$K = 0.13 \sim 2.58\mu m^2$；$S^* = 10 \sim 100 hm^2/口$；$Z = 0.06 \sim 1.0$；$S_{oi} = 0.70 \sim 0.95$；$T = 22 \sim 73°C$；$h = 3.4 \sim 25 m$。

经验公式测算采收率主要取决于参数选值的精度，与实际生产资料无关。

（二）低渗透砂岩油藏预测采收率方法

1. 方法一

当 $\mu_o < 10 mPa \cdot s$ 时，

$$E_R = 0.2014 + 0.086\lg K - 0.053\lg\mu_o - 0.0155\phi + 0.0001 S + 0.3567 W_f \quad (7-5-10)$$

当 $\mu_o > 10 mPa \cdot s$ 时，

$$E_R = 0.1893 + 0.075\lg(K/\mu_o) - 0.01264\phi + 0.0005 S + 0.3355 W_f \quad (7-5-11)$$

式中 K——平均空气渗透率，$10^{-3}\mu m^2$；

μ_o——地层原油黏度，$mPa \cdot s$；

ϕ——平均有效孔隙度；

S——井网密度，口/km^2；

W_f——水驱控制程度。

2. 方法二

$$E_R = 0.3086 - 0.0026h - 0.391\phi + 0.1831\lg K + 0.293 b_0 + 0.00305 f_w - 0.011\mu_r - 0.0056\tau \quad (7-5-12)$$

式中 b_0——平均换算系数；
f_w——平均含水率，%；
h——平均有效厚度，m；
K——平均空气渗透率，$10^{-3}\mu m^2$；
ϕ——平均有效孔隙度，%；
μ_r——平均油水黏度比；
τ——平均开采速度。

3. 方法三

$$E_R = 0.6569 - 0.003h + 1.615\phi - 0.4101\lg K - 0.026\sigma\sqrt{\phi^{2.3}/(4.24K)} + 0.396b_0$$
$$+ 0.00325f_w - 0.011\mu_r - 0.01\tau \quad (7-5-13)$$

式中 σ——表面张力，通常为 30×10^{-3} N/m。

（三）碳酸盐岩油藏预测采收率方法

1. 方法一

当 $K > 250\times10^{-3}\mu m^2$ 时，

$$E_R = 0.306 - 0.0041\mu_o + 0.0791\lg K + 0.14K_s - 0.03K_p - 0.0018S^* \quad (7-5-14)$$

当 $K = (50\sim250)\times10^{-3}\mu m^2$ 时，

$$E_R = 0.405 - 0.0028\mu_o + 0.052\lg K + 0.139K_s - 0.015K_p - 0.0022S^* \quad (7-5-15)$$

当 $K < 50\times10^{-3}\mu m^2$ 时，

$$E_R = 0.446 - 0.0031\mu_o + 0.141\lg K + 0.14K_s - 0.023K_p - 0.0017S^* \quad (7-5-16)$$

式中 μ_o——地层原油黏度，mPa·s，取值范围为 $0.8\sim38.8$ mPa·s；
K——平均空气渗透率，$10^{-3}\mu m^2$；
K_p——平均单井小层数，取值范围为 $2\sim20$；
K_s——有效厚度与砂岩厚度之比，取值范围为 $0.32\sim0.89$；
S^*——井网密度，$hm^2/口$，取值范围为 $18\sim54 hm^2/口$。

2. 方法二

底水碳酸盐岩油藏采收率经验公式为

$$E_R = 0.2326(\phi_1 S_{oi}/B_{oi})^{0.969}(\overline{K}_e\mu_w/\mu_o)^{0.486}S_{wi}^{-0.5326} \quad (7-5-17)$$

式中 ϕ_1——总孔隙度，变化范围 $0.05\sim0.12$，平均值 0.06；
S_{oi}——原始含油饱和度，变化范围 $0.7\sim0.8$，平均值 0.74；
S_{wi}——原始含水饱和度，变化范围 $0.2\sim0.3$，平均值 0.26；
B_{oi}——原始原油体积系数，变化范围 $1.031\sim1.537$，平均值 1.159；
$\overline{K}_e$——有效渗透率，μm^2，变化范围 $0.01\sim30.9\mu m^2$，平均值 $4.06\mu m^2$；
μ_o——地下原油黏度，mPa·s，变化范围 $0.5\sim21.5$ mPa·s，平均值 5.25 mPa·s；
μ_w——地下水黏度，mPa·s，变化范围 $0.18\sim0.384$ mPa·s，平均值 0.273 mPa·s。

三、油气田采收率的影响因素

（一）地质因素

（1）油气藏的类型，如构造、断块、岩性以及裂缝性油气藏等。

（2）储层的性质，如储层的润湿性、敏感性、连通性、连续性、孔隙度、渗透率以及饱和度等。

（3）油藏的天然能量，如原始油藏地层压力大小、有无气顶、溶解气的多少、边底水的活跃程度等。

（4）油藏流体性质，如原油相对密度和黏度、气油比、天然气成分及凝析油的含量等。

（二）工艺技术水平

（1）钻井开采工艺技术水平，如钻水平井、钻复杂结构井、酸化、压裂、调剖解堵等（视频7-1~视频7-3）。

视频7-1　井型

视频7-2　水平井分类

视频7-3　复杂结构井

（2）三次采油技术，如化学驱、气体混相驱、热力驱、微生物采油技术等。

（三）管理因素

（1）合理开发层系的划分、合理井网密度的设计等。

（2）合理开发程序的实施和开发方式的选择，如采取自然能量衰竭式开发，还是采取注水、注气等能量补充方式开发，以及在哪个阶段采用何种开发方式等。在不同的开发阶段选择不同的开发方式，势必会造成采收率的差异。

（四）经济因素

（1）油价。原油价格直接影响产能的设计。

（2）经济合理性，如经济模式、投资成本、内部收益率、操作成本、开采期限、产量、经济极限以及地方性税收政策等。

第六节　提高采收率技术

一次采油是依靠油藏的天然能量驱动采油，如溶解气驱、重力驱、气顶气驱、弹性驱和天然水驱。一次采油法又称衰竭式开采法。当天然能量衰竭后，绝大部分原油仍残留在油层中，通过注水或注气补充地层能量，可以大幅度提高油藏开发效果。注水或注气的采油方法称二次采油法。

我国多数油田注水开发采收率不到40%，有一半以上的石油仍然留在地下无法采出。

为减缓这些油田的衰老速度，维持我国原油产量，必须进行三次采油，提高油藏采收率。

三次采油也称"强化采油技术"（enhanced oil recovery，EOR）或"提高采收率技术"（improved oil recovery，IOR），是通过向油层注入化学物质、蒸汽、混相气，或对油层采用生物或物理技术来改变油层性质或油层中的原油性质，提高油层压力和原油采收率的方法。提高采收率的定义为：除了一次采油和保持地层能量开采方法之外，其他任何能增加油井产量，提高油藏最终采收率的方法。

新疆克拉玛依油田早在1958年就开展了火烧油层三次采油的研究工作。之后投入开发的大庆油田从一开始就着手三次采油研究工作，先后研究过CO_2水驱、聚合物溶液驱、CO_2混相驱、注胶束溶液驱和微生物驱。20世纪70年代后期，国家对三次采油的研究逐渐重视起来，玉门油田开展了活性水驱油和泡沫驱油；80年代，大港油田开展了碱水驱油研究工作；90年代，大庆、胜利、大港等油田对聚合物驱油都开展了深入研究，相继提出了三元复合驱及泡沫复合驱等提高采收率新技术。总体而言，中国提高采收率技术走在世界前列，目前世界上已形成提高采收率的四大技术系列，即化学驱油技术、气体混相驱油技术、热力采油技术和微生物采油技术。此外，物理采油技术也有大量的研究报道。

一、化学驱油技术

化学驱油技术又叫"改良水驱"，是指在注入水中加入一种或多种化学药剂，改变注入水的性质，提高波及系数和洗油效率的提高采收率技术。根据所加入化学药剂的不同，化学驱油技术可分为以下几种方法。

（一）聚合物驱油

聚合物是高分子化合物，由成千上万个单体的重复单元所组成，其相对分子质量可达200万及以上。聚合物具有增大水的黏度的性能。

聚合物驱油是把聚合物添加到注入水中，提高注入水的黏度，降低驱替介质流度，进而降低水油流度比，提高水驱油波及系数的一种改善水驱方法。该技术已成为保持油田持续高产及高含水后期提高油田开发效果平的重要技术手段。例如，大庆油田主力油层水驱采收率在40%左右，采用聚合物驱油技术可比水驱提高采收率10%以上。

驱油用聚合物主要有两种：一种是人工合成的聚合物，主要是由丙烯酰胺单体聚合而成的聚丙烯酰胺（PAM），因而聚合物驱有时也简写成PAM驱；另一种是天然聚合物，使用最多的是黄原胶，也称聚糖或生物黄原胶。国内外矿场试验绝大多数用的是部分水解聚丙烯酰胺，它的水溶性、热稳定性和化学稳定性都比较好。

聚合物驱油机理：聚合物溶解在水中，增加水的黏度；在井底附近的地层中，水流速度高，聚合物分子呈线形流动；在远离井底的地层中水流速低，聚合物分子卷曲呈线团状或球状而滞留在油层孔隙喉道中，降低了水相渗透率，从而降低了水油流度比，提高了波及系数；聚合物分子的官能团（如酰胺基）可部分吸附在岩石孔隙表面，使聚合物分子部分伸展在水中，阻滞了水的流动。因此，聚合物的加入，降低了水油流度比，不仅提高了平面波及系数，克服了注入水的"指进"（驱替前缘呈指状穿入被驱替相的现象），而且提高了垂向波及系数，增加了吸水厚度。

（二）表面活性剂驱油

表面活性剂是指能够在溶液中自发地吸附于两相界面上，少量加入就能显著降低界面自由表面能（表面张力）的物质，例如烷基苯磺酸钠、烷基硫酸钠等。表面活性剂驱油的主要机理是降低油水界面张力，改变岩石孔隙表面的润湿性，提高洗油效率。

由于地层水含有的盐类较多，且各油田地层水所含的盐类也各不相同，因此要选择与地层水相适应的活性剂，否则达不到预期驱油效果。即使是有效的表面活性剂，在驱油过程中也存在两个突出的问题：一是表面活性剂分子会被岩石表面或油膜表面吸附，导致表面活性剂在驱油过程中沿途损失，注入水中的表面活性剂含量经过一段距离后将大幅减少，驱油作用变得非常微弱以致消失；二是表面活性剂水溶液的流度与水差不多，不能提高波及系数。

表面活性剂驱油从工艺上讲与注水驱油没有差异，只是把注入水改为表面活性剂体系，即注入一定浓度的表面活性剂溶液，目的是提高洗油效率。目前表面活性剂驱油大体有两种方法：一种是以浓度小于2%的表面活性剂水溶液作为驱动介质的驱油方法，称为表面活性剂稀溶液驱油，包括活性水驱、胶束溶液驱；另一种是用表面活性剂浓度大于2%的微乳液进行驱油，称为微乳液驱。

（三）碱水驱油及三元复合体系驱油

碱水驱油是将比较廉价的碱性化合物（如氢氧化钠）掺加到注入水中，使碱与原油的某些成分（如有机酸）发生化学反应，形成表面活性剂，降低水与原油之间的界面张力，使油水乳化，改变岩石的润湿性，并可溶解界面油膜的提高原油采收率方法。可见，碱水驱油实质上是地下合成表面活性剂驱油。

在碱水驱油中，可以作为碱剂的化学剂主要有氢氧化钠、原硅酸钠（Na_4SiO_4）、氢氧化铵、氢氧化钾、磷酸三钠、碳酸钠、硅酸钠（Na_2SiO_3）以及聚乙烯亚胺。在上述化学剂中，氢氧化钠和原硅酸钠的驱油效果最好，而且经济效果也较好。

碱水驱油机理有以下四个方面：降低油水界面张力；油层岩石的润湿性反转；乳化和捕集携带作用；增溶油水界面处形成的刚性薄膜。

碱水驱油方法的工艺比较简单，不需增加新的注入设备，相对于其他化学驱油来说，成本比较低。对于注水开发油田，只需要根据确定的碱浓度，向注入水中加入一定量的碱，就很容易转变为碱水驱油。这种方法对于大部分油田提高采收率的效果并不明显，其主要原因是碱虽然可以降低界面张力，但界面张力的降低程度明显受原油性质、地层条件的影响。

三元复合体系驱油是指在注入水中加入低浓度的表面活性剂（S）、碱（A）和聚合物（P）的复合体系驱油的提高采收率方法。它是20世纪80年代初国外出现的化学采油新工艺，是在二元复合驱（活性剂—聚合物、碱—聚合物）的基础上发展起来的，但由于表面活性剂和助剂成本太高，该方法一直没有发展成为商业规模。三元复合体系所需要表面活性剂和助剂总量仅为胶束—聚合物驱的三分之一，其化学剂效率（总化学成本/采油量）比胶束—聚合物驱高。大庆油田室内研究及先导性矿场试验表明，三元复合体系驱油可比水驱提高20%以上的原油采收率。

二、气体混相驱油技术

混相性是指两种或两种以上的物质相能够混合形成一种均质的能力。如果两种流体能够混相，那么将它们掺和而无任何界面，如水和酒精、石油和甲苯相混合均无界面。

混相驱油法就是通过注入一种能与原油呈混相的流体来排驱残余油的办法。气体混相驱油是以气体为注入剂的混相驱油法，其机理是注入的混相气体在油藏条件下与地层油多次接触，油中的轻组分不断进入气相中形成混相，消除界面，使多孔介质中的毛细管力降至零，从而减少因毛细管效应而残留在油藏中的石油。从理论上讲，它的微观驱油效率达100%；从矿场应用上讲，它对于低渗透黏土矿物含量高的水敏性油层更适用。

气体混相驱油的方法很多，按照注入气体类型，可把气体混相驱油分为两大类，即烃类气体混相驱油和非烃类气体混相驱油。

早在20世纪40年代，美国就曾提出向地层注高压气（以注甲烷气为主）的气体混相驱油法，但由于对原油组成、油藏条件、地面设备要求较高而未得到推广。鉴于天然气中轻烃组分是原油的良好溶剂，50年代人们又提出了以液化石油气等其他烃类气体为混相剂的气体混相驱油，并在室内研究的基础上进行了大量的矿场实验，在70年代达到烃类气体混相驱油的研究高潮。然而随着烃类气体价格的急剧上涨，油藏工程师及研究者们不得不寻求更经济的办法。之后，CO_2混相驱油迅速发展起来，并成为目前最重要的气体混相驱油方法。CO_2混相驱油有两方面的优势：一是作为驱替剂的CO_2能和被驱替原油形成混相，降低表面张力和残余油饱和度，提高驱油效率，进而提高原油采收率；二是CO_2驱油过程可实现对部分CO_2的地质埋存，减少温室气体排放，助力国家"双碳"目标实现，兼具经济效益和社会效益。

三、热力采油技术

稠油又称重质原油，是指在油层条件下原油黏度大于$50\text{mPa}\cdot\text{s}$，或者在油层条件下脱气原油黏度大于$100\text{mPa}\cdot\text{s}$，且在温度为20℃时相对密度大于0.934的原油。根据黏度和相对密度，稠油可细分为普通稠油、特稠油和超稠油。

我国稠油资源十分丰富，目前已在很多大中型油气盆地发现稠油油藏。大部分稠油油藏分布在中—新生代地层中，埋藏深度变化很大，绝大部分稠油油藏埋藏深度为1000～1500m。稠油油藏具有原油黏度高、密度大、流动性差、流动阻力大的特点，难以用常规方法开采，通常采用降低稠油黏度、减小油流阻力的方法进行开采。由于稠油的黏滞性对温度非常敏感，随着温度升高，稠油黏度显著下降，所以热力采油已成为强化开采稠油的重要手段，在我国辽河、胜利、克拉玛依等油田已广泛应用。

热力采油是指向地层注入热或在地下产生热的采油技术。它是开采稠油的有效方法，其基本原理是：通过加热使原油黏度大大降低，改善流度比，提高波及系数；热能还会使原油膨胀，增加原油从油藏排出的动力；此外热能对原油有蒸发甚至蒸馏作用，蒸馏出的轻质馏分和前面较冷的地层接触时会凝析下来，在前沿形成一个混相带，从而具有一定的混相作用。根据热量产生的地点和方式不同，可将热力采油分为两类：一类是把热量从地面通过井筒注入油层，如蒸汽吞吐采油、蒸汽驱采油；另一类是热量在油层内产生，如火烧油层。

（一）蒸汽吞吐采油

蒸汽吞吐采油又称循环注蒸汽采油或蒸汽浸泡采油，是向油层注入几周蒸汽（一般为2～6周），在注蒸汽期间保持较高的注入速度，然后关井一段时间，使热量传递到储层和原油中去，再开井生产。由此可见，蒸汽吞吐采油可分为注汽、焖井及采油三个阶段。从向油层注汽、焖井、开井生产到下次注汽开始时的完整过程称为一个吞吐周期。蒸汽吞吐采油投资较少，工艺技术较简单，增产快且经济效益好。

（二）蒸汽驱采油

蒸汽驱采油是通过适当井网，由注汽井连续注汽，在注入井周围形成蒸汽带，注入的蒸汽将地下原油加热并排驱到周围生产井中产出。蒸汽驱的注采形式与常规注水开采相似。蒸汽驱采油多是在蒸汽吞吐采油的基础上进行的。由于注入井已经过蒸汽吞吐采油，井底附近油层的含油饱和度很低，当注入蒸汽后很容易在井底附近形成一个蒸汽带（图7-6-1）。

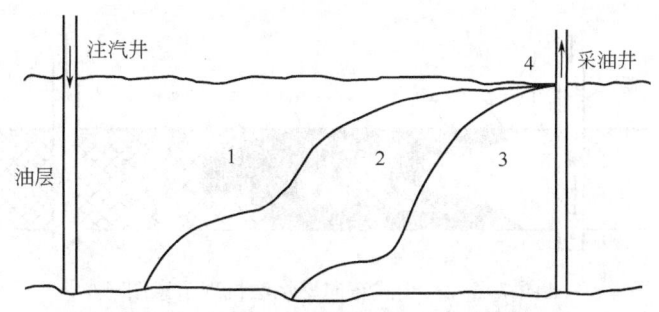

图 7-6-1　蒸汽驱采油的油气分布剖面示意图
1—蒸汽和热水带；2—降黏油富集带；3—未被加热原油带；4—驱替前缘

蒸汽带前缘为热水，后部为蒸汽，温度高，热量多。由于蒸汽密度小于油，流动性大于油，因此蒸汽上浮沿油层顶部窜流，形成蒸汽超覆现象。蒸汽带半径在油藏底部最小，顶部最大。在不断注入蒸汽的高温高压作用下，靠近蒸汽带的原油黏度降低并不断向油井方向运移，在蒸汽带前方形成一个降黏油富集带。此带靠近蒸汽带部分油层温度最高，原油黏度最低，而接近未被加热原油带部分的油层温度最低，原油黏度最高（接近原油黏度）。随着蒸汽累积注入量的增加，油层能量和热量得到很好的补充，驱替前缘逐渐向油井方向推进，使得蒸汽带和降黏油富集带不断扩大，而未被加热原油带不断缩小，采油井原油产量上升，并逐步进入高产阶段。随着开采时间的延长，油层中的原油逐步被驱替出来，蒸汽和热水在油层中向生产井推进，到一定时间，蒸汽驱前缘突破油井，蒸汽和热水进入油井随同原油一起被采出来。

（三）火烧油层

火烧油层是将空气连续注入井底，在井底将油层点燃，以油层本身的原油或部分裂解产物作燃料，不断燃烧生热，依靠热力和其他综合驱动力的作用提高采收率的热力采油方法。火烧油层有三种方法：干式正向燃烧法、湿式燃烧法和反向燃烧法。

1. 干式正向燃烧法

所谓"干式燃烧"，是指仅仅注入空气燃烧。所谓"正向燃烧"，是指点燃注入井油层，其燃烧前缘由注气井向采油井方向推进，并与空气的运动方向相同。

火烧油层时，装置在注入井井底的点火器点火，加热油层。当井底附近的原油受热后，其中的轻质组分蒸发，形成石油蒸气，先向前运移。较重质的部分在高温下发生裂化反应，部分形成轻质油，也向前运移；余下的重质部分焦化，变成可燃炭，不能向前流动，作为燃料沉积下来，建立起燃烧带。与此同时，油层中的水也因受热成为水蒸气；石油焦燃烧后还产生废气（包括二氧化碳、水蒸气、未燃的空气等），它们也都向前流动。流向前方的石油蒸气、水蒸气、燃烧的废气等与前方接触到的冷油、水和岩石进行热交换，产生凝析作用；另一方面，轻质油与前方接触到的原油相混，稀释原油，降低了原油的黏度。由于靠近燃烧带的部分温度高，远离燃烧带的温度逐渐下降，且由于蒸发、裂化、焦化、凝析等作用和温度的关系，在油层中形成若干个带——已燃带、燃烧带、沉焦带、蒸汽带、热水带、轻质油带、富油带、原始含油带（图7-6-2）。只要油层有足够的残碳量（燃料），油层的燃烧便可以蔓延下去。

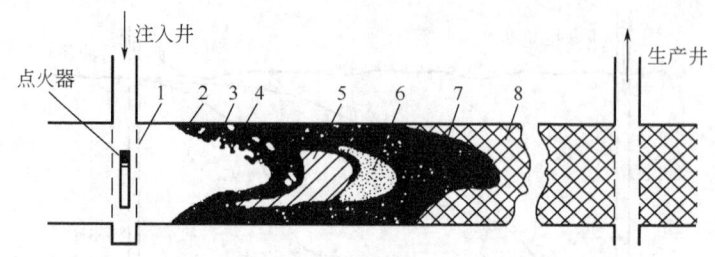

图 7-6-2　干式正向燃烧法机理示意图

1—已燃带（成为疏松的净砂）；2—燃烧带（火线，正在燃烧的狭窄地带）；3—沉焦带（原油焦化、裂化后留下的残碳、燃料）；4—蒸汽带（共存水汽化和燃烧生成的水汽）；5—热水带（蒸汽的凝析物）；6—轻质油带（蒸馏和裂化产生的轻质油凝析物）；7—富油带（被驱集到前缘的油，由于热和轻质油的稀释，黏度降低）；8—原始含油带（热力尚未影响到的地区）

对于火烧油层来说，凡是火线波及的地区，由于热力降黏和膨胀作用、轻油稀释作用以及水气的驱替作用，除了部分重烃焦化作为燃料外，洗油效率几乎达100%。但是，由于油层非均质性和较高的注入气与地层油流度比，气与油的重力分离比较严重，平面上和剖面上的波及系数都比较低。

2. 湿式燃烧法

湿式燃烧法是正向燃烧法的改良，是正向燃烧和水驱相结合的方法，可用来弥补干式正向燃烧法的缺点，有效利用燃烧前缘后面储存的热能。

正向燃烧法在地下产生的热量约半数存在于燃烧前缘和注入井之间。为了更有效地利用这部分热量，必须将其移至燃烧带的前方。为此，可采取注水的方法，注入水与燃烧前缘后面的高温岩层接触时蒸发，岩石冷却；同时燃烧前缘前面的蒸汽凝结成热水，使得持有一定高温的地带加长，原油黏度下降，从而有利于提高采收率。

3. 反向燃烧法

反向燃烧法是指燃烧带从生产井向注入井方向发展的开采特稠原油的火烧油层法，即燃烧带与注入的空气逆向而行。它可以弥补干式正向燃烧法的缺点，克服高黏度油藏中的流体阻塞（图7-6-3）。

四、微生物采油技术

微生物采油技术（microbial enhanced oil recovery，MEOR）是21世纪出现的一项高新生物采油技术。它是指将地面分离培养的微生物菌液和营养液注入油层，或单纯注入营养液剂或油层内微生物，使其在油层内生长繁殖，产生有利于提高采收率的代谢产物，以提高油田采收率的采油方法。

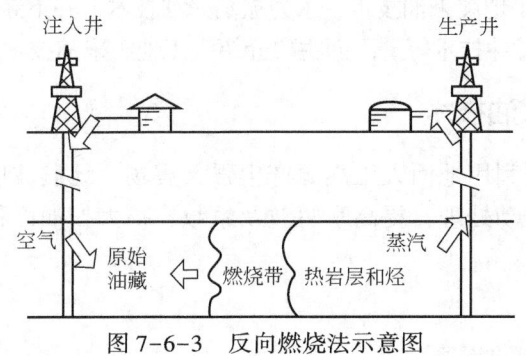

图 7-6-3 反向燃烧法示意图

（一）微生物驱油机理

（1）微生物在油藏高渗透区的生长繁殖产生聚合物，使其能够选择性地堵塞大孔道，提高波及系数，增大扫油效率。

（2）产生气体，如 CO_2、H_2 和 CH_4 等，能够使油层部分增压并降低原油黏度。

（3）产生酸。微生物产生的酸主要是低相对分子质量的有机酸，能溶解碳酸盐，提高渗透率。

（4）产生生物表面活性剂，能够降低油水界面张力。

（5）产生有机溶剂，能够降低界面张力。

（二）微生物采油特点

（1）微生物以水为生长介质，以质量较次的糖蜜作为营养，实施方便，可从注水管线或油套环形空间将菌液直接注入地层，不需对管线进行改造或添加专用注入设备。

（2）微生物在油藏中可随地下流体自主移动，作用范围比聚合物驱大，注入井后不必加压，不伤害油层，无污染，提高采收率显著。

（3）以吞吐方式可对单井进行微生物处理，解决边远井、枯竭井的生产问题，提高孤立井产量和边远油田采收率。

（4）选用不同的菌种，可解决油井生产中的多种问题，如降黏、防蜡、解堵和调剖等。

（5）提高采收率的代谢产物在油层内利用率高，且易于生物降解，具有良好的生态特性。

总体而言，微生物采油具有成本低、工序简单、应用范围广、效果好、无污染的特点，越来越受到重视。

五、物理采油技术

物理采油技术是利用物理场（如热场、声场、静电场、磁场以及交变电场等）来激励和处理油层或近井地带，解除油层污染，达到增产、增注和提高油气采收率目的的新技术。目前，声波采油技术、微波采油技术、电磁加热技术的理论研究已达到成熟阶段。

物理采油技术具有以下特点：适应性强、工艺简单、成本低、效果明显；可形成复合技术，对油层无污染；可用于高含水、中后期油田提高采收率；可用于含黏土油藏、低渗透油藏、致密油藏和稠油油藏。

物理采油技术包括人工地震采油技术、水力振荡采油技术、井下超声波采油技术、井下低频电脉冲采油技术和低频电脉冲技术等。下面主要介绍人工地震采油技术和水力振荡采油技术。

（一）人工地震采油技术

人工地震采油技术是利用地面人工震源产生强大震场，地震波以很低频率的机械波形式传到油层，对油层进行震动处理，提高水驱波及系数，扩大扫油面积，增大驱油效率，降低残余油饱和度。

1. 采油机理

（1）加快油层中流体的流速；
（2）降低原油黏度，改善流动性能；
（3）改善岩石润湿性；
（4）清除油层堵塞，提高地层渗透率；
（5）降低驱动压力。

2. 特点

（1）不影响油井正常生产，不需任何井上或井下作业，避免了油井作业造成的产量损失；
（2）一点震动就可大面积地处理油层，波及半径达400m，在波及面积上的油井有效率达82%；
（3）适应性强，对各种井都有效；
（4）对油层无任何污染，具有震动解堵、疏通孔道的作用；
（5）节省人力物力，投资少，见效快，效益高，简单易行。

（二）水力振荡采油技术

水力振荡采油技术是利用在油管下部连接的井下振荡器产生水力脉冲波，通过脉冲波在油层中的传递来解除注水井和生产井近井地带的机械杂质、钻井液和沥青质胶质堵塞，破坏盐类沉积，并使地层形成裂缝网，增大注水井吸水能力，改善原油流动特性。

上述提高采收率技术，均已进行工业化推广应用，极大地提高了我国油田原油采收率，为石油稳产增产、降低油气对外依存度和保障国家能源安全作出了卓越的贡献。由于各油田地层条件和流体性质差别很大，因此在应用提高采收率技术时，应尽可能详细地了解油层物性和流体物性，然后根据实际情况选用合适的方法。

复习思考题

1. 剩余油研究的目的和意义是什么？
2. 剩余油的宏观与微观分布模式是什么？
3. 剩余油类型有哪些？适用的开发措施分别是什么？
4. 剩余油分布的预测方法有哪些？
5. 油气田采收率的影响因素有哪些？
6. 什么是提高采收率技术？提高采收率技术有哪些？

第八章

油气田开发经济评价

第一节 油气田开发经济评价简介

一、经济评价的国内外发展现状

（一）国外研究现状

经济评价源于20世纪30年代，发展至今大致经历了三个阶段：第一阶段的经济评价相当于财务可行性评价，是微观效益分析期；第二阶段的经济评价是在传统财务评价的基础上引入社会效益评价，是宏观效益分析期；第三阶段的经济评价是在社会、环境评估方面发展的基础上，形成项目综合评价，是多目标效益分析期。三个阶段的具体内容见表8-1-1。

表8-1-1 经济评价的发展阶段

阶段	微观效益分析期	宏观效益分析期	多目标效益分析期
时间	20世纪30年代—20世纪50年代	20世纪50年代—20世纪70年代	20世纪70年代至今
理论基础	新古典经济学中的微观经济学	宏观经济学、福利经济学、发展经济学、发展社会学	现代管理学、系统论、代际平等论、协调发展论、生态经济学
评价内容	经济学家们偏重分析企业微观效益，项目判断的依据为财务净现值、内部收益率、投资回收期、投资利润率等	在收益和支出上充分考虑了企业利益与社会利益不一致的情况。经济学家们认为项目的价值不仅取决于净效益的大小，还取决于其分配	引入收入分配、就业等社会发展目标的同时，还引入环境影响评价。经济学家们认为项目环境效益、社会效益和经济效益应共同构成衡量经济活动的一项标准
评价方法	财务评价方法	传统的费用—效益分析方法	现代的费用—效益分析方法、综合评价方法

国际石油公司勘探开发项目经济评价始于20世纪60年代，经过几十年的发展，已经形成了较完整的经济评价指标体系和经济评价方法。1998年，国际石油公司勘探开发项目评价已从单一的经济分析，发展到经济、技术、环境和社会等方面的评价，并提出资源、环境、经济、社会协调发展的战略评价思想，推广经济评价与风险评估相结合的综合评价方法。

目前国际石油公司的普遍做法是经济评价与风险评估相结合，建立一套科学适用的综合评价程序，综合考虑项目的经济效益、社会效益和环境效益，将其贯穿于项目的立项评估、执行和勘探开发的全过程，逐步深化经济评价。国际石油公司经济评价特色主要表现在如下方面：（1）经济评价对象以项目为主；（2）将项目风险分析和经济评价作为决策下一步工作的关键因素；（3）进行勘探开发一体化评价；（4）把评价对象的自然属性、经济属性和社会属性融为一体的项目评价体系。

（二）国内研究现状

20世纪80年代初，石油勘探开发的经济评价工作被引入我国。1984年江汉石油学院翻译的美国经济学家P. D. Newendorp的《石油勘探开发决策分析》，引起了国内石油界对勘探开发投资决策管理重要性的认识。随后，石油勘探开发经济评价工作在国家有关部门、科研院所的高度重视和大力支持下，取得了较快的发展，并先后颁布了一系列相关评价规范和行业标准，具体见表8-1-2。

表 8-1-2　石油勘探开发经济评价规范和行业标准

时间	机构	评价规范和行业标准
1987年	全国矿产储量委员会、国家计划委员会、国家经济委员会	《矿产勘探各阶段矿床技术经济评价的暂行规定》
1990年	中国石油天然气总公司	《关于推行石油勘探开发建设项目管理的若干问题的暂行规定》
1990年	中国石油天然气总公司	《石油工业建设项目经济评价方法与参数(第一版)》
1991年	中国石油天然气总公司	《油(气)田(藏)储量技术经济评价规定》
1994年	中国石油天然气总公司	《石油工业建设项目经济评价方法与参数(第二版)》
2007年	中国石油化工股份有限公司	《中国石油化工股份有限公司油气田开发项目经济评价参数》
2008年	中国石油天然气股份有限公司	《中国石油天然气集团公司建设项目经济评价参数》
2010年	中华人民共和国住房和城乡建设部	《石油建设项目经济评价方法与参数》

我国现行石油经济评价以中华人民共和国住房和城乡建设部颁布的《石油建设项目经济评价方法与参数》为指导，包括财务评价和国民经济评价，其核心是考虑资金的时间价值，应用现金流量法分析项目净效益，采用影子价格体系计算国民经济净效益。这种以经济效益为主要目标、没有具体考虑社会环境影响所产生的费用与效益的评价体系，不可避免地存在诸多弊端，如过分关注项目本身的经济性，而忽视了项目的外部不经济性等。

近年来，随着社会经济的发展、环境污染的加剧和资源的破坏性开发，人们开始集中研究建设项目社会效益评价和环境效益评价，不少学者和机构针对建设项目经济评价新进展方向，提出了新的评价内容，具体见表8-1-3。

表 8-1-3　建设项目经济评价的进展

时间	学者或机构	相关内容
1998年	史本山	提出社会评价与经济评价相结合的建设项目新经济评价体系
1999年	高晓蔚、范贻昌	提出环境效益评价与经济评价相结合的建设项目新经济评价体系
2002年	第九届全国人大常委会第三十次会议	通过了《中华人民共和国环境影响评价法》，提出将环境影响评价作为建设项目经济评价的组成部分，对建设项目环境效益评价问题给予了足够重视
2002年	国家计委	发布了《投资项目可行性研究指南》，强调社会评价在可行性研究中的重要作用，提出将社会评价作为建设项目可行性研究的组成部分

以上学者与机构对建设项目经济评价体系新进展的研究，体现了石油勘探开发项目经济评价的发展趋势，即项目评价应从单一的经济评价，发展到技术、经济、社会和环境等多方面的综合评价。个别学者曾结合我国石油勘探开发投资的具体特点，探讨了石油建设项目社会效益的定量化分析问题。

二、经济评价的原则、类别及方法

经济评价是指在企业建设和生产经营活动中，为了达到一定的目标，对各种可能采取的技术方案、技术措施、技术政策实施以后将会出现的经济效果，进行分析、预测、计算、比较、评价，从而选择出技术上可行、经济上合理的最优方案。

（一）经济评价的原则

（1）遵循国家已颁布的各项经济法规；
（2）遵从行业关于建设项目的有关法规和业已确定的方法；
（3）以地质为基础，以生产实践为依据，油田地质、油藏工程、经济分析紧密结合；
（4）考虑物价因素、不确定因素和风险因素，对其作出定量估计；
（5）以经济效益为中心，追求利润和利润率的最大化。

（二）经济评价的类别

经济评价分为一般项目的经济评价和石油工业项目的经济评价。石油工业项目的经济评价又可分为勘探经济评价、工程项目评价、开发经济评价，其中开发经济评价主要指产能建设项目、措施项目、开发管理、规划方案等方面。

规划经济评价与一般项目的经济评价既有相同的一面，也有很大的不同。一般项目的经济评价方法是通过方案设计评价期产生的现金流进行经济指标的优选，解决的是单个项目的效益最优问题。油田开发规划编制，是多项工作量和投资的计划安排，所要解决的是系统性的稳定及经济平衡问题，侧重于多项技术与经济指标间的匹配性和系统的最优性，力争达到规划指标体系与经济效益的最佳组合，针对的是更宏观意义上的决策。

（三）经济评价的方法

经济评价通常有两种方法，一种方法为：先优化再评价，通过技术—经济的优化产生最优方案，再对最优方案进行经济指标测算；另一种方法为：先评价后优化，评价不同的方案，对比指标优选方案。

两种方法所优选的规划方案的经济指标内容是相同的，前一种方案只需对优化结果形成一套完整的经济评价计算即可，后一种方法则是有多少套规划方案就有多少套评价结果。

第二节　油气田开发经济评价方法

油气田开发中长期规划一般是指五年规划，其方案经济评价的基本原理与油气田开发建设项目的经济评价相同。做好规划方案的经济评价，必须依次开展几方面的工作：（1）了解方案的来源、目的、设计原则和要点；（2）收集地质、油藏工程、钻井工程、采油工程、地面工程评价及经济评价有关资料；（3）根据油气田开发方案设计指标进行经济指标计算；

(4) 编制经济评价基本报表；(5) 对计算结果进行初步分析；(6) 对计算方案进行不确定性分析。

目前通用的经济评价方法是现金流法，现金流量的计算是其基础，主要经济评价指标的计算均是借助于现金流量来完成的。所谓现金流量，就是以项目为系统，在项目寿命期内各个时间点上实际发生的现金流出和现金流入的总成。现金流量的特点是现金何时发生就何时计入。规划方案与产能建设方案从原理上是相同的，均采用现金流法。

一、现金流法的重要概念

（一）投入与产出

投入包括投资、成本和费用；产出包括油气产品的销售收入和其他附加经营活动的收入。对油田开发技术经济评价而言，投入产出比一般是用阶段经营产品的销售收入除以对应时间内的总投入。一个项目的投入产出比大于1才有可能是经济可行的，而投入产出比的预测是通过对油气田（区块）开发指标、油气品销售价格、成本的预测基础上计算出来的。

（二）资金的时间价值（折现）

资金的价值与时间有密切关系。考虑到资金的机会成本和时间成本，今年100元的货币可能与明年110元的货币具有同等的价值，也可能与第三年121元货币具有同等的价值。把任意时间位置的"票面值"换算为目前的"现值"的过程就是折现。如果按10%进行折现，第二年的110元、第三年的121元的现值都是100元。折算过来的资金值称为现值。用来换算的比率称为折现率（或贴现率）。折现率的高低表示资金时间价值的高低。现值计算公式为

$$P = F(1+i)^{-n} \tag{8-2-1}$$

式中　F——将来值；
　　　P——现值；
　　　i——折现率或贴现率；
　　　n——计息次数。

（三）社会折现率和基准收益率

社会折现率是建设项目经济评价的通用参数，表征社会对资金时间价值和机会成本的估量。它是国民经济评价中用于计算经济净现值时的折现率，并作为经济内部收益率的基准值，是建设项目经济可行性和方案比选的主要判断依据。国家公布的社会折现率为12%。

表征行业最低标准的折现率称为行业基准收益率。基准收益率是行业根据自身特点综合测算而制定的本行业投资项目必须满足的最低折现率，即投资项目的最低收益率。目前，石油石化行业的基准收益率是12%。

（四）现金流入与现金流出

油气田开发过程的现金流入主要是指项目生产年份内资金的回笼，包括油气产品的销售收入、附加产品的销售收入以及生产期末固定资产余值；现金流出主要指生产过程的成本和费用，包括直接生产成本支出、财务费用、管理费用、相关税费等。净现金流是指各个时间

点上（一般以年为时间单位）发生的现金流入与现金流出之差，即比较项目在一年内现金流入与现金流出的多少。

二、项目评价测算方法

（一）投资测算

投资一般指项目的总投资，在项目评价过程中，主要指能够形成固定资产的那一部分投资。投资包括建设投资、建设期利息、流动资金。

1. 建设投资

建设投资是指项目按拟定建设规模、产品方案、建设内容进行建设所需的费用，在油田开发经济评价中，主要指勘探工程投资和开发工程投资：

$$建设投资=勘探工程投资+开发工程投资 \qquad (8-2-2)$$

油气勘探工程投资是指在一定的时间内，以一定的地质单元为对象，为寻找油气储量而发生的地质调查、地球物理勘探、勘探参数井和探井以及维持未开发储量而发生的费用。勘探工程投资实际发生值应全部计入经济评价投资总额，其中的资本化部分计入现金流，未资本化部分不计入现金流。

为简化计算，所发生的勘探投资也可以按以下方法估算和处理：

$$勘探工程投资=探区平均单位储量的勘探投资 \times 储量$$

开发工程投资包括开发井投资和地面工程投资两部分，其中开发井投资具体分为钻井工程投资和采油工程投资：

$$开发工程投资=开发井投资+地面工程投资$$
$$开发井投资=钻井工程投资+采油工程投资$$

其中
$$钻井工程投资=\sum(不同井型钻井进尺 \times 对应井型的单位钻井工程造价)$$
$$钻井进尺=平均井深(m) \times 钻井井数(口)$$

钻井工程投资包括新区临时工程、钻前工程、钻井工程、录井测井作业、固井工程、钻井施工管理等过程发生的费用，通常采用定额法和设计成本法估算。开发井钻井成本也可根据本油田或相似油田历史成本资料，并考虑钻井工艺水平的提高和物价上涨因素进行估算，即按综合成本法估算。

采油工程投资以项目确定的采油工程方案，参照采油工程估算指标测算，具体包括完井费用（含射孔液、射孔枪、射孔弹及其作业费）、机采费用（含抽油杆、泵、油管、井下工具及其作业费）、对老探井或开发准备井投产发生的费用、新井投产及增加产能的措施费等。

地面工程投资依据项目确定的地面工程方案，参照地面工程估算指标测算，具体包括从井口（采油树）以后到商品原油天然气外输为止的全部工程。油田地面建设主体工程包括井场、油井计量、油气集输、油气分离、原油脱水、原油稳定、原油储运、天然气处理、注水等，气田地面建设主体工程包括井场装置、集气站、增压站、集气总站、集气管网、天然气净化装置、天然气凝液处理装置等。油气田地面建设配套工程包括采出水处理、给排水及消防、供电、自动控制、通信、供热及暖通、总图运输和建筑结构、道路、生产维修和仓库、生产管理设施、环境保护、防洪防涝等。

地面工程投资由工程费用、工程建设其他费用和预备费组成。工程费用包括设备购置费、安装工程费和建筑工程费。工程建设其他费用包括固定资产其他费用、无形资产费用和其他资产费用。预备费包括基本预备费和价差预备费。

2. 建设期利息

建设期利息指筹措债务资金时在建设期内发生并按该规定允许在投产后计入油气资产原值的利息，即资本化利息。建设期利息包括银行借款和其他债务资金在建设期内发生的利息以及其他融资费用。

建设期利息按复利计算至建设末，当年利息计息半年，其后年份按全年计息；有贷款协议时按贷款协议规定的利率折算为年利率，无贷款协议时取油田当前平均年利率。

3. 流动资金

流动资金指拟建项目投产后为维持正常生产，准备用于支付生产费用等方面的周转资金，为流动资产与流动负债的差额。

流动资金估算方法有扩大指标估算法和分项详细估算法两种。扩大指标估算法按占生产当年或各年平均经营成本的比例计算（一般取25%~30%），或按占固定资产的比例计算（一般取1%~5%）。分项详细估算法按项目流动资产和流动负债的各种周转次数或最低周转天数分别估算。

（二）成本测算

总成本费用是指项目在一定时期内为生产和销售产品而花费的全部成本和费用。在油气开采过程中，生产成本即油气开采成本。所谓油气开采成本，是指油气田企业在生产过程中实际消耗的直接材料、直接工资、其他直接支出和其他开采费用部分。

根据油气开采特点，通常将油气开采成本细分为16项，见图8-2-1。

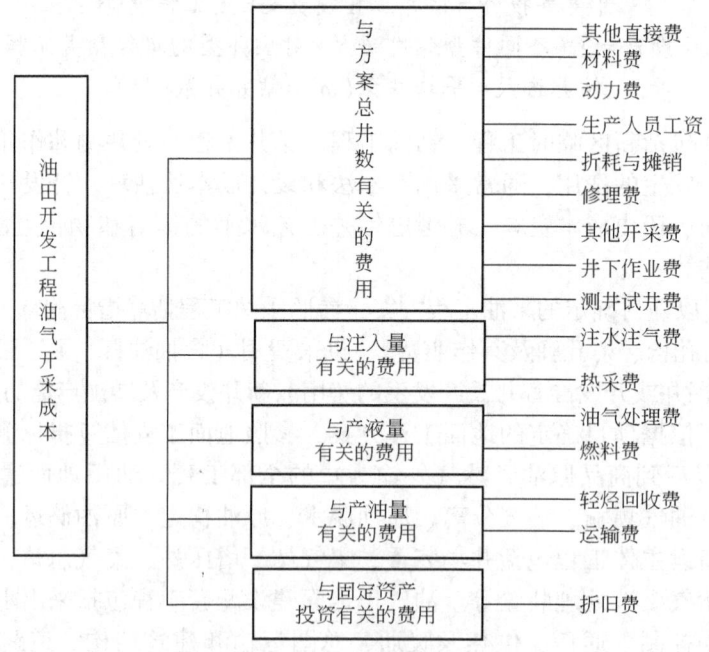

图8-2-1 油气开采成本分类图

成本测算方法有两种，分别为经验公式法和采油成本扩大定额。

（1）经验公式法。

① 单位成本：以含水为自变量，以成本项目单位费用为因变量进行统计回归。回归形式有两种，一种吨油费用，一种单井费用。

② 项目总成本：以油田历年各成本项目的费用总额为因变量，其对应的开发变量为自变量，回归出经验公式进行项目总成本测算。

（2）采油成本扩大定额：无经验公式或无全油田开发变量资料时使用，用标定前近数年的实际数据测算定额。

（三）费用测算

费用测算包括管理费用、财务费用和销售费用。

1. 管理费用

管理费用指局一级的行政管理部门为管理和组织经营活动所发生的各项费用，包括管理局经费、工会经费、职工教育经费、劳动保险费、董事会费、咨询费、审计费、诉讼费、排污费、绿化费、税金、土地使用费、土地损失补偿费、技术开发费、无形资产摊销、业务招待费、坏账损失、存货盘亏、毁损和报废，以及其他管理费用。

为简化计算，管理费用可按下述方法计算：

$$管理费用 = 管理费用定额 \times 总定员 \qquad (8-2-3)$$

式中，管理费用定额可按 10000～15000 元/(人·年) 计取。

2. 财务费用

财务费用指企业为筹集资金而发生的各项费用，包括生产经营期间发生的利息净支出、汇兑净损失、调剂外汇手续费、金融机构手续费，以及筹资发生的其他财务费用。

3. 销售费用

销售费用指企业在销售产品、自制半成品和提供劳务等过程中发生的各项费用，以及专设销售机构的各项经费，包括应由企业负担的运输费、装卸费、包装费、保险费、委托代销手续费、展览费、租赁费和销售服务费用、销售部门人员工资、职工福利费用、差旅费、办公费、折旧费、修理费、物料消耗、低值易耗品摊销及其他经费。

销售费用按销售收入的 0.2%～0.5% 估算。

（四）收入与税金

1. 销售收入

销售收入指油气开发建设项目通过销售油气商品取得的收入，计算公式为

$$产品销售收入 = \sum (油气产品产量 \times 油气商品率 \times 油气产品销售价格) \qquad (8-2-4)$$

1）油气商品率

油气商品率是油气商品量与油气产量的比率，应根据油气生产过程中发生的损耗和自用情况综合确定。

2) 销售价格

项目评价中采用的原油、天然气及副产品的销售价格为不含税价。

原油销售价格有政府定价的按照政府定价执行,无政府定价的应该在分析国内外历史价格的基础上,采用预测出厂价。

天然气销售价格实行政府指导价,供需双方以国家规定的出厂基准价为基础,在规定的浮动幅度内协商确定具体价格。

副产品如轻烃、液化气、硫磺等销售价格按国家定价或市场价格计取。

2. 销售税金及附加

在油气田开发项目财务评价中,销售税金及附加包括增值税、资源税、城市维护建设税、教育费附加和企业所得税。

(五)利润的计算

在油气田开发项目财务评价中,利润包括产品销售利润、营业利润和利润总额等类型,计算公式为

$$产品销售利润 = 销售收入 - 产品总成本 - 产品销售费用 - 销售税金$$

$$营业利润 = 产品销售利润 + 其他销售利润 - 管理费用 - 财务费用$$

$$利润总额 = 营业利润 + 投资净收益 + 营业外收入 - 营业外净支出$$

(六)现金流量计算

现金流量是项目生产期内现金流入与现金流出状况,用年为统计单位。现金流量能够反映项目运行质量,项目的主要经济效益指标就是通过现金流量表的分析计算出来的。因此,掌握了现金流量分析方法,也就掌握了项目经济分析的核心。

净现金计算公式为

$$净现金流 = 现金流入(CI) - 现金流出(CO)$$

$$折现净现金流 = 净现金流按基准收益率的折现值$$

其中,现金流入包括油气产品销售收入、营业外净收入、回收固定资产余值和流动资金回收;现金流出包括项目建设期及生产年份内固定资产投资、流动资金、经营成本销售税金和所得税。

三、不确定性与风险分析

项目不确定性分析方法包括敏感性分析、盈亏平衡分析和基准平衡分析;风险分析的方法包括定性分析(专家调查法、风险定级)、风险因素取值评定法、概率分析和蒙特卡洛模拟法。下面择要介绍。

(一)敏感性分析

敏感性分析指通过分析不确定性因素发生增减变化时,对财务或经济评价指标的影响,并计算敏感度系数和临界点,找出敏感因素。项目经济评价时通常只进行单因素敏感性分析。单因素分析是每次只改变一个因素的数值进行分析,估算单个因素的变化对项目效益产

生的影响。

敏感性分析是根据项目特点,选择对项目效益影响较大且重要的不确定因素进行分析,这些因素主要包括产出物价格、建设投资、主要投入物价格或可变成本、生产负荷、建设工期及汇率等。对油气田开发项目评价指标影响的因素主要有销售价格、油气产量、建设投资、经营成本等。

敏感性分析一般选择不确定因素的变化率为±5%、±10%、±15%、±20%等。敏感性分析最基本的分析指标是内部收益率,也可选择净现值或投资回收期作为评价指标。

1. 敏感度系数

敏感度系数(S_{AF})指项目评价指标变化率与不确定性因素变化率之比,可按下式计算:

$$S_{AF} = \frac{\Delta A/A}{\Delta F/F} \tag{8-2-5}$$

式中 $\Delta F/F$——不确定性因素 F 的变化率;

  $\Delta A/A$——不确定性因素 F 发生 ΔF 变化时,评价指标 A 的相应变化率。

$S_{AF}>0$,表示评价指标与不确定性因素同方向变化;$S_{AF}<0$,表示评价指标与不确定性因素反方向变化。$|S_{AF}|$ 较大者敏感度系数高。敏感度系数高,表示项目效益对该不确定性因素的敏感程度高。

图 8-2-2 为延长油田某致密油藏的敏感性分析结果,致密油开发项目的基准收益率定为 8%,可看出原油价格变化对内部收益率的影响最敏感,其次为投资和累积产量,经营成本变化对内部收益率影响相对较小。

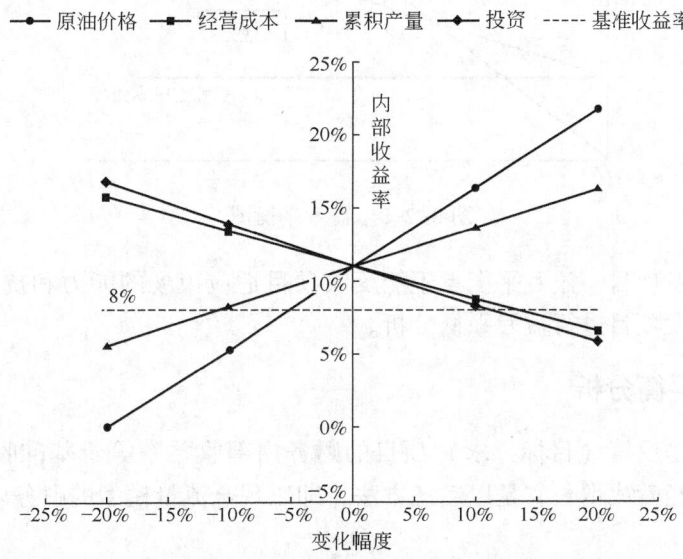

图 8-2-2 延长油田某致密油藏开发影响因素敏感性分析图

2. 临界点

临界点(转换值)指不确定性因素的变化使项目由可行变为不可行的临界数值,一般采用不确定性因素相对基本方案的变化率或其对应的具体数值表示。当该不确定因素为费用科目时，临界点为其增加的百分率；当该不确定因素为效益科目时，临界点为降低的百分率。临界点也可用该百分率对应的具体数值表示。

（二）盈亏平衡分析

盈亏平衡分析是考察项目适应市场变化的能力和抗风险的能力。

盈亏平衡分析是在项目达到设计生产能力的条件下，通过盈亏平衡点（BEP）分析项目成本与收益平衡关系的一种方法。项目的收益与成本相等时，即盈利与亏损的转折点，就是盈亏平衡点。盈亏平衡点通常根据正常生产年份的产品产量或销售量、可变成本、固定成本、产品销售价格和销售税金及附加数据等计算，用生产能力利用率或产量表示：

$$BEP_{生产能力利用率} = \frac{年固定成本}{年产品销售收入-年可变成本-年销售税金及附加} \times 100\%$$

$$BEP_{产量} = \frac{年固定成本}{单位产品价格-单位产品可变成本-单位产品销售税金及附加}$$

$$BEP_{产量} = BEP_{生产能力利用率} \times 设计生产能力$$

盈亏平衡点越低，说明项目盈利的可能性越大，亏损的可能性越小，因而项目有较大的抗风险能力（图8-2-3）。

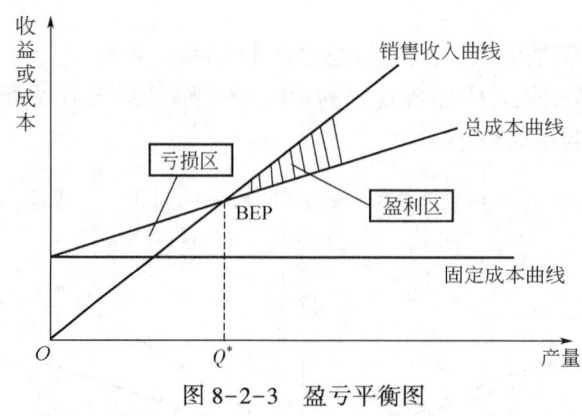

图 8-2-3 盈亏平衡图

对于油气田开发项目，盈亏平衡点不能反映项目适应市场的能力和抗风险能力。因此，不推荐对油气田开发项目进行盈亏平衡分析。

（三）基准平衡分析

基准平衡分析是反算（目标寻求）项目的财务内部收益率等于基准收益率时产品的价格、产量、投资和经营成本，它是以动态方法，即以现金流量模型的财务内部收益率表达式反算求得：

$$\sum_{t=1}^{n}(CI-CO)_t(1+FIRR)^{-t}=0 \tag{8-2-6}$$

式中　FIRR——基准收益率；

　　　t——时间，年。

令 $FIRR = i_c$（i_c 为行业基准收益率），按现金流量表中现金流入与现金流出的各构成项目将表达式展开，可分别得到基准平衡价格或基准平衡产量的计算公式。

当项目产品价格高于基准平衡点时，项目的效益将更好。

（四）蒙特卡洛模拟法

蒙特卡洛模拟法通过对随机变量的不确定性因素（如地质储量）按概率分布进行多次抽样，并对每一次抽样结果进行一次经济效果指标的运算。当抽样次数足够大时，这些运算结果则构成了经济效果指标的概率分布，从而通过实际运算而不是理论推导实现了对经济效果指标的求解。模型如图8-2-4所示。

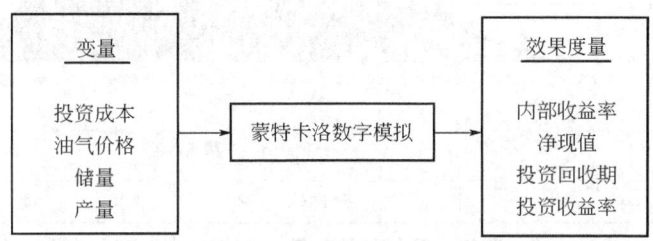

图8-2-4　蒙特卡洛风险仿真模拟图

以塔里木油田某典型缝洞型碳酸盐岩油藏为例，鉴于其开发风险高的特点，依托Excel软件加载甲骨文公司的水晶球模块，采用蒙特卡洛模拟法计算所设计开发方案的经济评价参数并完成不确定性分析，将此计算结果作为经济评价结果的参考。在Crystal Ball插件窗口下，选取建设投资、操作成本、原油价格、原油产量等参数定义为假设参数，分析其概率分布曲线。以正态分布为基础，计算±20%方差范围内各项参数的分布。定义财务内部收益率为预测参数，运用蒙特卡洛模拟法计算2000次，获得其概率分布直方图及概率拟合曲线。结果显示，所设计方案财务内部收益率高于中国石油基准收益率8%的概率为76.43%，经济可行性较高（图8-2-5）；但高于社会折现率12%的概率为43.21%，经济可行性较低（图8-2-6）。因此，从不同角度的基准收益率来看，方案的经济可行性差异较大。

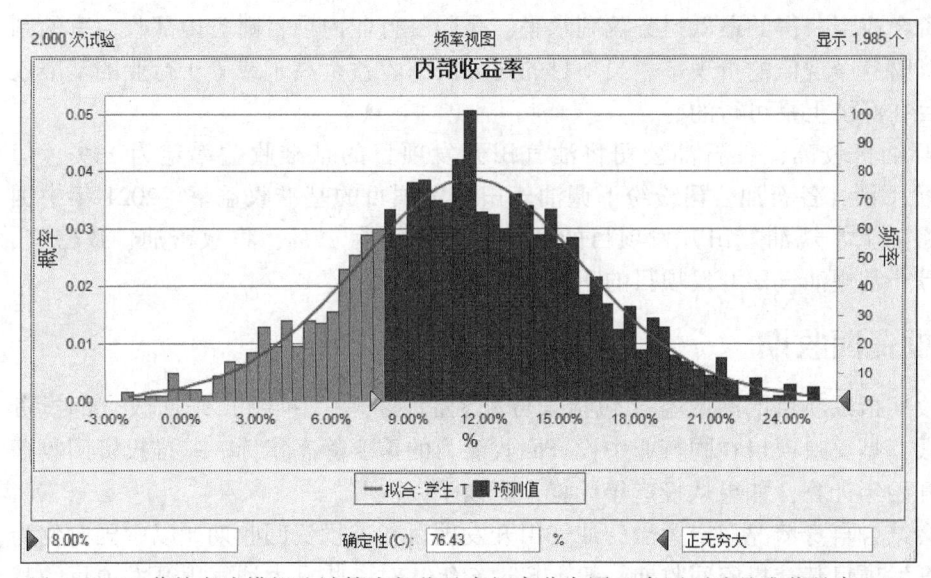

彩图8-2-5

图8-2-5　蒙特卡洛模拟法计算内部收益率概率分布图（中国石油基准收益率8%）

彩图 8-2-6

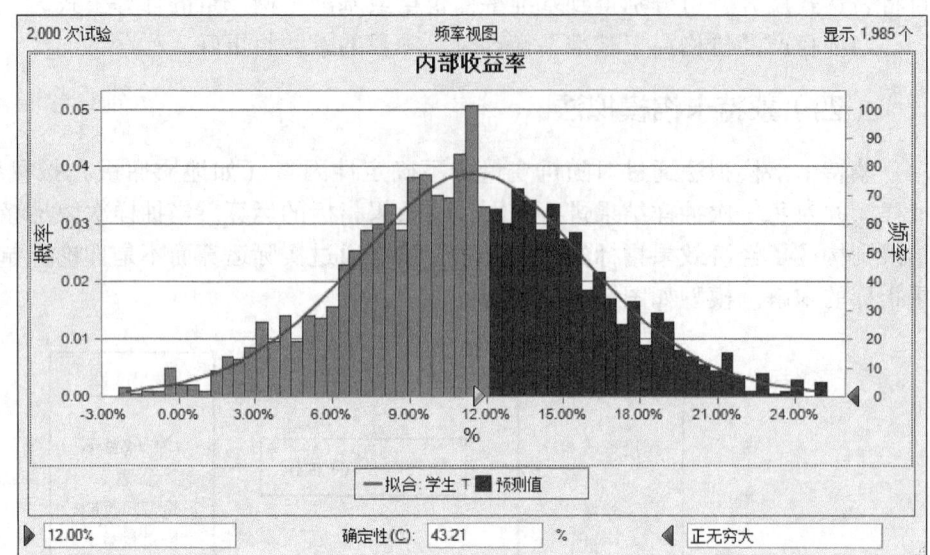

图 8-2-6　蒙特卡洛模拟法计算内部收益率概率分布图（社会折现率 12%）

第三节　油气田开发项目经济评价参数

经济评价参数是用于计算、衡量油气田开发项目效益与费用并判断项目经济合理性的一系列数值。参数的制定和发布具有很强的时效性和政策性，为满足油气田开发项目经济评价工作的需要，中国石油和中国石化等公司会定期修订和发布经济评价参数。

一、基准收益率

基准收益率（i_c）指同一行业内项目的财务内部收益率的基准值，它代表同一行业内项目所占用的全部资金应当获得的最低财务盈利水平，是同一行业内项目财务内部收益率的判断标准，也是计算财务净现值的折现率。当项目的财务内部收益率高于或等于行业的基准收益率时，认为项目在经济上是可行的。

2012 年前国际油价较高，各石油公司将油气田开发项目的基准收益率定为 15%，但 2012 年后国际油价下滑，各石油公司纷纷下调油气田开发项目的基准收益率。2021 年中国石油和中国石化将陆上常规油气田开发项目的基准收益率定为 12%，将致密油、致密气、页岩油和页岩气等非常规油气田开发项目的基准收益率定为 8%。

二、基准投资回收期

基准投资回收期指以项目的净收益（包括未分配利润、折旧、摊销）来回收全部投资所规定的标准期限，是反映项目在同行业中投资回收能力的重要静态指标。基准投资回收期一般自项目建设开始年计算，如果从投产年计算，应该予以注明。

各石油公司会结合自身情况规定适当的油气田开发项目基准投资回收期。以中国石化为例，规定油气田开发项目基准投资回收期一般不超过 6 年，对一些重大油气田开发项目的基准投资回收期可适当延长。

三、项目总投资收益率和项目资本金净利润率

项目总投资收益率指项目运营期内息税前利润总额与项目总投资的比率。项目资本金净利润率指项目运营期内的净利润总额与项目资本金的比率。这两个参数分别反映项目总投资和项目资本金的总盈利水平，是考察项目总投资收益率和项目资本金净利润率是否达到或超过本行业总体水平的评判参数，不作为项目是否达到本行业最低要求的评价判据。油气田开发项目的项目总投资收益率和项目资本金净利润率可采用统计分析法、德尔菲专家调查法等测算，目前暂取 80%。

四、原油销售收入估算参数

各石油公司油气田开发项目经济评价采用的原油价格建议按 50 美元/桶取值，并按当年财务预算原油价格进行经济评价作为补充。

五、税金估算及参数

（一）增值税

增值税以销售额为计算依据。销售额是指纳税人销售货物或者应税劳务向买方收取的全部价款和价外费用（不包括收取的销项税额）。根据财政部、税务总局、海关总署 2019 年 3 月 20 日发布的 2019 年第 39 号公告《关于深化增值税改革有关政策的公告》，自 2019 年 4 月 1 日起，原适用 16% 和 10% 税率的货物，税率分别调整为 13%、9%，具体增值税税率见表 8-3-1。

表 8-3-1 油气田开发项目油气产品的增值税税率

货物名称	税率,%
一般货物	13
粮食、食用植物油，自来水、暖气、冷气、热水、煤气、石油液化气、天然气、煤、沼气、居民用煤炭制品，图书、报纸、杂志，饲料、化肥、农药、农机、农膜，农业产品，金属矿采选产品，非金属矿采选产品，音像制品和电子出版物，二甲醚、盐，国务院规定的其他货物	9

（二）城市维护建设税

城市维护建设税以流转税额（包括增值税和消费税）为基数进行计算。城市维护建设税税率见表 8-3-2。

表 8-3-2 城市维护建设税税率

地区类别	城市维护建设税 （按流转税额为基数计算）
市区	7%
县、镇	5%
市区、县镇以外	1%

（三）教育费附加

教育费附加以实际缴纳的流转税额为计税依据。教育费附加率一般为3%，少数地区大于3%。在实际计算时，应注意了解当时当地的规定。教育费附加计算公式为

$$\text{教育费附加} = \text{流转税额} \times \text{教育费附加率} \tag{8-3-1}$$

（四）资源税

资源税是对在我国境内开采应税矿产品和生产盐的单位和个人，就其应税资源税数量征收的一种税。根据2020年9月1日施行的《中华人民共和国资源税法》，按照该法中的《资源税税目税率表》，原油资源税征收税率为6%。开采原油以及在油田范围内运输原油过程中用于加热的原油、天然气免征资源税。有下列情形之一的，减征资源税：（1）从低丰度油气田开采的原油、天然气，减征20%资源税；（2）高含硫天然气、三次采油和从深水油气田开采的原油、天然气，减征30%资源税；（3）稠油、高凝油减征40%资源税；（4）从衰竭期矿山开采的矿产品，减征30%十资源税。

（五）石油特别收益金

石油特别收益金是指国家对石油开采企业销售国产原油因价格超过一定水平所获得的超额收入按比例征收的收益金。根据国务院及财政部下发的《国务院关于开征石油特别收益金的决定》和《石油特别收益金征收管理办法》的规定，自2006年3月26日起国家对石油开采企业销售国产原油因价格超过一定水平所获得的超额收入，将按比例征收石油特别收益金。

石油特别收益金实行5级超额累进从价定率计征，按月计算、按季缴纳。石油特别收益金征收比率按石油开采企业销售原油的月加权平均价格确定。原油价格按美元/桶计价，现行石油特别收益金的起征点为65美元/桶，直至85美元/桶以上，征收比率从20%至40%（表8-3-3）。

表8-3-3 石油特别收益金具体征收比率及速算扣除数

原油价格,美元/桶	征收比率	速算扣除数,美元/桶
65~70(含)	20%	0
70~75(含)	25%	0.25
75~80(含)	30%	0.75
80~85(含)	35%	1.5
85以上	40%	2.5

（六）企业所得税

1993年国务院令第137号文《中华人民共和国企业所得税暂行条例》规定，企业所得税的税率为33%；2007年中华人民共和国主席令第63号《中华人民共和国企业所得税法》规定，自2008年1月1日起企业所得税的税率调整为25%。另外，2020年4月30日财政部、税务总局、国家发展改革委三部门联合发布2020年第23号公告，延续西部大开发企业所得税政策。自2021年1月1日至2030年12月31日，对设在西部地区的鼓励类产业企

减按 15%的税率征收企业所得税。鼓励类产业企业是指以《西部地区鼓励类产业目录》中规定的产业项目为主营业务，且其主营业务收入占企业收入总额 60%以上的企业。西部地区油田公司可以比照西部地区的企业所得税政策执行。

《中华人民共和国企业所得税法》规定，企业每一纳税年度的收入总额，减除不征税收入、免税收入、各项扣除以及允许弥补的以前年度亏损后的余额，为应纳税所得额。企业纳税年度发生的亏损，准予向以后年度结转，用以后年度的所得弥补，但结转年限最长不得超过五年。

所得税的计算公式为

$$应纳所得税额 = 应纳税所得额 \times 所得税率 \tag{8-3-2}$$

$$应纳税所得额 = 利润总额 - 准予扣除项目金额 \tag{8-3-3}$$

国家规定准予在税前扣除项目金额，主要有技术开发费、技术改造项目的国产设备投资额。

第四节 开发规划方案技术经济指标

油气田开发中长期规划方案的评价指标有两大类：一类是技术分析指标；另一类是效益分析指标，即方案经济指标。作为油气田开发中长期规划部署，最关键的是技术方案。方案的编制必须达到技术、经济两方面的统一。技术上可行的方案，经济上未必是最好的；经济上最好的方案，未必是技术上风险最小的，因此开发规划方案的论证包括技术与经济两个方面。常讲的"储量—产量—效益三统一"就是对油气田开发中长期规划方案设计和论证的总体要求。

一、技术分析指标

（一）新动用储量

规划期间新动用储量安排的依据是探明储量的资源预测值和规划起始年前未动用储量。为了合理安排规划年度的动用储量，必须建立新增探明储量动用率概念，分析上一规划期间探明储量的动用时间序列和动用率趋势；对未动用储量作技术经济评价，综合考虑技术进步和经济环境的变化，按照技术可靠程度和经济效益，由高到低建立未动用储量区块的排序。

$$年度新动用储量 = 规划年度探明储量 \times 探明储量动用率 + 未动用储量规划年度安排值 \tag{8-4-1}$$

（二）老区自然产量

老区自然产量是指规划起始年度前投入开发的储量所对应的油井在规划年度的自然产量，是构成规划期间油田总产量的重要部分。该指标反映了规划起始年度前所有生产年度老区投入储量在新的规划年度的产量变化趋势，可参考相关油田的开发指标预测方法进行测算。

评价规划年度老区自然产量，既要合理分析油田开发形势与状况以及指标预测依据，还要从更宏观的角度对比分析新的规划年度与以前规划年度产量构成中老区产量的递减趋势。

（三）新区新建产能

新区产能建设是油田开发规划的重要部分。新区产能建设既要考虑投资效益，又要考虑产能建设效果，主要指标包括万米进尺产能、新建产能与新井产量的匹配程度。

万米进尺产能是反映产能建设效果的重要指标，油田开发中长期规划的编制要考虑到这一指标的趋势。在油田没有重大发现或没有形成开发技术新突破的情况下，这一指标在规划期间应保持相对均衡。

新区新建产能是依据油田（区块）试油试采资料确定的，而反映新区产能建设效果的重要指标应是新建产能与产量的匹配程度，即所建设产能在开发期内是否能保持相对稳定。由于新投入区块地质开发特点的不同，高产能低产量会导致百万吨产能建设投资低，经济效益反而差。从宏观上讲，反映新建产能与产量匹配程度的指标可以用规划期内新区累积产量与新建产能的比值大小来表示，也可以用分年度新区新建产能建设井年度产量的均值与产能的比值表示。

（四）老区产能建设

规划老区产能包括老区调整新增产能和技术改造恢复产能，同样要考虑投资的规模与效益，万米进尺产能和百万吨产能建设投资规模要控制在合理的范围内。规划期间，为了保持老区相对合理的储采平衡关系，在保证调整井、技术改造工作量具有经济效益的前提下，必须保证可采储量资源的增长。主要指标有储采平衡系数和单井增加可采储量。

（1）储采平衡系数：规划的老区储采平衡趋势应与老区产量（含老区新井产量）趋势保持一致。如果规划期间老区产量保持稳定，老区储采平衡系数必须大于或等于1.0；如果按照产量趋势预测的老区产量是递减趋势，储采平衡系数小于1.0。该指标是依据对油田老区开发历史状况的综合评价确定的。

（2）单井增加可采储量是评价一个控制规划期间老区新井效果的指标，油田开发规划编制中必须保证规划工作量—可采储量—单井增加可采储量的匹配关系。要保证老区新钻井投资的效益，必须测算单井增加可采储量的经济界限，规划的单井增加可采储量要高于这一界限值。

（五）产量构成

产量构成主要指新区与老区产量占年度规划产量的比例。油田开发的可持续发展离不开新资源的补充，因此在技术论证、经济有效的条件下新区产量比例应优先加大。老区产量在一定比例条件下，老井措施产量比例不宜过高，这不仅是因为老区在进入高含水开发阶段措施效益变差，经济效益难以保证，更主要是因为过大的措施工作量安排有可能导致油藏开发矛盾的加剧，影响开发效果。油田中长期开发规划编制过程中应充分论证新区产量比例和措施产量比例，主要有以下几条原则：（1）在钻井工作量经济论证均有效的情况下，优先新区投入；（2）规划期老区新钻井工作量年度安排为稳定或逐年有所减少；（3）老区措施产量与老区总产量趋势具有相对稳定的比例。

（六）递减指标

中长期规划所指的递减一般为年均递减的概念，包括规划起始年度前老井产量的递减、规划起始年度前老区（含老区新井产量）产量的递减。一方面，规划递减指标要与历史规划年度进行对比分析，判断其合理性；另一方面，可将规划指标转化成年度指标所计算的递减，如自然递减和综合递减，判断规划递减的趋势是否合理。油田常用 Arps 递减法分析油藏的递减规律。

（七）储采平衡

规划期内要求总产量规模的安排必须实现总体方案的储采平衡，即规划期内的总产量要与新增加的可采储量实现平衡。这既是保证实现规划总体目标的资源基础，也是油田可持续发展的需要。

二、财务评价指标

对于油田开发中长期规划方案来说，要保证方案的经济可行，项目评价的经济效益指标必须达到或高于行业基准的要求。一般的项目评价需要计算的评价指标有：经济内部收益率（税前、税后）、投资回收期（静态、动态）、财务净现值（税前、税后）、投资利润率、投资利税率、贷款偿还期。但作为规划方案的综合经济分析，还需要对规划期内资金的投入产出平衡、油气开采成本的变化趋势作出宏观分析，分析影响方案经济效益的经济因素。

（一）财务内部收益率

财务内部收益率（IRR）是指项目在整个计算期内各年净现金流量现值累计等于零时的折现率。它反映项目所占用资金的盈利率，是考察项目盈利能力的主要动态评价指标，其表达式为

$$\sum_{t=1}^{n}(CI-CO)_t(1+IRR)^{-t}=0 \qquad (8-4-2)$$

式中　IRR——财务内部收益率；
　　　CI——现金流入量；
　　　CO——现金流出量；
　　　$(CI-CO)_t$——第 t 年的净现金流量；
　　　n——项目评价期。

财务内部收益率可根据财务现金流量表中的净现金流量，用试差法计算求得。在财务评价中，计算出的财务内部收益率应与行业的基准收益率或设定的折现率（当未制定基准收益率时）i_c 比较，当 IRR$\geq i_c$ 时，即认为其盈利能力已满足最低要求，在财务上是可以考虑接受的。

（二）投资回收期

投资回收期（P_t）是指以项目的净收益抵偿全部投资（包括固定资产投资、投资方向调节税和流动资金）所需要的时间。它是考察项目在财务上投资回收能力的主要静态评价指标。投资回收期（以年表示）一般从建设年开始算起，如从投产年算起，应予说明，计算公式为

$$\sum_{t=1}^{P_t}(CI-CO)_t=0 \qquad (8-4-3)$$

式中 P_t——投资回收期。

投资回收期可根据财务现金流量表（全部投资）中的累计净现金流量计算求得，计算公式为

$$投资回收期 = 累计净现金流量开始出现正值的年份 - 1 + (上年累计净现金流量的绝对值 \div 当年净现金流量) \quad (8-4-4)$$

在财务评价中求出的投资回收期（P_t）与行业的基准投资回收期（P_c）比较，当 $P_t \leq P_c$ 时，表明项目投资能在规定的时间内收回。

（三）财务净现值

财务净现值（NPV）指按行业基准收益率 i_c 或设定的折现率，将项目计算期内各年的净现金流量折现到建设期初的现值之和，可根据净现金流量表求得。NPV 大于或等于零的项目是可以考虑接受的。NPV 的计算公式为

$$NPV = \sum_{t=1}^{n} (CI-CO)_t (1+i_c)^{-t} \quad (8-4-5)$$

式中 NPV——财务净现值；
　　CI——现金流入量；
　　CO——现金流出量；
　　$(CI-CO)_t$——第 t 年的净现金流量；
　　i_c——基准折现率；
　　n——项目评价期。

（四）投资利润率

投资利润率是考察项目单位投资盈利能力的静态指标，计算公式为

$$投资利润率 = \frac{分析期内年平均利润额}{总投资} \times 100\% \quad (8-4-6)$$

（五）投资利税率

投资利税率是考察项目单位投资盈利能力的静态指标，计算公式为

$$投资利税率 = \frac{分析期内年平均利税总额}{总投资} \times 100\% \quad (8-4-7)$$

$$利税额 = 利润总额 + 销售税金（不含增值税）$$

（六）贷款偿还期

贷款偿还期是指按国家规定及项目具体财务条件，可作为偿还能力的那部分收益及税金逐年累计与贷款金额相抵时所需的年限，是反映建设项目偿还能力和经济效果好坏的一个综合性指标。计算公式为

$$贷款偿还期 = (还清贷款年次 - 1) + \frac{当年偿还借款额}{当年可用于还款的收益额} \quad (8-4-8)$$

（七）百万吨产能建设投资

这是一个宏观控制指标，反映了建设规模与投资的匹配程度。一般情况下，百万吨产能建设投资越高，投资风险越大。因此，油田开发规划编制过程中，新区百万吨产能建设投资不能过高。

（八）资产负债率

资产负债率指项目负债总额与资产总额之比：

$$资产负债率 = \frac{负债}{资产} \times 100\% \tag{8-4-9}$$

目前国际公认接受的资产负债率约为50%。

（九）流动比率

流动比率指项目流动资产总额与流动负债总额之比：

$$流动比率 = \frac{流动资产总额}{流动负债总额} \times 100\% \tag{8-4-10}$$

一般流动比率要求在120%~200%。

（十）速动比率

速动比率指项目速动资产与流动负债总额之比：

$$速动比率 = \frac{速动资产}{流动负债总额} \times 100\% \tag{8-4-11}$$

一般速动比率要求在100%以上。

（十一）现金流动负债比

现金流动负债比指项目经营现金净流量与流动负债之比：

$$现金流动负债比 = \frac{经营现金净流量}{流动负债总额} \times 100\% \tag{8-4-12}$$

现金流动负债比需与同行业现金流动负债比相比。

三、国民经济评价指标

（一）经济内部收益率

经济内部收益率（EIRR）指项目在计算期内各年经济效益流量的净现值累计等于零时的折现率，当其大于或等于社会折现率时可行，当其小于社会折现率时不可行。计算公式为

$$\sum_{t=1}^{n} (B - C)_t (1 + \text{EIRR})^{-t} = 0 \tag{8-4-13}$$

式中 B——效益流入量；
C——费用流出量。

(二) 经济净现值

经济净现值 (ENPV) 指项目各年的净效益流量按社会折现率折算到建设期初的现值之和,当其大于或等于零时项目可行,当其小于零时项目不可行。计算公式为

$$\text{ENPV} = \sum_{t=1}^{n} (B-C)_t (1+i_t)^{-t} \quad (8\text{-}4\text{-}14)$$

式中 B——效益流入量;
C——费用流出量;
i_t——基准折现率。

(三) 经济净现值率

经济净现值率 (ENPVR) 指项目方案的经济净现值与全部投资现值之比,当其大于或等于零时项目可行,当其小于零时项目不可行。计算公式为

$$\text{ENPVR} = \text{ENPV}/I_p \quad (8\text{-}4\text{-}15)$$

式中 I_p——全部投资现值。

(四) 经济外汇净现值

经济外汇净现值 (ENPVF) 指生产出口产品项目计算期内的外汇流入和外汇流出的差额,采用影子价格和影子工资计算按社会折现率折算到建设期初的现值之和,当其大于或等于零时项目可行,当其小于零时项目不可行。计算公式为

$$\text{ENPVF} = \sum_{t=0}^{n} (\text{FI}-\text{FO})_t (1+i)^{-t} \quad (8\text{-}4\text{-}16)$$

式中 FI——外汇流入量;
FO——外汇流出量。

四、油气资源禀赋指标

(一) 油气资源储量规模

油气资源储量规模指已探明能利用的储量和暂时不能利用储量及未发现的资源量。油气资源储量规模越大越好,计算公式为

$$\text{油气资源储量规模} = \text{保有储量} + \text{可采储量} + \text{远景储量} \quad (8\text{-}4\text{-}17)$$

(二) 油气资源潜在价值

油气资源潜在价值是指资源开采的经济价值,是油气资源总量的货币表现。油气资源潜在价值越大越好。计算公式为

$$\text{油气资源潜在价值} = \text{保有储量} \times \text{油产品价值} \times \text{品味调整系数} \quad (8\text{-}4\text{-}18)$$

(三) 开采条件

开采条件指现有开采技术水平下开采的难易度。开采条件难度越低越好。

五、社会评价指标

（一）就业效果指标

就业效果指标指项目实施后对该地区就业产生的效果。单位投资就业人数值越大越好。计算公式为

$$单位投资就业人数 = \frac{新增就业人数}{项目总投资} \tag{8-4-19}$$

（二）地区收入分配效益

地区收入分配效益指项目建成后对该地区收入分配的影响。地区收入分配效益越大越好。计算公式为

$$地区收入分配效益 = \frac{经济净现值}{地区收益分配系数} \tag{8-4-20}$$

（三）建设项目环境影响综合经济损益度

建设项目环境影响综合经济损益度指项目产生经济和社会效益的同时，对区域环境资源的消耗、环境污染及可能产生的灾害。该值越小越好。计算公式为

$$建设项目环境影响综合经济损益度 = (项目环境资源消耗费 + 项目环境灾害损失费 + 项目环境污染损失费)/(经济效益 + 社会效益) \tag{8-4-21}$$

复习思考题

1. 经济评价的原则是什么？
2. 经济评价有哪些方法？这些方法的优缺点有哪些？
3. 经济评价的参数有哪些？经济评价的指标有哪些？
4. 经济评价中哪些指标的值大于或等于0时，表示项目可行？
5. 财务内部收益率的概念是什么？什么时候代表盈利能力已满足最低要求？
6. 风险分析的方法有哪些？

参考文献

艾尚军, 许运新, 郭殿军, 等, 2002. 砂岩油田开发地质研究内容与方法 [M]. 北京: 石油工业出版社.

才汝成, 李晓清, 2004. 低渗透油藏开发新技术 [M]. 北京: 石油工业出版社.

才汝成, 李阳, 孙焕泉, 2006. 油气藏工程方法与应用 [M]. 东营: 中国石油大学出版社.

陈恭洋, 2007. 油气田地下地质学 [M]. 北京: 石油工业出版社.

陈丽华, 姜在兴, 1994. 储层实验测试技术 [M]. 东营: 石油大学出版社.

陈钦雷, 1982. 油田开发设计与分析基础 [M]. 北京: 石油工业出版社.

崔廷主, 2007. 油气田开发地质 [M]. 北京: 石油工业出版社.

戴启德, 黄玉杰, 1999. 油田开发地质学 [M]. 东营: 中国石油大学出版社.

方凌云, 万新德, 1998. 砂岩油藏注水开发动态分析 [M]. 北京: 石油工业出版社.

符勇, 姜振泉, 2007. 地下水与油气成藏: 以泌阳凹陷为例 [M]. 徐州: 中国矿业大学出版社.

付秀清, 曹基宏, 2013. 油气田地下地质学 [M]. 北京: 石油工业出版社.

高辉, 2011. 特低渗透砂岩储层微观孔隙结构与渗流特征 [M]. 北京: 中国石化出版社.

谷建伟, 孙致学, 王夕宾, 等, 2017. 油田开发设计与应用 [M]. 东营: 中国石油大学出版社.

谷江锐, 刘岩, 2009. 国外致密砂岩气藏储层研究现状和发展趋势 [J]. 国外油田工程, 25 (07): 1-5.

郭平, 徐艳梅, 等, 2004. 剩余油分布研究方法 [M]. 北京: 石油工业出版社.

国景星, 王纪祥, 张立强, 等, 2009. 油田开发地质学 [M]. 东营: 中国石油大学出版社.

韩大匡, 万仁溥, 1999. 多层砂岩油藏开发模式 [M]. 北京: 石油工业出版社.

何更生, 唐海, 2019. 油层物理 [M]. 北京: 石油工业出版社.

何文祥, 吴胜和, 唐义疆, 等, 2005. 地下点坝砂体内部构型分析: 以孤岛油田为例 [J]. 矿物岩石, 25 (2): 81-86.

纪友亮, 2016. 油气储层地质学 [M]. 3 版. 东营: 中国石油大学出版社.

贾爱林, 郭建林, 何东博, 2007. 精细油藏描述技术与发展方向 [J]. 石油勘探与开发, 34 (6): 691-695.

姜汉桥, 姚军, 姜瑞忠, 2006. 油藏工程原理与方法 [M]. 东营: 石油大学出版社.

蒋有录, 查明, 2016. 石油天然气地质与勘探 [M]. 2 版. 北京: 石油工业出版社.

焦养泉, 李思田, 1998. 陆相盆地露头储层地质建模研究与概念体系 [J]. 石油实验地质, 1998 (04): 346-352.

金之钧, 张一伟, 王捷, 等, 2003. 油气成藏机理与分布规律 [M]. 北京: 石油工业出版社.

康毅力, 罗平亚, 2007. 中国致密砂岩气藏勘探开发关键: 工程技术现状与展望 [J]. 石油勘探与开发, 34 (2): 239-245.

郎兆新, 1991. 油藏工程基础 [M]. 北京: 石油工业出版社.

李传亮, 2006. 油藏工程原理 [M]. 北京: 石油工业出版社.

李传亮, 2017. 油藏工程原理 [M]. 3 版. 北京: 石油工业出版社.

李存贵, 2003. 低渗透储层三维地质模型和剩余油分布预测 [M]. 北京: 石油工业出版社.

李兴国, 2000. 陆相储层沉积微相与微型构造 [M]. 北京: 石油工业出版社.

李阳, 王大锐, 张正卿, 等, 2003. 油藏评价一体化研究 [M]. 北京: 石油工业出版社.

李阳, 2001. 河道砂储层非均质模型 [M]. 北京: 科学出版社.

李阳, 2007. 油藏开发地质学 [M]. 北京: 石油工业出版社.

梁晓伟, 牛小兵, 李卫成, 等, 2012. 鄂尔多斯盆地油田水化学特征及地质意义 [J]. 成都理工大学学报: 自然科学版, 39 (5): 502-509.

林承焰, 2000. 剩余油形成与分布 [M]. 东营: 石油大学出版社.

林加恩, 1996. 实用试井分析方法 [M]. 北京: 石油工业出版社.

林平一, 1999. 油藏工程 [M]. 北京: 石油工业出版社.

廖作才，熊海灵，2012. 保护油气层技术 [M]. 北京：石油工业出版社.
刘洪林，王红岩，刘人和，等，2009. 非常规油气资源发展现状及关键问题 [J]. 天然气工业，29（9）：113-116.
刘静，陈刚，2009. 油气田开发地质方法 [M]. 北京：石油工业出版社.
刘丽，赵跃军，曲国辉，等，2018. 特殊油气田开发 [M]. 北京：石油工业出版社.
刘泽荣，信荃麟，王伟峰，等，1993. 油藏描述原理与方法技术 [M]. 北京：石油工业出版社.
柳广弟，2009. 石油地质学 [M]. 4版. 北京：石油工业出版社.
陆正元，张银德，段新国，等，2016. 油气田开发地质学 [M]. 北京：地质出版社.
罗平亚，杜志敏，2003. 油气田开发工程 [M]. 北京：中国石化出版社.
吕开河，2010. 保护油气层技术 [M]. 青岛：中国石油大学出版社.
吕成远，伦增珉，2002，油气层伤害问题的实验室综合研究 [J]. 油气地质与采收率，9（2）：76-80.
M. N. 马克西莫夫，1980. 油田开发地质基础 [M]. 魏智，等，译. 北京：石油工业出版社.
Mike Shepherd，2017. 油气田开发地质学 [M]. 张为民，等，译. 北京：石油工业出版社.
马世忠，杨清彦，2000. 曲流点坝沉积模式、三维构型及其非均质模型 [J]. 沉积学报，18（2）：241-247.
穆龙新，贾爱林，陈亮，等，2000. 储层精细研究方法：国内外露头储层和现代沉积及精细地质建模研究 [M]. 北京：石油工业出版社.
穆龙新，裘怿楠，1999. 不同开发阶段的油藏描述 [M]. 北京：石油工业出版社.
穆龙新，2000. 油藏描述的阶段性及特点 [J]. 石油学报，21（05）：103-108.
裘怿楠，陈子琪，1996. 油藏描述 [M]. 北京：石油工业出版社.
裘怿楠，薛叔浩，1997. 油气储层评价技术：修订版 [M]. 北京：石油工业出版社.
裘怿楠，刘雨芬，1998. 低渗透砂岩油藏开发模式 [M]. 北京：石油工业出版社.
曲志浩，孔令荣，2002. 低渗透油层微观水驱油特征 [J]. 西北大学学报：自然科学版，32（4）：329-334.
沈平平，宋新民，曹宏，等，2003. 现代油藏描述新方法 [M]. 北京：石油工业出版社.
师永民，霍进，张玉广，2004. 陆相油田开发中后期油藏精细描述 [M]. 北京：石油工业出版社.
宋新民，罗凯，张仲宏，等，2002. 储层表征新进展 [M]. 北京：石油工业出版社.
宋新民，吴胜和，赵应成，等，2014. 油气开发储层研究新进展 [M]. 北京：石油工业出版社.
孙梦茹，刘文业，2004. 河流三角洲储层油藏动态模型和剩余油分布 [M]. 北京：石油工业出版社.
孙树强，2005. 保护油气层技术 [M]. 东营：中国石油大学出版社.
唐海发，彭仕宓，赵彦超，等，2007. 致密砂岩储层物性的主控因素分析 [J]. 西安石油大学学报：自然科学版，22（1）：59-63.
王柏轩，2007. 技术经济学 [M]. 上海：复旦大学出版社.
王家华，黄文松，陈和平，等，2018. 储层建模与油气田开发 [M]. 北京：石油工业出版社.
王家华，张团峰，2001. 油气储层随机建模 [M]. 北京：石油工业出版社.
王瑞飞，2008. 特低渗透砂岩油藏储层微观特征：以鄂尔多斯盆地延长组为例 [M]. 北京：石油工业出版社.
王允成，2007. 油气藏开发地质学 [M]. 北京：石油工业出版社.
吴胜和，蔡正旗，施尚明，等，2011. 油矿地质学 [M]. 4版. 北京：石油工业出版社.
吴元燕，吴胜和，蔡正旗，2004. 油矿地质学 [M]. 3版. 北京：石油工业出版社.
伍友佳，2004. 油藏地质学 [M]. 北京：石油工业出版社.
夏位荣，张占峰，程时清，等，2006. 油气田开发地质学 [M]. 北京：石油工业出版社.
谢丛娇，杨峰，龚斌，等，2004. 石油开发地质学 [M]. 武汉：中国地质大学出版社.
熊敏，2004. 精细油藏描述中的泥质砂岩油层评价 [M]. 武汉：中国地质大学出版社.
徐守余，2005. 油藏描述方法原理 [M]. 北京：石油工业出版社.
许明标，宋建建，由福昌，2017. 固井水泥浆对储层损害的再认识 [J]. 断块油气田，24（5）：731-734.
杨胜来，魏俊之，2004. 油层物理学 [M]. 北京：石油工业出版社.

叶庆全，袁敏，2002. 油气田开发常用名词解释［M］. 北京：石油工业出版社.
尹太举，张昌民，樊中海，等，2002. 地下储层建筑结构预测模型的建立［J］. 西安石油学院学报（自然科学版），17（3）：7-10.
于俊波，2003. 砂岩气田开发理论与实践［M］. 北京：石油工业出版社.
于兴河，陈建阳，张志杰，等，2005. 油气储层相控随机建模技术的约束方法［J］. 地学前缘，12（3）：237-244.
于兴河，2008. 碎屑岩系油气储层沉积学［M］. 2版. 北京：石油工业出版社.
于兴河，2009. 储层地质学基础［M］. 北京：石油工业出版社.
岳大力，吴胜和，刘建民，2007. 曲流河点坝地下储层构型精细解剖方法［J］. 石油学报，28（4）：99-103.
张金川，唐玄，边瑞康，等，2014. 塔河地区奥陶系油田水分布与运动学特征研究［J］. 地质学报，81（8）：1135-1142.
张新顺，王建平，李亚晶，等，2013. 断层封闭性研究方法评述［J］. 岩性油气藏，25（2）：123-128.
张一伟，熊琦华，王志章，等，1997. 陆相油藏描述［M］. 北京：石油工业出版社.
郑俊德，张洪亮，2004. 油气田开发与开采［M］. 北京：石油工业出版社.
周琦，丁文龙，2011. 油气田开发地质基础［M］. 北京：石油工业出版社.
周银邦，吴胜和，岳大力，等，2009. 点坝内部侧积层倾角控制因素分析及识别方法［J］. 中国石油大学学报，33（2）：7-11.
周宗良，蔡明俊，石占中，2016. 油气田开发地质方法论与实践［M］. 北京：石油工业出版社.